亚热带建筑科学国家重点实验室　华南理工大学建筑历史文化研究中心　资助
国家自然科学基金资助项目『中国古代城市规划、设计的哲理、学说及历史经验研究』（项目号　50678070）
国家自然科学基金资助项目『中国古城水系营建的学说及历史经验研究』（项目号　51278197）

中国城市营建史研究书系　吴庆洲　主编

巨变与响应
——广东顺德城镇形态演变与机制研究

Mutations and Responses
Study on Evolution and Dynamic Mechanism of Small Towns' Morphology in Guangdong Shunde

梁励韵　著
LIANG Liyun

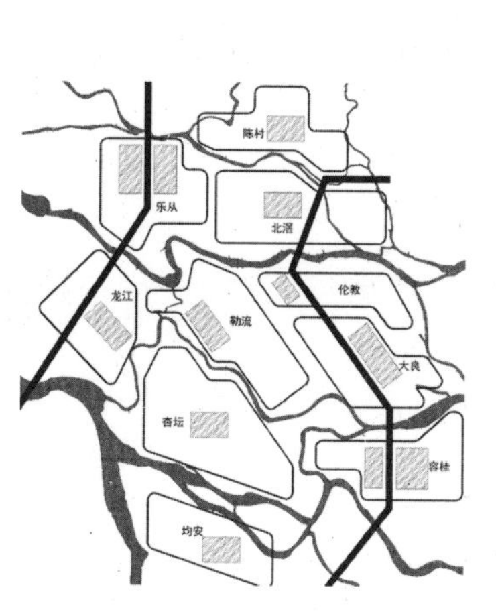

中国建筑工业出版社

图书在版编目（CIP）数据

巨变与响应：广东顺德城镇形态演变与机制研究 / 梁励韵著. —北京：中国建筑工业出版社，2014.12
（中国城市营建史研究书系）
ISBN 978-7-112-17617-5

Ⅰ. ①巨… Ⅱ. ①梁… Ⅲ. ①城镇－城市建设－城市史－顺德市－1978～2010 Ⅳ. ①TU984.265.3

中国版本图书馆CIP数据核字（2014）第295348号

责任编辑：欧晓娟

中国城市营建史研究书系
巨变与响应——广东顺德城镇形态演变与机制研究
梁励韵　著
*
中国建筑工业出版社出版、发行（北京西郊百万庄）
各地新华书店、建筑书店经销
广州友间文化有限公司制版
广州佳达彩印有限公司印刷
*
开本：787×1092毫米　1/16　印张：$16\frac{3}{8}$　字数：310千字
2014年12月第一版　2014年12月第一次印刷
定价：**42.00**元
ISBN 978-7-112-17617-5
（26827）

中国城市营建史研究书系编辑委员会名录

总序　迎接中国城市营建史研究之春天

吴庆洲

本文是中国建筑工业出版社于2010年出版的“中国城市营建史研究书系”的总序。笔者希望借此机会，讨论中国城市营建史研究的学科特点、研究方法、研究内容和研究特色等若干问题，以推动中国城市营建史研究的进一步发展。

一、关于“营建”

“营建”是经营、建造之谓，包含了从筹划、经始到兴造、缮修、管理的完整过程，正是建筑史学中关于城市历史研究的经典范畴，故本书系以“城市营建史”称之。在古代汉语文献中，国家、城市、建筑的构建都常使用营建一词，其所指不仅是建造，也同时有形而上的意涵。

中国城市营建史研究的主要学科基础是建筑学、城市规划学、考古学和历史学，以往建筑史学中有“城市建设史”、“城市发展史”、“城市规划史”等称谓，各有关注的角度和不同的侧重。城市营建史是城市史学研究体系的子系统，不能离开城市史学的整体视野。

二、国际城市史研究及中国城市史研究概况

城市史学的形成期十分漫长。在城市史被学科化之前，已经有许多关于城市历史的研究了，无论是从历史的视角还是社会、政治、文学等其他视角，这些研究往往与城市的集中兴起、快速发展或危机有关。

古希腊的城邦和中世纪晚期意大利的城市复兴分别造就了那个时代关于城市的学术讨论，现代意义上的城市学则源自工业革命之后的城市发展高潮。一般认为，西方的城市史学最早出现于20世纪20年代的美国芝加哥等地，与城市社会学渊源颇深。[1]二次世界大战后，欧美地区的社会史、城市史、地方史等有了进一步发展。但城市史学作为现代意义上的历史学的一个分支学科，是在20世纪60年代才出现的。著名的城市理论家刘易斯·芒福德（Lewis Mumford，1895—1990）著《城市发展史——起源、演变和前景》即成书于1961年。现在，芒福德、本奈沃洛

［1］罗澍伟. 中国城市史研究述要[J]. 城市史研究，1988，1.

（Leonardo Benevolo，1923—）、科斯托夫（Spiro Kostof，1936—1991）等城市史家的著作均已有中文译本。据统计，国外有关城市史著作20世纪60年代按每年度平均计算突破了500种，70年代中期为1000种，1982年已达到1400种。[1] 此外，海外关于中国城市的研究也日益受到重视，施坚雅（G.William Skinner，1923—2008）主编的《中华帝国晚期的城市》、罗威廉（William Rowe，1931—）的汉口城市史研究、申茨（Alfred Schinz，1919—）的中国古代城镇规划研究、赵冈（1929—）经济制度史视角下的城市发展史研究、夏南悉（Nancy Shatzman-Steinhardt）的中国古代都城研究以及朱剑飞、王笛和其他学者关于北京、上海、广州、佛山、成都、扬州等地的城市史研究已经逐渐为国内学界熟悉。仅据史明正著《西文中国城市史论著要目》统计，至2000年11月，以外文撰写的中国城市史有论著200多部（篇）。

中国古代建造了许多伟大的城市，在很长的时间里，辉煌的中国城市是外国人难以想象也十分向往的"光明之城"。中国古代有诸多关于城市历史的著述，形成了相应的城市理论体系。现代意义上的中国城市史研究始于20世纪30年代。刘敦桢先生的《汉长安城与未央宫》发表于1932年《中国营造学社汇刊》第3卷3期，开国内城市史研究之先河。中国城市史研究的热潮出现在20世纪80年代以后，应该说，这与中国的快速城市化进程不无关系。许多著作纷纷问世，至今已有数百种，初步建立了具有自身学术特色的中国城市史研究体系。这些研究建立在不同的学术基础上，历史学、地理学、经济学、人类学、水利学和建筑学等一级学科领域内，相当多的学者关注城市史的研究。城市史论著较为集中地来自历史地理、经济史、社会史、文化史、建筑史、考古学、水利史、人类学等学科，代表性的作者如侯仁之（1911—）、史念海（1912—2001）、杨宽（1914—2005）、韩大成（1924—）、隗瀛涛（1930—2007）、皮明庥（1931—）、郭湖生（1931—2008）、马先醒（1936—）、傅崇兰（1940—）等先生。因著作数量较多，恕不一一列举。

由20世纪80年代起，到2010年，研究中国城市史的中外著作，加上各大学城市史博士学位论文，估计总量应达500部以上。一个研究中国城市史的热潮正在形成。

近年来城市史学研究中一个引人注目的现象就是对空间的日益重视——无论是形态空间还是社会空间，而空间研究正是城市营建史的传统领域，营建史学者们在空间上的长期探索已经在方法上形成了深厚的积淀。

[1] 近代重庆史课题组. 近代中国城市史研究的意义、内容及线索. 载天津社会科学院历史研究所、天津城市科学研究会主办. 城市史研究. 第5辑. 天津：天津教育出版社，1991.

三、中国城市营建史研究的回顾

城市营建史研究在方法和内容上不能脱离一般城市史学的基本框架，但更加偏重形式制度、城市规划与设计体系、形态原理与历史变迁、建造过程、工程技术、建设管理等方面。以往的中国城市营建史研究主要由建筑学者、考古学者和历史学者来完成，亦有较多来自社会学者、人类学者、经济史学者、地理学者和艺术史学者等的贡献，学科之间融合的趋势日渐明显。

虽然刘敦桢先生早在1932年发表了《汉长安城与未央宫》，但相对于中国传统建筑的研究而言，中国城市营建史的起步较晚。同济大学董鉴泓教授主编的《中国城市建设史》1961年完成初稿，后来补充修改成二稿、三稿，阮仪三参加了大部分资料收集及插图绘制工作，1982年由中国建筑工业出版社出版，是系统讨论中国城市营建史的填补空白之作，也是城市规划专业的教科书。我本人教过城市建设史，用的就是董先生主编的书。后来该书又不断修订、增补，内容更加丰富、完善。

郭湖生先生在城市史研究上建树颇丰，在《建筑师》上发表了中华古代都城小史系列论文，1997年结集为《中华古都——中国古代城市史论文集》（台北：空间出版社）。曹汛先生评价：

“郭先生从八十年代开始勤力于城市史研究，自己最注重地方城市制度、宫城与皇城、古代城市的工程技术等三个方面。发表的重要论文有《子城制度》、《台城考》、《魏晋南北朝至隋唐宫室制度沿革——兼论日本平城京的宫室制度》等三篇，都发表在日本的重头书刊上。”[1]

贺业钜先生于1986年发表了《中国古代城市规划史论丛》，1996年出版的《中国古代城市规划史》是另一本重要著作，对中国古代城市规划的制度进行了较深入细致的研究。

吴良镛先生一直关注中国城市史的研究，英文专著《中国古代城市史纲》1985年在联邦德国塞尔大学出版社出版，他还关注近代南通城市史的研究。

华南理工大学建筑学科对城市史的研究始于龙庆忠（非了）先生，龙先生1983年发表的《古番禺城的发展史》是广州城市历史研究的经典文献。

其实，建筑与城市规划学者关注和研究城市史的人越来越多，以上只是提到几位老一辈的著名学者。至于中青年学者，由于人数较多，难以一一列举。

华南理工大学建筑历史与理论博士点自20世纪80年代起就开始培养城市史和城市防灾研究的博士生，龙先生培养的五个博士中，有四位的博

[1] 曹汛. 伤悼郭湖生先生[J]. 建筑师2008，6：104-107.

士论文为城市史研究：吴庆洲《中国古代城市防洪研究》（1987），沈亚虹《潮州古城规划设计研究》（1987），郑力鹏《福州城市发展史研究》（1991），张春阳的《肇庆古城研究》（1992）。龙先生倡导在城市史研究中重视城市防灾（其实质是重视城市营建与自然地理、百姓安危的关系）、重视工程技术和管理技术在城市营建过程中的作用、重视从古代的城市营建中获取能为今日所用的经验与启迪。

龙老开创的重防灾、重技术、重古为今用的特色，为其学生们所继承和发扬。陆元鼎教授、刘管平教授、邓其生教授、肖大威教授、程建军教授和笔者所指导的博士中，不乏研究城市史者，至2010年9月，完成的有关城市营建史的博士学位论文已有20多篇。

四、中国城市营建史研究的理论与方法

诚如许多学者所注意到的，近年以来，有关中国城市营建史的研究取得了长足的进展，既有基于传统研究方法的整理和积累，也从其他学科和海外引入了一些新的理论、方法，一些新的技术也被引入到城市史研究中。笔者完全同意何一民先生的看法：城市史研究已经逐渐成为与历史学、社会学、经济学、地理学等学科密切联系而又具有相对独立性的一门新学科。[1]

笔者认为，中国城市营建史的研究虽然面临着方法的极大丰富，但仍应注意立足于稳固的研究基础。关于方法，笔者有如下的体会：

1. 系统学方法

系统学的研究对象是各类系统。“系统”一词来自古代希腊语“systεmα”，是指若干要素以一定结构形式联结构成的具有某种功能的有机整体。现代系统思想作为一种对事物整体及整体中各部分进行全面考察的思想，是由美籍奥地利生物学家贝塔朗菲（Ludwig Von Bertalanffy，1901—1972）提出的。系统论的核心思想是系统的整体观念。

钱学森在1990年提出的“开放的复杂巨系统”（Open Complex Giant System）理论中，根据组成系统的元素和元素种类的多少以及它们之间关联的复杂程度，将系统分为简单系统和巨系统两大类。还原论等传统研究方法无法处理复杂的系统关系，从定性到定量的综合集成法（meta-synthesis）才是处理开放、复杂巨系统的唯一正确的方法。这个研究方法具有以下特点：（1）把定量研究和定性研究有机结合起来；（2）把科学技术方法和经验知识结合起来；（3）把多种学科结合起来进行交叉研究；（4）把宏观研究和微观研究结合起来。[2]

---

[1] 何一民主编. 近代中国衰落城市研究[M]. 成都：巴蜀书社，2007：14.

[2] 钱学森，于景元，戴汝. 一个科学新领域——开放的复杂巨系统及其方法论[J]. 自然杂志，1990，1：3-10.

城市是一个开放的复杂巨系统，不是细节的堆积。

2. 多学科交叉的方法

中国城市营建史不只是城市规划史、形态史、建筑史，其研究涉及建筑学、城市规划学、水利学、地理学、水文学、天文学、宗教学、神话学、军事学、哲学、社会学、经济学、人类学、灾害学等多种学科，只有多学科的交叉，多角度的考察，才可能取得好的成果，靠近真实的城市历史。

3. 田野与文献不能偏废，应采用实地调查与查阅历史文献相结合、考古发掘成果与历史文献的记载进行印证相结合、广泛的调查考察与深入细致的案例分析相结合的方法。

4. 比较研究

和许多领域的研究一样，比较研究在城市史中是有效的方法。诸如中西城市、沿海与内地城市、不同地域、不同时期、不同民族的城市的比较研究，往往能发现问题，显现特色。

5. 借鉴西方理论和方法应考虑是否适用中国国情

中国城市营建史的研究可以借鉴西方一些理论和方法，诸如形态学、类型学、人类学、新史学的理论和方法等。但不宜生搬硬套，应考虑其是否适用于中国国情。任放先生所言极有见地：

任何西方理论在中国问题研究领域的适用度，都必须通过实证研究加以证实或证伪，都必须置于中国本土的历史情境中予以审视，绝不能假定其代表客观真理，盲目信从，拿来就用，造成所谓以论带史的削足适履式的难堪，无形中使中国历史的实态成为西方理论的注脚。我们应通过扎实的历史研究，对西方理论的某些概念和分析工具提出修正或予以抛弃，力求创建符合中国社会情境的理论架构。

在借鉴西方诸社会科学方法时，应该保持警觉，力戒西方中心主义的魅影对研究工作造成干扰。[1]

6. 提倡研究的理论和方法的创新

依靠多学科交叉、借鉴其他学科，就有可能找到新的研究理论和方法。

比如，拙著《中国古城防洪研究》第四章第三节“古代长江流域城市水灾频繁化和严重化”中，研究表明，中国历代人口的变化与长江流域城市水灾的频率的变化有着惊人的相关性，从而得出“古代中国人口的剧增，加重了资源和环境的压力，加重了城市水灾”的结论。[2]这是从社会学的角度以人口变化的背景研究城市水灾变化的一种探索，仅仅从工程技术的角度是很难解答这一问题的。

［1］任放. 中国市镇的历史研究与方法[M]. 北京：商务印书馆，2010：357-358，367.
［2］吴庆洲. 中国古城防洪研究[M]. 北京：中国建筑工业出版社，2009：187-195.

五、中国城市营建史的研究要突出中国特色

类似生物有遗传基因那样，民族的传统文化（包括科学），也有控制其发育生长，决定其性状特征的“基因”，可称“文化基因”。文化基因表现为民族的传统思维方式和心理底层结构。中国传统文化作为一个整体有明显的阴性偏向，其本质性特征与一般女性的心理和思维特征相一致；而西方则有明显的阳性偏向，其特征与一般男性的心理和思维特征相一致。

在古代学术思想史上，西方学者多立足空间以视时间；中国学者多立足时间以视空间。所以西方较多地研究了整体的空间特性和空间性的整体，中国则较多地探寻了整体的时间特性和时间性的整体。[1]

世界上几乎每个民族都有自己特殊的历史、文化传统和思维方式。思维方式有极强的渗透性、继承性、守常性。从文化人类学的观点看，思维方式的考察对于说明世界历史的发展有重要的理论价值。在社会、哲学、宗教、艺术、道德、语言文字等方面，中国与欧洲鲜明显示出两种不同的体系，不同的走向，不同的格调。[2]

由于“文化基因”的不同，中国城市的营建必然具有中国特色，中国的城市是中国人在自己的哲学理念指导下，根据城市的地理环境选址，按照自己的理想和要求营建的，中国的城市体现的是中国的文化特色。中国城市营建史一定要注意中国特色、研究中国特色、突出中国特色。

我们运用现代系统论的理论，也要认识到中国古代的易经和老子哲学也是用的系统论观点，认为天、地、人三才为一个开放的宇宙大系统，天、地、人、三才合一为古人追求的最高的理想境界，这些都投射到了城市营建之中。

赵冈先生从经济史的角度出发，发现中国与西方的城市发展完全不同。第一，中国城市发展的主要因素是政治力量，不待工商业之兴起，所以中国城市兴起很早。第二，政治因素远不如工商业之稳定，常常有巨大的波动及变化，所以许多城市的兴衰变化也很大，繁华的大都市转眼化为废墟是屡见不鲜之事。此外，赵冈的研究还发现中国的城乡并不似欧洲中世纪那样对立，战国以后井田制度解体，城乡人民可以对流，基本上城乡是打成一片的。[3]赵冈先生的研究成果显现了中国城市的若干特色。

中国城市营建史中有着太多的特色等待着更多的研究者去做深入的发掘。即以笔者的研究体会为例：

[1] 田盛颐. 中国系统思维再版序. 刘长林著. 中国系统思维——文化基因探视[M]. 北京：社会科学文献出版社，2008.
[2] 刘长林. 中国系统思维——文化基因探视[M]. 北京：社会科学文献出版社，2008：1-2.
[3] 赵冈. 中国城市发展史论集[M]. 北京：新星出版社，2006：90-91.

中国的古城的城市水系，是多功能的统一体，被称为古城的血脉。[1] 这是一大特色。

作为军事防御用的中国古代城池，同时又能防御洪水侵袭，它是军事防御和防洪工程的统一体，[2] 为其一大特色。

研究城市形态，可别忘了，我国古人按照周易哲学，有“观象制器”的传统，也有“仿生象物”的营造意匠。[3]

只有关注中国特色，才能发现并突出中国特色，才能研究出真正的中国城市营建史的成果。

六、研究中国城市营建史的现实意义

中国古城有6000年以上的历史，在古代世界，中国的城市规划、设计取得了举世瞩目的成就，建设了当时最壮美、繁荣的城市。汉唐的长安城、洛阳城，六朝古都南京城、宋代东京城、南宋临安城、元大都城、明清北京城都是当时最壮丽的都市。明南京城是世界古代最大的设防城市。中国古代城市无论在规模之宏大、功能之完善、生态之良好、景观之秀丽上，都堪称当时世界之最。

吴良镛院士指出：

中国古代城市是中国古代文化的重要组成部分。在封建社会时期，中国城市文化灿烂辉煌，中国可以说是当时世界上城市最发达的国家之一。其特点是：城市分布普遍而广泛,遍及黄河流域、长江流域、珠江流域等；城市体系严密规整，国都、州、府、县治体系严明；大城市繁荣，唐长安、宋开封、南宋临安等地区可能都拥有百万人口；城市规划制度完整，反映了不得逾越的封建等级制度等等；所有这些都在世界城市史上占有独特的重要地位。……中国古代城市有高水平的建筑文化环境。中国传统的城市建设独树一帜，‘辨方正位’，‘体国经野’，有一套独具中国特色的规划结构、城市设计体系和建筑群布局方式，在世界城市史上也占有独特的位置。[4]

中国古人在城市规划、城市设计上有相应的哲理、学说以及丰富的历史经验，这是一笔丰厚的文化与科学技术遗产，值得我们去挖掘、总结，并将其有生命活力的部分，应用于今天的城市规划、城市设计之中。

20世纪80年代之后，我国的城市化进程迅速加快，但城市规划的理论和实践处于较低水平，并且理论尤为滞后。正因为城市规划理论的滞后，

---

[1] 吴庆洲. 中国古代的城市水系[J]. 华中建筑，1991，2：55-61.

[2] 吴庆洲. 中国古城防洪研究[M]. 北京：中国建筑工业出版过，2009：563-572.

[3] 吴庆洲. 仿生象物——传统中国营造意匠探微[J]. 城市与设计学报，2007. 9，28：155-203.

[4] 吴良镛. 建筑 · 城市 · 人居环境[M]. 石家庄：河北教育出版社，2003：378-379.

我们国家的城市面貌出现城市无特色的“千城一面”的状况。出现这种状况有两种原因：

一是由于我们的规划师、建筑师不了解我国城市的过去，也没有结合国情来运用西方的规划理论，而是盲目效仿。正如刘太格先生所认为的：“欧洲城市建设善于利用山、水和古迹，其现代化和国际化的创作都具有本土特色，在长期的城市发展中，设计者们较好地实现了新旧文明的衔接，并进而向全球推广欧洲文化。亚洲城市建设过程中缺少对山水和古迹的保护，设计者中‘现代化’、‘国际化’的追随者较多，设计缺少本土特色。”即亚洲的“建设者自信不足，不了解却迷信西方文化，盲目地崇拜和模仿西洋建筑，而不珍惜亚洲自己的文化。”[1] 事实上，山、水在中国古代城市的营建中具有着十分重要的意义，例如广州城，便立意于“云山珠水”。只是由于当代人对城市历史的不了解，山水才在城市的蔓延和拔高中逐渐变得微不足道，以至于成为了被慢慢淡忘的“历史”了。

二是中国古城营建的哲理、学说和历史经验，尚有待总结，才能给城市规划师、建筑师和有关决策者、建设者和管理人员参考运用。城市营建的历史本身是一种记忆，也是一门重要而深奥的学问。中国城市营建史研究不可建立在功利性的基础之上，但城市营建的现实性决定了它也不能只发生在书斋和象牙塔之内，对于处于巨变中的中国城市来说，城市营建在观念、理论、技术和管理上的历史经验、智慧和教训完全应该也能够成为当代城市福祉的一部分。

中国城市营建史之研究，有重大的理论研究价值和指导城市规划、城市设计的实践意义。从创造和建设具有中国特色的现代化城市，以及对世界城市规划理论作出中国应有的贡献这两方面，这一研究的理论和实践意义都是重大的。

七、中国城市营建史研究的主要内容

各个学科研究城市史各有其关注的重点。笔者认为，以建筑学和城市规划学以及历史学为基础学科的中国城市营建史的研究应体现出自身学科的特色，应在城市营建的理论、学说，城市的形态、营建的科学技术以及管理等方面作更深入、细致的研究。中国城市营建史应关注：

（1）中国古代城市营建的学说；

（2）影响中国古代城市营建的主要思想体系；

（3）中国古代城市选址的学说和实践；

（4）城市的营造意匠与城市的形态格局；

[1] 万育玲. 亚洲城乡应与欧洲争艳——刘太格先生谈亚洲的城市建设[J]. 规划师. 2006, 3：82-83.

(5) 中国古代城池军事防御体系的营建和维护；
(6) 中国古城防洪体系的营造和管理；
(7) 中国古代城市水系的营建、功用及管理维护；
(8) 中国古城水陆交通系统的营建与管理；
(9) 中国古城的商业市街分布与发展演变；
(10) 中国古代城市的公共空间与公共生活；
(11) 中国古代城市的园林和生态环境；
(12) 中国古代城市的灾害与城市的盛衰；
(13) 中国古代的战争与城市的盛衰；
(14) 城市地理环境的演变与其盛衰的关系；
(15) 中国古代对城市营建有创建和贡献的历史人物；
(16) 各地城市的不同特色；
(17) 城市营建的驱动力；
(18) 城市产生、发展、演变的过程、特点与规律；
(19) 中外城市营建思想比较研究；
(20) 中外城市营建史比较研究，等等。

八、迎接中国城市营建史研究之春天

中国城市营建史研究书系首批出版十本，都是在各位作者所完成的博士学位论文的基础上修改补充而成的，也是亚热带建筑科学国家重点实验室和华南理工大学建筑历史文化研究中心的学术研究成果。这十本书分别是：

(1) 苏畅著《〈管子〉城市思想研究》；
(2) 张蓉著《先秦至五代成都古城形态变迁研究》；
(3) 万谦著《江陵城池与荆州城市御灾防卫体系研究》；
(4) 李炎著《南阳古城演变与清“梅花城”研究》；
(5) 王茂生著《从盛京到沈阳——城市发展与空间形态研究》；
(6) 刘剀著《晚清汉口城市发展与空间形态研究》；
(7) 傅娟著《近代岳阳城市转型和空间转型研究（1899—1949）》；
(8) 贺为才著《徽州村镇水系与营建技艺研究》；
(9) 刘晖著《珠江三角洲城市边缘传统聚落的城市化》；
(10) 冯江著《祖先之翼——明清广州府的开垦、聚族而居与宗族祠堂的衍变》。

这些著作研究的时间跨度从先秦至当下，以明清以来为主。研究的地域北至沈阳，南至广州，西至成都，东至山东，以长江以南为主。既有关于城市营建思想的理论探讨，也有对城市案例和村镇聚落的研究，以案例的深入分析为主。从研究特点的角度，可以看到这些研究主要集中于以下主题：城市营建理论、社会变迁与城市形态演变、城市化的社会与空间过程、城与乡。

《〈管子〉城市思想研究》是一部关于城市思想的理论著作，讨论的是我国古代的三代城市思想体系之一的管子营城思想及其对后世的影响。

有六位作者的著作是关于具体城市的案例解析，因为过往的城市营建史研究较多地集中于都城、边城和其他名城，相对于中国古代城市在层次、类型、时期和地域上的丰富性而言，营建史研究的多样性尚嫌不足，因此案例研究近年来在博士论文的选题中得到了鼓励。案例积累的过程是逐渐探索和完善城市营建史研究方法和工具的过程，仍然需要继续。

另有三位作者的论文是关于村镇甚至乡土聚落的，可能会有人认为不应属于城市史研究的范畴。在笔者看来，中国古代的城与乡在人的流动、营建理念和技术上存在着紧密的联系，区域史框架之内的聚落史是城市史研究的另一方面。

正是因为这些著作来源于博士学位论文，因此本书系并未有意去构建一个完整的框架，而是期待更多更好的研究成果能够陆续出版，期待更多的青年学人投身于中国城市营建史的研究之中。

让我们共同努力，迎接中国城市营建史研究之春天的到来！

吴庆洲

华南理工大学建筑学院　教授

亚热带建筑科学国家重点实验室　学术委员

华南理工大学建筑历史文化研究中心　主任

目　录

第一章　绪　　论

第一节　研究背景

一、小城镇在中国城镇化进程中的地位与作用

中国小城镇在经历了封建时期一个缓慢且稳定的发展过程后，于近代工商业尤其是民族工业兴起时，出现了一次重大飞跃，一批传统的农业型乡村集镇开始逐渐向现代商贸城镇转变。新中国成立后的30多年里，在几乎排斥一切市场机制的计划经济体制和严格的城乡分离制度背景下，小城镇并未从“控制大城市、发展小城镇”的国家城镇化战略中迎来新的发展，反而出现了倒退的现象。直到1978年改革开放以后，伴随着政治制度、经济体制等一系列社会宏观环境的巨大变化，以及乡镇企业的异军突起，小城镇才真正进入到高速发展的时期。从1978年到2001年，建制镇数量由2173个增至20132个，翻了9倍以上；建制镇人口从5316万增加至38000万左右。有统计指出，中国每年的城市化人口增加量为0.5%，其中小城镇人口的增加量占了0.35%，远远超过了大中城市的贡献[1]。

但事实上，学术界中对中国城镇化模式是以哪一等级的城镇发展为主导，一直存在争议。这些观点各有充分的理据，而国家的城镇化政策似乎也在摇摆不定[2]。支持大城市的一方认为，只有大城市的超级集聚效应才能根本解决中国资源短缺的现实问题；只有大城市才能把各项经济活动集约化，从而促进生产效率和利润的提高。西方发达国家的经验是将人口聚集于几个大都市圈中，如美国的都市经济圈人口就占到了全国总人口的80%以上[3]。小城镇无论是在资源配置、城市建设与管理、产业发展以及环境保护上，都远不如大城市高效经济。相反，支持小城镇的一方则认为，小城镇在推动中国城镇化和工业化上所取得的成绩有目共睹，在数量上远远超过大中城市也是不可争辩的事实。从城乡协调发展的角度而言，处于农村与城市之间的小城镇，在带动农村经济发展，减少城乡差距上，有着大城市无法比拟的功效。对于一个农村人口仍占据绝大多数的国家而

[1] 李炳坤. 论加快我国小城镇发展的基本思路. 管理世界，2000（3）：180-187.
[2] 刘艺书. 关于我国城市发展模式的争论. 城市问题，1999（4）：12-14.
[3] 陈剩勇，杨馥源. 建国60年中国城市体制的变迁与改革战略. 社会科学，2009（8）：19-28.

言，大城市无论如何发展也无法容纳如此庞大的人口总量，并提供足够的就业机会。小城镇就像无数分散的调蓄湖，吸收本会涌入城市的农村剩余劳动力，从而缓解了城市的膨胀速度，同时又源源不断地为大中城市输送资源。支持者更认为小城镇不易出现大城市中常见的各种交通、秩序、污染等问题，是解决这些“城市病”的重要途径。另外，还有学者提出发展20～50万人口的中等城市才是中国城镇化道路的方向。当前许多小城镇的规划思路，也是朝着成为一个中等城市的目标发展。

无论哪一类城镇更占优势，如果脱离我国的经济发展与政治制度背景，单纯讨论城镇的理想规模是毫无意义的。我国实施了多年的城乡二元制度，尤其是户籍制度与土地制度的限制，大大增加了农民迁移进城市的成本，而与农村关系更紧密、迁移成本更低的小城镇成为农村人口流入的必然选择。因此，小城镇可能并非是中国城镇化的最佳选择，但在现阶段的社会发展背景下，它们却是“中国式城镇化”过程的核心一环。

二、小城镇形态的多样性与复杂性

在我国城乡分离的制背景下，小城镇往往成为农村与城市之间的缓冲和桥梁，同时在物质形态和社会形态上保有了城与乡二者的典型特质，是中国从农业社会走向现代工业社会的一个特殊产物[1]。

一方面，大多数小城镇兴起于为周边农村提供商品流通和科教文化服务的集镇，是农村发展的重要支持和保障。工业化和城镇化过程中，小城镇更被看作是吸收大量农村剩余劳动力，解决农村“三农问题”、提高农民收入、实现城乡一体化的关键[2]。大量农村人口进入小城镇从事各种经济活动和定居生活，他们的生活习惯、思想观念都深刻地影响了小城镇的空间形态。另一方面，小城镇又具备了多种城市的形态特征。尤其在市场经济快速发展的近几十年中，以市场为主导的资源配置模式使得小城镇在缓解大城市的人口压力、承接大城市的产业转移，以及为大城市储蓄后续发展力量等方面，起到了越来越重要的作用。小城镇也因此不断呈现大量的空间分异，城镇面貌不断向大城市靠拢。就如同费孝通先生所指出的，小城镇是一种“正在从乡村型的社会向多种产业并存的现代化城市转变的过渡性社区”[3]。从某种程度上说，甚至可以从小城镇的现状中，看到大城市的过去和乡村的将来。因此，小城镇的空间形态特征呈现出多样性与复杂性，引起形态变化的因素也更为复杂，具有丰富的研究价值。

---

[1] 陶联侦. 小城镇发展规划中景观规划初探. 小城镇建设，2003（12）：20-21.

[2] 朱建芬，汪先良，蒋书明. 择优培育小城镇的探索——江苏省重点中心镇发展调研报告. 小城镇建设，2003（12）：4-7.

[3] 费孝通. 论中国小城镇的发展. 中国农村经济，1996（3）：3-5.

三、小城镇发展面临的问题

在小城镇飞速发展的同时，也不断暴露出各种问题。主要表现在：①发展动力与机制上，乡镇企业规模小、层次低、产业结构单一；土地、户籍制度改革滞后；行政管理制度不完善，政企不分等，严重制约了小城镇后续的发展。②城镇化程度上，第二产业相对于第三产业的过度超前发展，导致城镇化严重滞后于国民经济的发展速度，城镇整体建设水平较低。③空间形态上，布局分散，空间粗放式发展，土地资源浪费严重，风貌雷同、缺乏特色。④规划管理上，发展过快以至于管理失控，缺乏科学性和长远考虑，环境污染严重。

进入新世纪，经济全球化程度的加深和新的产业结构调整，使得大城市的核心作用更加明显，而过去习惯于单打独斗、自发式发展的小城镇，必然要向区域内分工与合作形式转变。另一方面，城镇发展动力由工业化转向三产化，乡镇企业对小城镇建设的推动作用进一步减弱。在一些经济发达地区，农村的经济发展和城镇化速度甚至超越了小城镇。种种问题将成为小城镇今后发展道路上的障碍。在城镇职能和发展模式转变过程中，什么才是科学、合理的城镇体系，小城镇的空间形态应该做出何种应对，将是未来持续的研究热点。

第二节　研究意义和目标

一、理论与实践意义

城市形态学的研究一直以来被视为城市规划中一项重要的理论依据，可以指导城市规划的编制和实施，也可以帮助解决城市的一系列功能布局、发展方向、交通组织等问题。近年来，国内外对中国城市形态的研究持续升温，成果丰厚。从中国知网的论文检索中发现，光是以“城市形态”为篇名的文章就有624篇，若以“城市形态”为关键词的，则更多达3230篇，且基本是从2002年开始大量出现。一方面与学科的发展有关，另一方面与近20年的快速城市化有关，吸引了大批学者从政治、经济、人文等各个角度，对这个转型期内高速演变的城市形态进行研究。虽然这些研究正从整体的和大时空跨度上向特定的、专门的时空范围深化，从侧重物质空间的变化向关注其背后的发展机制转变，但大部分研究仅集中在那些历史悠久、文献资料丰富的大城市上，对数量庞大的小城镇却涉及较少。而许多大城市发展至今已开始定型，恰恰是那些正在经历着快速发展、未来有着无限可能性的小城镇，最急需规划理论的指导和成功经验的借鉴。

显然，大城市如今正面临着越来越多空间规划问题，无序蔓延与膨胀、交通拥堵、环境污染、历史城区与建筑保护失控等等。但却决不能片面的将其归咎于规模的“大”，甚至不能因此认为只有严格控制城市规模，发展小城镇才是中国城镇化的唯一合理道路。另一方面，大城市不是一日建成，其形态经历了从小到大的变化过程，当中的问题也是常年累积而成。研究小城镇今天的形态特质及其形成机制，有利于更好的寻求当今“城市病”的根源和解决良方。

小城镇在中国城镇体系和城镇化进程中占据了重要的地位与作用，但过去快速、粗放的发展模式使得本就多样、复杂的空间形态出现各种混乱与不合理现象，甚至已经成为今后发展的障碍。面对新的社会经济与政治体制改革，更多的农村人口正源源不断地向城镇转移，小城镇的空间形态必然又要做出相应改变和调整。本研究以城镇化速度和程度均较高的广东顺德为研究对象，试图归纳整理出此类小城镇的形态演变规律和动力机制，为今后的小城镇建设提供可借鉴的成功经验和失败教训。同时结合对象的特点，对传统城市形态学的研究方法做出适应性调整，使其更具本土化的推广价值，为该学科的发展补充丰富案例。

二、研究目标

本研究尝试回答以下3个关键问题：

1．从顺德城镇形成到最近30年来的高速发展过程中，城镇形态的演变有何明显的特征与规律？这些规律是否存在普遍性意义？

2．在不同的历史阶段中，哪些因素对顺德城镇的形态演变起到关键性作用？具体的作用机制是如何产生的？

3．如何实现以康泽恩学派为代表的西方城市形态学在中国小城镇形态研究上的本土化应用？

第三节　既往研究

一、城市形态学研究综述

源于生物研究的专业术语“形态（morphology）”，于19世纪末被地理学和人文学引入到城市研究领域，即把城市视为一个生命有机体来观察，从而形成了“城市形态学”（urban morphology）。一般认为德国地理学者O.Schlüte在1899年所发表的《城镇平面布局》是城市形态学作为一门独立学科诞生的标志[1]。此后，来自考古学、建筑学、城市规划学、政

[1] 段进，邱国潮. 国外城市形态学概论. 南京：东南大学出版社，2009：1.

治经济学及景观生态学等学科领域的学者，也纷纷结合自身的学科研究方法，对这一概念进行诠释与应用。

（一）国外城市形态学理论与方法

1. 地理学角度

地理学家O.Schlüte在1899年发表的《城镇平面布局》、《关于聚居区地理学的若干讨论》2篇论文，以及在1903年出版的专著《图林根州东北部聚居区研究》，都奠定了他在这一研究领域中的开创性地位，也使得地理学在城市形态最初的研究中占据了主导。虽然他在文中使用的是"文化景观形态学"一词，但他以城镇的土地、聚居区、交通线和建筑物为研究对象的做法，深刻影响了此后发展起来的城市形态学[1]。

另外两位对城市形态学作出过重要贡献的地理学者是德裔英籍的M.R.G.Conzen和意大利的F.Farinell。20世纪50年代，Conzen利用收集来的城镇早期平面图，分析城镇最初的形态特征及一系列形态过程（morphological process）。他提出的平面单元、城市边缘带、定置线、形态框架、租地权周期等概念和研究方法[2]，在此后很长一段时间内被世界各地的研究者所借鉴和发展。受其影响最深的是英国城市地理学家J.W.R.Whitehand，他所成立的城市形态研究小组在全世界城市形态学研究中都具有重要的地位。

2. 建筑学角度

建筑师对城市形态学的关注最初是基于对历史建筑的研究和保护。他们利用城市形态学的研究方法识别建筑的类型、结构、肌理，以及建筑与广场、街道的空间结构方式。法国建筑理论家A.Q.Quincy就曾在1832年出版的《建筑学历史目录》（Dictionaries Historique d’Architecture）中指出，城镇平面图不仅能用来理解城镇历史，还可以展示建筑的排列规则和对称式样[3]。德国学者H.Hassinger在20世纪10年代至20年代对维也纳古镇的保护中，曾以纪念建筑为研究对象，将不同风格的历史建筑进行分类和填图，并最终收录在其编纂的《维也纳艺术历史地图集》中[4]。

更准确的说，建筑学角度的城市形态研究通常以建筑类型学为基础，把建筑类型作为城市形态的关键要素，从建筑类型的演变中建构出一个城镇形成的历时模型。最典型的是意大利的两位建筑师S.Muratori和G.Caniggia。他们热衷于把建筑和开放空间进行分类，并制作文化历史地

[1] B Hofmeister. The study of urban form in Germany . Urban Morphology，2004，8(1)：3-4.
[2] J.W.R.Whitehand. Background to the urban morphologenetic tradition. J.W.R.Whitehand. The urban landscape: historical development and management: papers by M.R.G.Conzen. London: Academic press，1981：1-24.
[3] B Gauthiez. The history of urban morphology. Urban morphology，2004，8(2)：72.
[4] 段进，邱国潮. 国外城市形态学概论. 南京：东南大学出版社，2009：12.

图反映不同时期的典型建筑风格，以建筑在历史演变过程中的内在逻辑性解释城镇形成的历史模型。他们在建筑类型学与城市形态学之间建立紧密联系的这些工作与理念，深刻地影响了后来的许多学者，并形成了著名的Muratori-Caniggia学派[1]。但这些研究在历史文献和考古资料上的运用较薄弱。

3．城市规划学角度

城市史学者借鉴和运用城市形态学，一是为了研究古代城镇兴起时的形态特征和原因。如英国学者T.R.Slater在1987年对中世纪城镇的起源以及这些城镇理想的平面模式与实际平面之间的差异做过深入的研究[2]。S.Rietschel也曾对德国中世纪城镇进行研究，发现了市场聚居区和古老核心的相互关系[3]。Mumford的《城市发展史》，J.C.Perrot的《现代城市的起源》，均以历史研究的方法论述了城市形态与城市规划的演变。二是为了辨别出城镇中不同地区的建造年代，从而提出相应的城镇历史景观保护与管理。例如M.R.G.Conzen对路德洛、佛罗德舍姆、康威等一系列古镇的历史与保护研究中，为不同的城镇区域制定明确的开发和保护目标[4]。法国学者F.Loyer自20世纪70年代开始对巴黎19世纪建筑物和公共空间的研究，直接影响了巴黎城市改建的政策制定[5]。

一部分城市规划的研究者则热衷于对城镇平面类型的形态学分析。如H.F.Gorki在1954年发表的论文《威斯特法伦州城镇布局》中，识别出城镇内核的放射状、格网状、羽毛状、平行、单一街道5种模型，以及特定地区中“圆—放射型”和“直角—直线型”2种布局[6]。凯文·林奇（1984）的9种城市模式包括了：放射形模式、卫星城、线形城市、棋盘形模式、其他格状模式、巴洛克轴线系统模式、花边式城市、内敛式城市、巢状城市，并从城市各级活动中心的分布、居住单元的组织和交通可达性等方面分析、评价了这些城市形态的优劣[7]。

随着人们对自然环境保护的关注，生态型城市的规划建设被重视，当中也有关注城市形态的研究。早在20世纪初英国学者E.Howard提出的田

---

[1] 田银生，谷凯，陶伟. 城市形态学、建筑类型学与转型中的城市. 北京：科学出版社，2014.

[2] T R Slater. English medieval towns with composite plans：evidence from the Midlands. T R Slater. The built form of western cities. Leicester: Leicester university press，1990：60-82.

[3] 段进，邱国潮. 国外城市形态学概论. 南京：东南大学出版社，2009：38.

[4] M.R.G.Conzen. Historical townscapes in Britain：a problem in applied geography. J.W.R.Whitehand. The urban landscape：historical development and management：papers by M.R.G.Conzen. London：Academic press，1981：70-72.

[5] M Darin. The study of urban form in France . Urban morphology，1998，2(2)：63-67.

[6] B Hofmeister. The study of urban form in Germany . Urban Morphology，2004，8(1)：7.

[7] 凯文·林奇. 城市形态. 林庆怡，陈朝晖，邓华译. 北京：华夏出版社，2001：12.

园城市理论中对城市形态理想模式的设想，就已体现了城市与自然之间的平衡。I.L.Mcharg 1969年出版的《设计结合自然》，提出大量城市规划中应遵循的生态学原则，强调城市形态应该与自然环境有机的融合[1]。R.Register等人在1975年成立的城市生态组织，不但在伯克利进行了一系列有意义的生态建设尝试，还出版了《生态城市伯克利：为一个健康的未来建设城市》（1987），论述理想的生态城市形态以及设计原则，包括城市适当的规模、土地的混合利用、非机动化交通优先建设、自然修复等[2]。

4．社会学与政治经济学角度

人类社会在一系列复杂的社会、政治、经济因素支配下，呈现出千差万别的物质空间形态。法国社会学家H.Lefebvre是将政治经济学带入城市形态学研究的重要代表人物之一，他所著的《空间的生产》（1974）和《空间规划：关于空间政治学的反思》（1977）就是以新马克思主义的观点解释空间形成的过程，并批判那些把城市规划视为一种纯粹的技术，而忽视社会关系、经济结构等对城市空间所产生的巨大作用的观点[3]。受H.Lefebvre和意大利Muratori-Caniggia学派的影响，法国凡尔赛建筑学院的两位建筑师J.CasteX和Ph.Panerai与社会学家J-C.Depaule一起创立了Versailles学派，对欧洲的几个大城市在不同空间尺度上进行深入研究，并始终把影响形态的社会因素放在工作的第一位[4]。J.W.R.Whitehand也曾在他的城市边缘带研究中，提出用地竞标租金、经济发展周期等因素所构成的经济模型与城市形态之间的相互关系[5]。

以上的简单概括，可以看出城市形态学已成为多学科的共同课题。在经历了近一个世纪的各自独立发展后，20世纪90年代中期，各个领域之间已经开始就某些研究基础达成共识，包括研究的基础物质、空间维度和时间维度等。这既是社会联系不断扩大的结果，也是人们认识深化的必然过程。

（二）国内城市形态的实证研究

城市形态学在中国也是一门多学科综合的研究，并以人文地理学和城市规划学2门学科为主导。地理学者早在20世纪30年代开始对北京、南京、重庆、成都等几个主要城市进行城市地理学研究时，就已涉及城市形

[1] 伊恩·伦诺克斯·麦克哈格. 设计结合自然. 天津：天津大学出版社，2006.

[2] R.Register，Eco-city Berkeley: Building cities for A Healthier Future. CA:North Atlantic Books，1987：12-45.

[3] M Darin. The study of urban form in France . Urban morphology，1998，2(2)：63-67.

[4] Ph Panerai, J Castex, J-C Depaule，et al. Urban form：The death and life of the urban block. Oxford：Architectural press，2004：16-20.

[5] J.W.R.Whitehand，N J Morton. Fringe belts and the recycling of urban land: an academic concept and planning practice . Environment and planning B，2003(30)：819-839.

态和土地利用方面[1]。城市规划学科较着重于形态演变过程的描述和演变机制的分析，其研究包括以下几方面。

1．城市空间结构模式

一些学者对国内众多城市的形状进行深入分析后指出，这些看似千差万别的形态表征下，各物质要素的平面构成上蕴藏着一定几何性的规律，即结构模式。朱锡金总结了5大类结构模式：匀质分布结构、蛛网结构、海星状结构、群体结构和带状结构[2]。段进提出的6类城市结构模式中，均匀分布型、交通型、辐射型、主轴线型显然与城市的发展方向紧密相关，而另外2种：单中心型和多中心型，则与城市中心的数量相关[3]。易晖在对上海、广州等国内大城市结构进行分析后，提出了开放式的组团（多核心）结构模式，可以在一定程度上消除现在的单中心、圈层式结构模式对城市发展所带来的不利影响[4]。武进把城市发展结构模式进一步细分为：集中块状、集中带状、集中星状以及双城群组、带状群组和块状群组6大类[5]。类似的划分方式还有：胡俊提出的集中块状、连片放射状、连片带状、带卫星城的大都市、一城多镇状、双城状及分散状[6]；栾峰提出的城市建成空间集中和分散2种发展型式，并再细分为团型、带型、星型、卫星型、组团型和网络型。

2．城市形态的演变规律

和西方的研究目的与方法相似，主要与城市史研究相结合，揭示城市的起源与发展历程，并为形态演变机制和城镇历史景观保护方面提供详细的资料和研究基础。由于大多数城市的建城文献资料保存不够完善，给研究工作的开展带来很大的难度，因此研究对象通常以几个著名古都和近代兴起的大城市为主。董鉴泓教授的《中国城市建设史》、贺业钜教授的《中国古代城市规划史》，都从广阔的时空范畴上归纳总结了中国城市的发展历程。钟红梅（2002）[7]、孙晖等（2002）[8]、陆志平等（2002）[9]、洪亮平等（2002）[10]、周霞（2005）[11]、陈泳

[1] J.W.R.Whitehand，谷凯. Research on Chinese urban form: retrospect and prospect . Progress in human geography, 2006（3）: 337-355.
[2] 朱锡金. 城市结构的活性. 城市规划汇刊，1987（5）：7-13.
[3] 段进. 城市空间发展论. 南京：江苏科学技术出版社，1999.
[4] 易晖. 我国城市空间形态发展现状及趋势分析. 城市问题，2000（6）：2-17.
[5] 武进. 中国城市形态：结构、特征及其演变. 南京：江苏科学技术出版社，1990.
[6] 胡俊. 中国城市：模式与演进. 北京：中国建筑工业出版社，1995.
[7] 钟红梅. 试论株洲市产业发展与城市形态演变的关系. 湖南城建高等专科学校学报，2002（4）：24-26.
[8] 孙晖，梁江. 大连城市形态历史格局的特质分析. 建筑创作，2002（z1）：12-15.
[9] 陆志平，倪沪平. 杭州城市空间发展形态的特征和增长时序分析. 杭州科技，2002（3）：37-39.
[10] 洪亮平，唐静. 武汉市城市空间结构形态及规划演变. 新建筑，2002（3）：47-49.
[11] 周霞. 广州城市形态演进. 北京：中国建筑工业出版社，2005.

（2006）[1]、田银生（2011）[2]等人，则针对某个特定城市的历史发展、空间形态演变进行深入研究。

有学者尝试用简单的模型归纳城市扩张的历史过程。如武进总结中国城市经历的发展阶段是从点状——带状扩展——伸展轴稳定发展——内向填充——再次向外伸展的5个阶段[3]。段进的同心圆扩张式、星状扩张式、带状扩张式和跳跃式生长4种类型[4]；张宇星总结了从点状散布——生长轴伸展——圈域形成——整体扩张——整体分化——核心产生——新生长点散布——新圈域、扩展、分化——多轴、多核心、多圈域组合等9个发展过程[5]。

3．城市形态演变机制研究

城市是人类社会生活的重要空间载体，因此人类的经济、政治与文化等一系列活动都将反映和作用在城市之上，深刻地影响和改变着城市的面貌。张庭伟曾把影响中国城市空间变化的因素总结为“三力”，即制定并执行政策与发展战略的“政府力”；控制资源、资本、流通等生产要素的“市场力”；以及包含全体市民和各种非政府组织的“社区力”，“三力”对不同的城市的作用机制和权重均不相同，作用结果自然也不同[6]。郑莘等归纳的影响城市形态演变因素则包含了历史、自然环境、交通、经济和技术进步、文化、政策以及城市规划等多个方面[7]。结合具体案例进行实证分析包括：许学强等以广州市为研究对象，分析出影响社区类型的5个因素：人口密集程度、科技文化水平、公认干部比重、房屋住宅质量和家庭人口结构[8]。赵民等以上海为例，从经济增长方式的角度，分别探讨粗放型与集约型方式对城市形态的影响，提出在经济增长方式转变过程中城市发展的应对策略[9]。李志刚等也以上海为例，分析了由于经济的发展所带来的城市社会阶层分化，如何导致社会和城市空间的转型与重构[10]。唐子来以长三角地区的城市群为例，分析了资本、产品、劳动力和信息等生产要素在经济全球化进程中，如何影响空间的结构

[1] 陈泳. 当代苏州城市形态演化研究. 城市规划学刊，2006（3）：36-44.
[2] 田银生. 走向开放的城市：宋代东京街市研究. 北京：生活·读书·新知三联书店，2011.
[3] 武进. 中国城市形态：结构、特征及其演变. 南京：江苏科学技术出版社，1990.
[4] 段进. 城市空间发展论. 南京：江苏科学技术出版社，1999.
[5] 张宇星. 城市形态生长的要素与过程. 新建筑，1995（1）：27-29.
[6] 张庭伟. 1990年代中国城市空间结构的变化及其动力机制. 城市规划，2001（7）：7-14.
[7] 郑莘，林琳. 1990年以来国内城市形态研究述评. 城市规划，2002（7）：59-63.
[8] 许学强，胡华颖，叶嘉安. 广州市社会空间结构的因子生态分析. 地理学报，1989（4）：385-396.
[9] 赵民，唐子来，侯丽. 城市发展与经济增长方式转变——理论分析与对策建议. 城市规划汇刊，2000（1）：23-29.
[10] 李志刚，吴缚龙，卢汉龙. 当代我国大都市的社会空间分异——对上海三个社区的实证研究. 城市规划，2004（6）：60-66.

转变和扩张趋势[1]。

综上所述，国内城市形态学研究在近十多年来的热度不断上升，但在一个城市急速扩张和变化的国家里，相比起城市现有的发展规模和速度来说，已有的研究成果仍远远不能满足城市发展和规划的需求。在理论建构和分析方法的研究上，中国学者多借鉴西方较成熟的理论和方法，对国内特定区域和城市进行实证研究。这种"移植"方式有时会因东西方文化上的差异出现水土不服，在社会、经济、文化和形态分析上产生许多问题。在研究对象上，主要集中在一些大城市及著名的历史文化名城上。

二、小城镇形态研究综述

近30多年来小城镇的快速发展，已经引起社会学、经济学和城市规划学等多个学科以及全社会的关注。社会学者中以费孝通先生为代表，最先对小城镇的社会状况进行广泛调研，并根据小城镇的发展模式对其进行分类。经济学者则把小城镇视为一种经济现象，从经济体制转变、农村工业化、人口转移、土地的经济效益与资源开发等方面着手。城市规划学在小城镇上的研究更加多样化，包括小城镇建设历史、建设特征与问题、空间规划原则与方法、规划管理措施、城乡空间结构与城镇体系布局等等。就小城镇空间形态方面的研究，主要集中在以下2项内容：

（一）小城镇空间形态特征研究

研究可以分为2个层次。首先是从区域的宏观层面出发，研究小城镇整体形态发展规律或城镇群的空间结构。如任世英等（1999）[2]，袁中金等（2001）[3]，都对全国小城镇规划展开过一般性的论述。针对东部沿海地区小城镇呈现出的既分散又密集的分布特征，张京祥提出了群体组合规划的概念[4]。龚松青等提出可在更大范围内实现空间资源的合理分配和集约式利用的城镇群规划概念，包括了单核——极化型、多核——均衡型或混合型2种组合方式[5]。董金柱在考察了长三角县域城乡空间的发展历程后，提出县域层面的空间形态结构包括了：由县域中心城市辐射拉动的点状型、经济廊道作用的带状型和点线相互作用的网络型3种。并将这些空间形态的动力要素归结为基础要素、经济要素和社会要素3大类[6]。张尚武同样以长三角城镇密集区域的整体空间形态出发，归纳其形态演变的历史特征，并将这些特征与经济发展阶段、交通运输方

[1] 唐子来，赵渺希. 长三角区域的经济全球化进程的时空演化格局. 城市规划学刊，2009（1）：38-45.
[2] 任世英，邵爱之. 试谈中国小城镇规划发展中的特色. 城市规划，1999（2）：23.
[3] 袁中金，王勇. 小城镇发展规划. 南京：东南大学出版社，2001.
[4] 张京祥. 城镇群体空间组合. 南京：东南大学出版社，2000：25.
[5] 龚松青，历华笑. 经济发达地区小城镇群发展初探. 城市规划，2002（4）：32-37.
[6] 董金柱. 长江三角洲地区县域城乡空间组织及其重构研究. 上海：同济大学，2008.

式、人口流动与分布等因素关联分析，最后提出未来的发展趋势与规划方法[1]。金鑫、陈文广分析了珠三角小城镇的发展模式和现存问题后，总结出小城镇的3种形态发展趋势：与周边大城市联合；以集群产业分工为基础的小城镇之间的组合；以轨道交通枢纽为基础的小城镇联合[2]。

其次是从中观到微观层面，研究主要针对小城镇内部物质要素的形态特征。邹怡和马清亮以江南小城镇为例，把小城镇的空间形态要素归结为：街道、街坊、节点、伸展轴、天际线和用地形态6项，并分析了这些要素的构成特点、功能意义，以及影响形态变化的因素[3]。但文章的着力点在于对古镇历史风貌的保护与延续上，而对这些因素具体的作用方式则分析得较为简单。张鹏举从剖面和平面2个维度分析小城镇内部的形态演变规律，前者经历了从直线——凸线——“M”线——“W”线的变化阶段，后者则被形容为如海星触角搬向外周期性延伸的过程[4]。熊健从江南小城镇的土地利用变化角度，分析工业、商业、居住和交通运输四大类用地在不同因素影响下的变化过程，进而归纳出小城镇整体扩张的一般模式：轴向扩张、外向扩张、跳跃式扩张和低密度连续蔓延[5]。周毅刚从明清珠三角圩市的发展和布局角度出发，分析了以圩市为核心的城镇整体空间形态，可以分为线形或带形、多组团形和团块形3种主要类型[6]。

（二）小城镇形态演变机制研究

对小城镇发展机制的研究主要聚焦于城乡二元制度、工业化进程和技术进步等方面。邹兵分别研究了在计划经济和市场经济两种体制实施过程中，不同的生产经营制度、户籍制度、土地制度、社会保障制度、行政管理体制作用下，对小城镇发展所产生的作用[7]。研究着重从制度层面分析了小城镇发展的动力与机制，但在具体、微观的空间形态上缺乏关联分析。杨贵庆把小城镇空间形态演变的动力因素归结为：经济发展、技术革新和社会理想追求[8]。陈前虎关注工业化过程中，城乡之间的相互作用导致工业用地布局的演变，从而影响小城镇整体的空间形态[9]。彭震伟从小城镇职能转变的角度，分析其带来的小城镇交通、信息、市场和产

[1] 张尚武. 长江三角洲城镇密集地区城镇空间形态整体发展研究. 上海：同济大学，1998.

[2] 金鑫，陈文广. 组合型城镇——珠三角小城镇的发展新思路浅析 // 转型与重构——2011中国城市规划年会论文集，2011：1667-1680.

[3] 转引自：国家自然科学基金会材料工程部. 小城镇的建筑空间与环境. 天津：天津科学技术出版社，1990：70-87.

[4] 张鹏举. 小城镇形态演变的规律及其控制. 内蒙古工业大学学报，1999（3）：229-233.

[5] 熊健. 江南小城镇空间结构、用地形态研究. 上海：同济大学，1996.

[6] 周毅刚. 明清时期珠江三角洲的城镇发展及其形态研究. 广州：华南理工大学出版社，2004.

[7] 邹兵. 小城镇的制度变迁与政策分析. 北京：中国建筑工业出版社，2003.

[8] 杨贵庆. 小城镇空间表象背后的动力因素. 时代建筑，2002（4）：34-37.

[9] 陈前虎. 浙江小城镇工业用地形态结构演化研究. 城市规划汇刊，2000（6）：48-49.

业结构上的新变化[1]，并通过研究如何通过政府职能转变、改革土地管理制度和财政管理体制，以及适当的行政区划调整等方式，解决小城镇长期分散化的空间发展模式，实现区域协调[2]。孟秀红通过分析太仓的城镇体系现状，总结了经济发达地区中小城镇的城镇化特点，并指出影响经济发达地区县域城镇的发展因素有：经济的全球化、经济增长与结构变动、制度创新、周围大城市的辐射带动以及交通等基础设施规划等几个方面[3]。

综上所述，国内小城镇空间形态方面的研究主要有4点特征：一是在小城镇物质形态及演变历程的描述上，与大、中型城市的研究中所使用的方法和结论极为相似。二是在动力与机制分析上，由于城乡二元制度以及文化上的差异，小城镇与大、中型城市的差异性较大。三是在已有的研究文献中，研究小城镇发展动力与机制的成果非常丰富，但把这些经济、制度、技术、文化以及自然、历史因素与小城镇物质形态进行详细关联性研究却不多。四是研究的对象大量集中在历史悠久、经济发达、城镇密集的东部沿海地区，针对于中、西部案例的研究较少。主要原因是前者在快速城镇化过程中，空间形态的变化极为突出，受各种经济、政治因素影响也较明显。

第四节　研究内容与方法

一、研究对象与概念界定

（一）小城镇

时至今日，不同角度或领域对小城镇的定义仍未统一。形态学上一般把人类居住的聚落（human settlements）划分成城市和乡村2大类。前者包含了丰富多样的形状、功能布局、道路系统、公共空间和建筑类型，城市建设趋向于现代化；而后者的形态则相对简单，即使在农村产业结构逐步由一产转向二、三产业的今天，形态上仍基本延续着农业社会的传统特征。小城镇则是介乎于两者之间，处于农村与城市的过渡性区域，在经济上、文化上和形态上与两者均保有密切的联系。从我国行政区划的角度，

[1] 彭震伟. 大都市地区小城镇发展的职能演变及其展望——上海地区小城镇发展的思考. 城市规划汇刊，1995（2）：32-36.
[2] 彭震伟. 经济发达地区小城镇发展的区域协调——以浙江省杜桥镇为例. 城市发展研究，2003（4）：17-22.
[3] 孟秀红. 经济发达地区小城镇的演变、动力机制研究——以江苏省太仓市为例. 南京：南京师范大学，2004.

小城镇是按照相关法定标准，经过地方行政机关批准设定的一种基层行政单位，即建制镇。这些标准中最重要的两项是常住人口数量和非农人口的比例，并随着社会经济的发展产生相应的调整。建制镇不仅是政治与法律的概念，具有明确的范围与界线，同时在经济实力和建设水平上均较一般集镇优越，是我国城镇化建设的重点，是小城镇的典型代表。在形态上，建制镇的非农化和人口聚集程度较一般集镇更高，处于空间外延式扩张的快速成长阶段，具备了更丰富多样的形态特征。另外，县城所在的建制镇因其发展动力上可能存在某些特殊性，一般而言城市化程度也更接近于中小城市，事实上很多经济发展较好的县城镇均把自己定位为县级市的标准。

为了使研究更具有普遍性意义，笔者将研究对象锁定为除县城建制镇以外的一般建制镇。随着城镇化建设的推进，研究对象中的一些建制镇在新一轮行政区划调整中被更改为街道办事处，下辖村庄随之更改为居委会，目的是提高整体的城镇化率，但在行政级别和形态特征上几乎没有差异。因此也属于本研究的范围。

（二）顺德

顺德位于广东省中南部，东靠省会广州，西邻佛山市高明区，南接江门和中山两市，北与佛山禅城区相接，与香港和澳门距离也不过100千米左右（图1-4-1）。地处珠江三角洲腹地的顺德，自明代立县以来便一直是生产力先进和充满经济活力的地区。随着改革开放和社会经济的腾飞，顺德更凭借其区位优势和敢为人先的开创精神，大力发展以乡镇企业为主体的第二产业，成为广东乃至全国县域经济发展的排头兵。其经济的主要发展特点包括：①以工业为支柱，形成一镇一品的产业结构模式；②自下而上的发展，镇、村两级经济占据主导地位；③内生型经济为主，着力发展当地品牌。“顺德模式”的成功对国内许多小城镇起到了先锋示范作用，以至于国家常拿顺德作为改革的实验田，在其上试行各种新的改革措施（包括企业产权、土地使用权、政府机构、行政区划调整等等），在验证其作用效果后，再酌情调整推广至各地。

顺德的形态演变规律对大多数小城镇而言，同样具有先进性，是后者争相效仿的对象。自上而下的国家制度与政策，社会经济及生产力的进步，对顺德乃至全国的其他小城镇又都起到了相似的作用，因此使研究顺德的某些形态变化与机制具有了普遍性价值。然而特殊的自然地理环境、自下而上的内生型工业发展模式、甚至人们观念上的差异，又让顺德形态的发展必然区别于其他小城镇。实际上顺德本身的10个镇（街），也因不同的发展条件与动力，呈现出各不相同的空间形态。如今，这10个镇（街）既像各自独立、自成系统的小城镇，同时又与乡村紧密相连，甚至保有大量乡村社区的形态特征。笔者最初的直观感受是：生活和工作在这些小城镇中，既能感受到大城市的文明和繁华，又有乡村的宁静和舒适；它们总是想把自己朝大城市上靠拢，却挣脱不了小城镇的束缚。

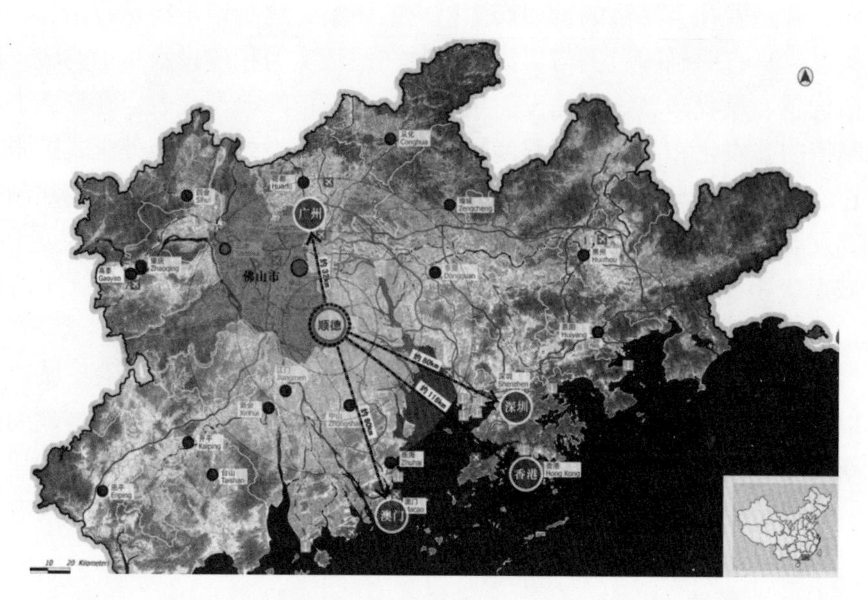

图1-4-1　顺德区位分析图

虽然我们不可能以偏概全的认为顺德的发展历程是中国小城镇的代表，但其城镇化过程中的经验和教训，将为国内其他小城镇的规划提供一个重要的示范和借鉴作用。

（三）城镇形态

狭义的“城市”是指行政法律概念上经国家批准的建制市(city)，因而未包括镇（town）级的行政单位。国内过往的城市形态学研究也大多聚焦在城市一级，而对镇级聚落的关注较少。因此，本书在描述和分析过程中使用“城镇形态”一词，以便于更全面准确的表达本研究对象的特征。

在传统的城市形态学研究中，英国的康泽恩学派发展较为成熟。M. R. G. Conzen明确把“空间—时间”视为城市形态学的研究对象，即随着时间的变化，地方的社会、经济、文化活动等功能被投射在以街道、地块和建筑等物质空间构成的城市形态上，两者之间相互关联，彼此影响。Conzen还由此探索出一整套完整地描述城镇平面格局的方法。国内有不少学者都曾深入研究并把该理论运用到实际的案例研究中，如田银生教授、谷凯教授等[1]。本研究根据对象的特点，借用康泽恩学派的相关概念和描述方法，从3个层面描述与分析顺德的城镇形态（图1-4-2）：

[1] 田银生，谷凯，陶伟. 城市形态学、建筑类型学与转型中的城市. 北京：科学出版社，2014.

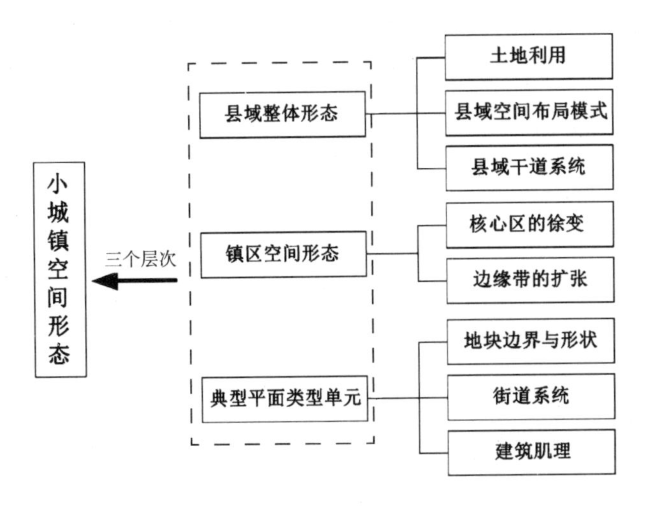

图1-4-2　3个层次的城镇形态分析结构

1．宏观的县域整体形态。包括从历年的人口、土地利用和城镇化率数据，定量分析总体的空间变化趋势；通过村镇布局总图分析县域空间格局与交通干道系统的特征。

2．中观的镇区空间形态。借用康泽恩学派中关于“城市边缘带”的相关概念，描述镇区内核变化过程与外部边缘带的扩展方式。

3．微观的典型平面类型单元。它们是城镇空间中具有典型代表或特殊意义的街道、地块和建筑的组合体。用地功能包括：工业、居住、商业配套等，是小城镇中最常见和最主要的功能构成。分析的内容包括：各平面类型单元中的地块边界、街道系统和建筑肌理等。

二、研究时限

自顺德立县起至今，经历了约560年的发展历史。本研究根据顺德社会与经济发展特征划分为5个阶段：第一阶段（1452—1948年），主要为明、清时期顺德聚落的兴起阶段；第二阶段（1949—1977年），即建国后实行计划经济体制的30年；第三阶段（1978—1991年），改革开放起步阶段，经济体制从计划向市场转变及村镇工业化的开端；第四阶段（1992—2002年），社会转型期，顺德撤县建市，开始了新一轮的飞速发展；第五阶段（2003—2010年），改革进入深化推进期，城镇空间从粗放转为集约化发展，新的行政区划调整把顺德又划归佛山市。前2阶段主要是对研究对象的基础状况做简要的论述与分析，也是后面研究的铺垫。后3个阶段则是自中国改革开放以来，顺德城镇飞速发展和变化的时期，也是研究的重点。

顺德现今仍处于一个快速发展和变动的时期，新的影响因素和空间形态不断呈现，一些作用机制还需更长时间的观察和论证。因此，本书以2010年为研究截止时间。既有利于获取研究数据的明确性和分析的准确性，也能基本代表一个完整的发展阶段。

三、研究框架

本书第一部分为绪论，阐述研究目的与意义，确立研究对象和界定相关概念，梳理国内、外理论发展脉络，包括城市空间形态理论、城市演变动力与机制理论、小城镇规划设计理论，是研究的理论背景。

第二部分为背景研究，包括第二、第三章。分别把1978年以前的顺德城镇发展划分为两个阶段，一是明清与民国时期，二是建国后的计划经济时期。论述顺德自然环境和历史沿革，总结顺德城镇兴起之初的形态特征及其影响因素。

第三部分为研究的核心，包括了第四、五、六章。分别从自改革开放以来的3个历史阶段，论述顺德城镇空间形态的演变过程，以及各项经济制度、政治制度、技术、城镇化战略、地方观念等因素对形态的作用机制。

第四部分即第七章，归纳总结顺德城镇形态演变与作用机制的一般规律。

研究框架见图1-4-3。

四、研究方法

（一）针对中国小城镇的城市形态学方法

现今国外运用得较多、较成熟的城市形态学方法，在进行城镇空间形态分析工作时，均以详尽的历史地图资料为基础。如康泽恩利用一个城镇不同时期的1：2500地形图，研究英国城市的平面格局演变；甚至还以城市中某个地块的大比例地形图和详尽的建筑权属资料等，分析地块形态的演变，以微观现象推理出宏观变化。国内借鉴此类方法的研究不少，但常被没有可供利用的地形图以及详尽的建筑权属等资料所限制。一方面，中国大部分城市1：10000以下的地形图因涉及国家机密，基本无法被研究者所获取。另外，国内城市规划起步晚，解放前大多数城市的地形图测绘与收集工作几乎空白。而小城镇的地形图测绘更是一直到了20世纪80年代中期，才因国土规划的需要而进行了第一次粗略的测绘，且至今信息仍十分有限。本研究在顺德地形图收集时，即使经过了最大的努力，能够获取的可用地形图均为90年代以后，包括1999年和2009年全镇1：10000的地形图，2002年几个镇1：5000的地形图，以及从1992年起每5年的卫星航拍图。经过深入分析以及与现场调研的比对，发现可以从仅有的地形图和航拍中，借鉴西方城市形态学研究工具，改良出一套解读当代中国小城镇形态演变的新方法。

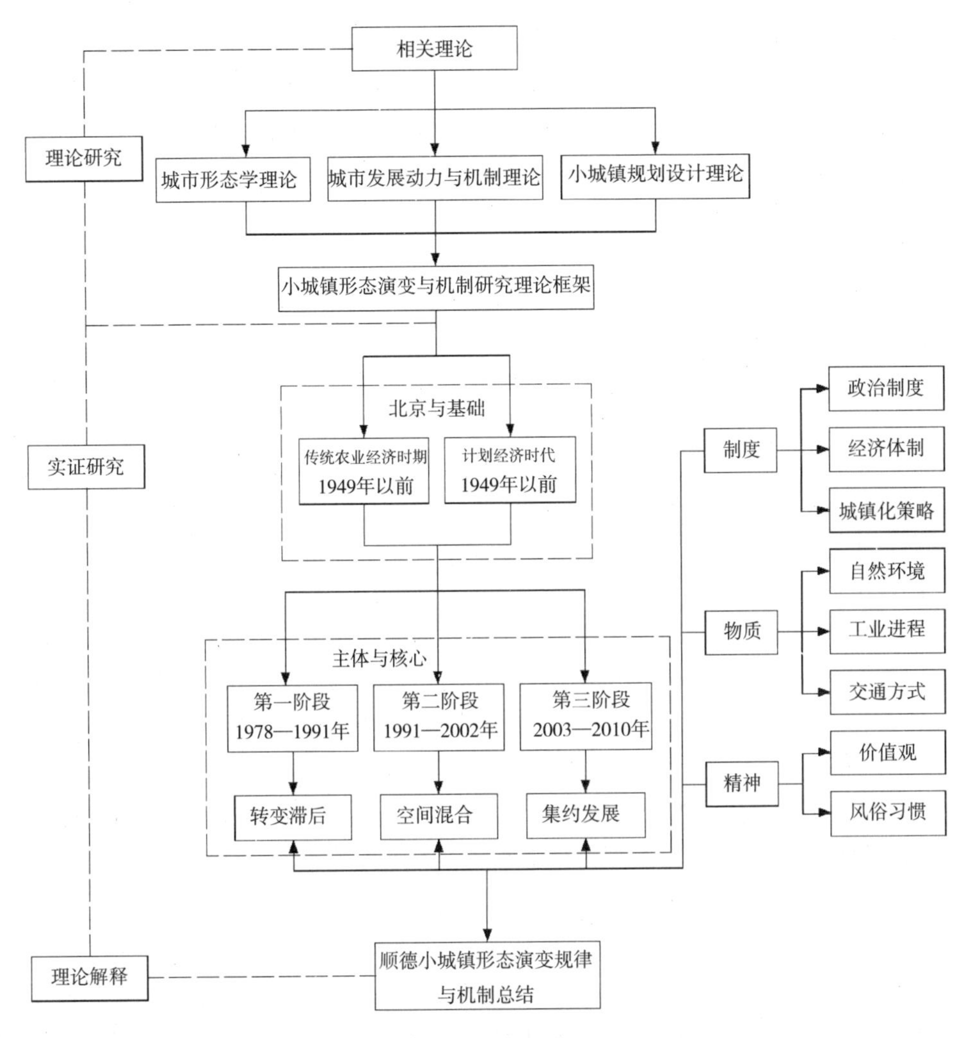

图1-4-3　研究框架

首先，改革开放30多年间，虽然小城镇建设发生了翻天覆地的变化，但基本上是一个向外扩张的增量，即新的功能、新的形态大部分被安排在建成区外围。这与城镇发展的成本与效益相关，城镇的扩张总是趋向于阻力较小的方向。旧镇区内甚至尚未出现大量旧城改造，因而保留了大量完整的历史信息。其次，即使镇区内有地块出现更新改造，但因新功能往往会采取一种与原有肌理完全不同的方式插入，在平面布局和建筑形态上都有着明显的时代印记。因此，只要配合详细的田野调查，依然可以从一张较新的地形图或航拍中辨别出不同地块的大致开发时间，从而掌握城镇形态的演变规律。第三，对城镇形态框架起着决定性意义的各级道路系统，由于建设时间长、投资大，因而在短时期内其走向、功能和等级的变化不大，可以通过若干年份的地形图和航片中解读出来。

由此一来，本研究将小城镇平面格局的分析内容确定在了县域整体、镇区和典型平面类型单元这3个层次上。县域整体主要从1：10000地形图和自1992年起的大尺度航拍中解读；镇区和典型平面类型单元则是以1：5000的总平面图、局部高清航拍图和少量街区平面图为研究基础。典型平面类型单元是选取建成区内几个居住、商业或工业地块，进行平面布局、街道格局和建筑类型分析。这与康泽恩学派的研究方法区别在于，并不固定研究一个特殊地块的发展历程，而是把不同时期富有典型性代表的地块分别呈现。因为在30～40年的发展时间中，单独看小城镇中每个地块的变量都很微小。若拘泥于同一地块的形态变化周期，既不现实，也难以全面反映小城镇这30年间的飞速发展。

（二）多学科理论综合法

在分析外部因素对城镇形态的作用机制过程中，综合利用制度经济学和社会学的理论分析方法，探讨制度变迁的基本路径和一般规律。在分析中国工业化进程时，还应用了产业聚集理论、区位理论和路径依赖理论等。

（三）文献法

顺德古代部分的研究主要通过翻阅各种地方志与古籍，尤其是在对古代顺德城镇形态的推测上，大量借用古籍中的古地图信息，并与有关文字描述相比较。在对当代社会、经济、文化方面的背景资料收集上，也通过翻阅和整理历年政府工作报告、政策研究报告和各种社会经济的统计报告，从中整理归纳出影响城镇形态相关的信息。

（四）案例实践法

在基础资料的收集上，通过亲身参与顺德近10年来的规划设计项目，包括县域总体规划，各镇总体规划，绿地系统、历史文化保护、水系等专项规划，各类城市设计以及建筑单体设计项目，获取第一手的资料数据和实地勘察资料，再逐一进行分类整理。实践过程中还结合规划调研，深入顺德各村镇，与当地居民及政府部门进行访谈和问卷调查，从中获得更多真实有用的数据。

第二章　1949年以前的顺德传统水乡聚落

第一节　明清顺德的自然环境与社会经济特征

中国封建社会时期，王权对乡村基层社会的统治力较弱，尤其是在远离中央政权核心的地区，以至于历史上大多数时候，村落和集镇都是依靠宗族势力进行自治，管理内容既包括社会秩序、经济发展，也包括聚落的空间规划。因此，乡村聚落和集镇的建设一般不像城市那样受严格的礼制和正统规划思想的影响，而是以自然环境为主要限制因素。如位于珠江三角洲腹地的顺德，除了在县治大良是按一定规格，规划了整齐的道路与城墙，设置学宫、大庙、衙门等礼制建筑外，其他的集镇和聚落主要受自然水系格局的影响和限制，呈现出一种有机的自然形态。与此同时，当时的顺德人还积极、大胆地对河网水系进行改造，创造性地发展出一套与众不同的农业生产模式与城镇形态。

一、生于泽国

（一）自然环境特征

顺德地处珠江三角洲[1]腹地。通过对古代珠江出海口地图的整理，可较直观的看到顺德在不同历史时期的成陆情况（图2-1-1）。从原始社会至西晋，顺德境内只有零星的几个小岛，主要集中在今西北部的龙江、勒流、北滘、乐从和容奇等地。而更南部的海上，则是围绕五桂山山脉所形成的大岛（今属中山市）。从东晋至五代十国时期，中部的大良开始成形；宋代，西江改道加快了出海口成陆速度，西南部的杏坛、均按等地的许多小岛正逐渐连成大岛；明清时期，顺德已演变成与今日几乎一致的地形，南部的众多岛屿也逐渐成陆，并与顺德相连。顺德从最开始的海中几个小岛，到大陆的滨海岸线，最后发展为内路的一块土地。这不仅是珠江三角洲发育演进的见证，同时也赋予了顺德独特的空间发展模式，即“起于水、兴于水”，与大小河网水系密切相关的形态特征。

（二）河网水系格局

清代顺德县志中对河道的称呼有一个共同点，即习惯把较大的河称为“海”，且这些称谓大部分延续至今。有人认为这不过是顺德人自夸的一

[1] 注：珠江三角洲一般指今天三水思贤滘以下、东莞石龙以下的地区，它是由西、北、东三江所夹带的泥沙长期冲积而成的。参见蒋祖缘，方志钦. 简明广东史. 广州：广东人民出版社，1993：151.

种行为，但若是认真研究一下古代顺德的水系特征，便不难发现其原因。

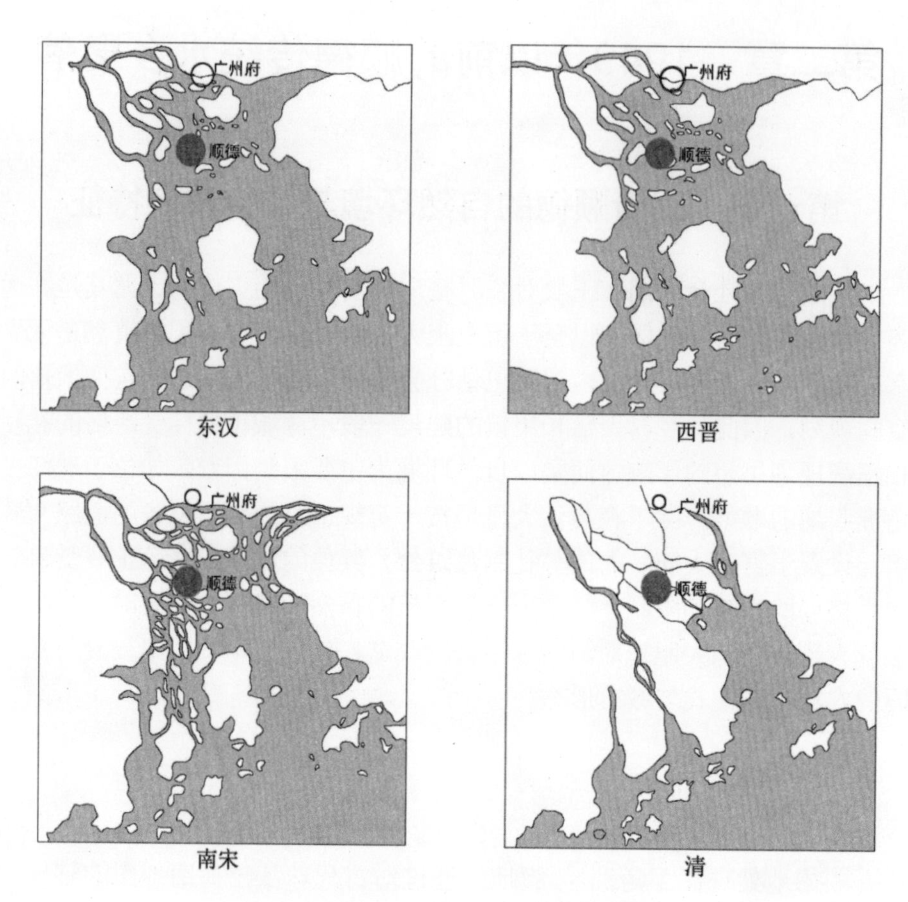

图2-1-1　珠三角形成过程分析图

（资料来源：作者根据《中国历史地图集》[1]绘制）

其一，是因为当时的河面较宽，甚至可以行走大的帆船，给人以海的感觉。据县志记载："顺德去海尚远，不过港内支流环绕，抱诸村落而已。明以前所谓支流者类皆辽阔，帆樯冲波而过，当时率谓之海。……近处则沧桑阅久，有前通而后淤者，有旧广而后狭者，而沿其故名，则仍统称曰'海'。"[2]即便后来被淤塞或围垦而逐渐变小，但"海"之称呼未改。从县志中收录的《诸堡度分总图》上亦可看到，其绘制方法便是把顺德各乡堡视作孤悬于海中的小岛（图2-1-2）。其二，是因潮汐和台风引起海水倒灌，河水常变咸（咸潮），以至于人们容易把河与海混为一谈。当时顺德出产大量本应生在海中的生蚝便是证明，"叠石海及黎村之掘滘，及桂林之白鸽咀，其底皆有积产枯蚝壳，重叠堆长，长竟数里，中流

[1] 谭其骧. 中国历史地图集. 北京：中国地图出版社，1982.

[2] 郭汝诚总撰. 顺德县志（清咸丰）：卷3.

海心尤高，形同剑脊，自然生聚……”[1]。

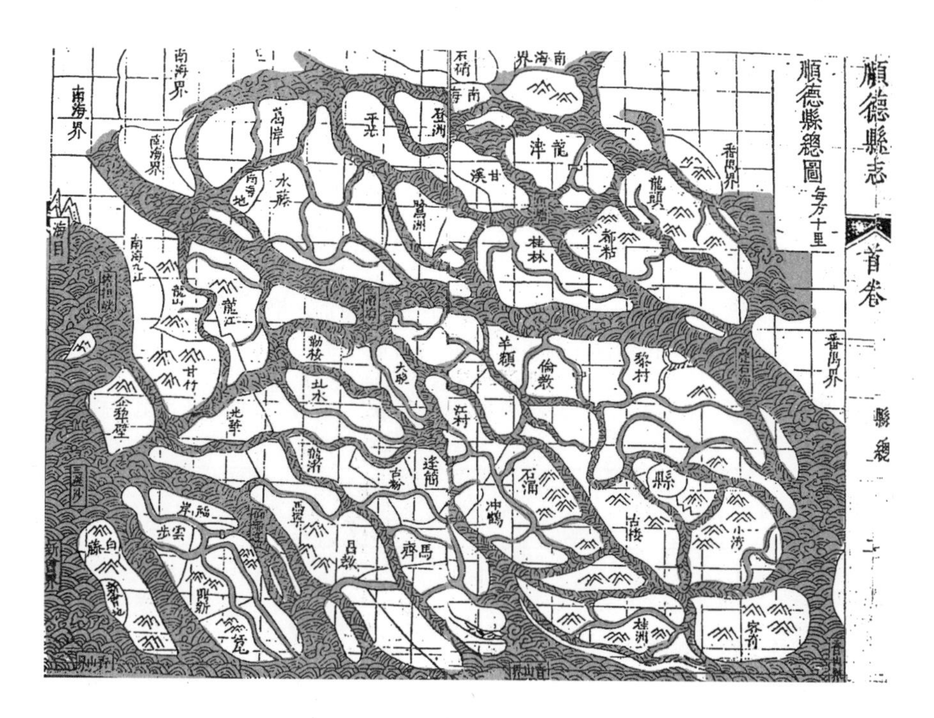

图2–1–2　清代顺德诸堡度分总图[2]

县志（咸丰版）中有记载的主要河道名称有43条，但其中不少河道实为同一条河流不同河段的名字。如横贯东西的大河——顺德水道，全长46千米，当时则被分别命名为：叠石海、三漕海、鲚鱼海、北后海、黄连海、马村海、三合海和逆流海（表2-1-1）。这些河道大部分属于北江流域，西南角的东海水道、鸡鸭水道和桂州水道则属于西江流域，基本为东北至西南走向。许多大河经过长年累月的人工改造，筑基围田，宽度和形态都有了较大的改变（图2-1-3）。

流经顺德的主要河道古今名称对照　　　　**表2–1–1**

流域	河道名称（当代）	起止点（当代）	河道名称（清代）	流经堡名（清代）
北江	潭州水道	南海紫洞—顺德西安亭	鱼塘海	平步堡、登洲堡、甘溪堡、都粘堡、龙津堡、桂林堡

[1]　郭汝诚总撰. 顺德县志（清咸丰）：卷3.
[2]　郭汝诚总撰. 顺德县志（清咸丰）：卷1.

续表

流域	河道名称（当代）	起止点（当代）	河道名称（清代）	流经堡名（清代）
北江	平洲水道	顺德登州头—南海平洲	文字海	登洲堡、甘溪堡、石硝堡
	吉利涌	禅城隆庆—禅城周尾围	洲头海	葛岸堡、平步堡
	陈村水道	番禺石壁—番禺紫泥	龙滘水	龙头堡
	顺德水道	顺德紫洞—顺德火烧头	叠石海、三漕海、鲚鱼海、北后海、黄连海、马村海、三合海、逆流海	龙江堡、勒楼堡、羊额堡、黄连堡、伦教堡、黎村堡、水藤堡、鹭洲堡、新良堡、桂林堡、都粘堡
	甘竹溪	顺德甘竹滩—顺德勒流	仰船海、狮领口、甘竹滩	甘竹堡、北水堡、龙江堡、勒楼堡、马齐堡
	顺德支流	顺德勒流—顺德容奇	锦鲤海、大沙尾海、金陡海	北水堡、勒楼堡、逢简堡、江村堡、马齐堡、冲鹤堡、昌教堡、石涌堡、古楼堡、小湾堡、容奇堡
	李家沙水道	顺德火烧头—顺德板沙尾	三江沥	黎村堡、小湾堡
	容桂水道	顺德龙涌—顺德三联	得胜海	容奇堡、桂洲堡
	洪奇沥水道	顺德板沙尾—番禺沥口	北潮海	容奇堡
西江	东海水道	顺德南华—顺德莺歌咀	三沥海、福海、木头海	甘竹堡、龙渚堡、马宁堡、昌教堡
	鸡鸭水道	顺德莺歌咀—中山下南	—	桂洲堡
	桂州水道	顺德细滘—中山雁企	—	容奇堡、桂洲堡

与宽阔的干流相比，蜿蜒纵横于顺德各乡各堡之间的小河，数量更加庞大。它们有如遍布人体中的毛细血管，为顺德上千年来的发展不断输送着养分。因为数量实在太多，古籍中虽有提及部分重要河涌，但并未进行全面的统计，也缺乏对其水量、水文等的具体描述。据今天的数据统计，顺德全区内大小河涌180多条，其中主干河涌77条（表2-1-2）。因为城市的建设，许多河涌早已被填埋或覆盖。可以想象，古代的顺德河涌密度与数量将大大超过今天。这些大小河流在顺德境内组成了一张巨大的水网，它们既是生存的必需品，也是生产的重要资源，甚至还是文化传承的载体，在生产、运输、生活等方方面面起到了重要的作用。

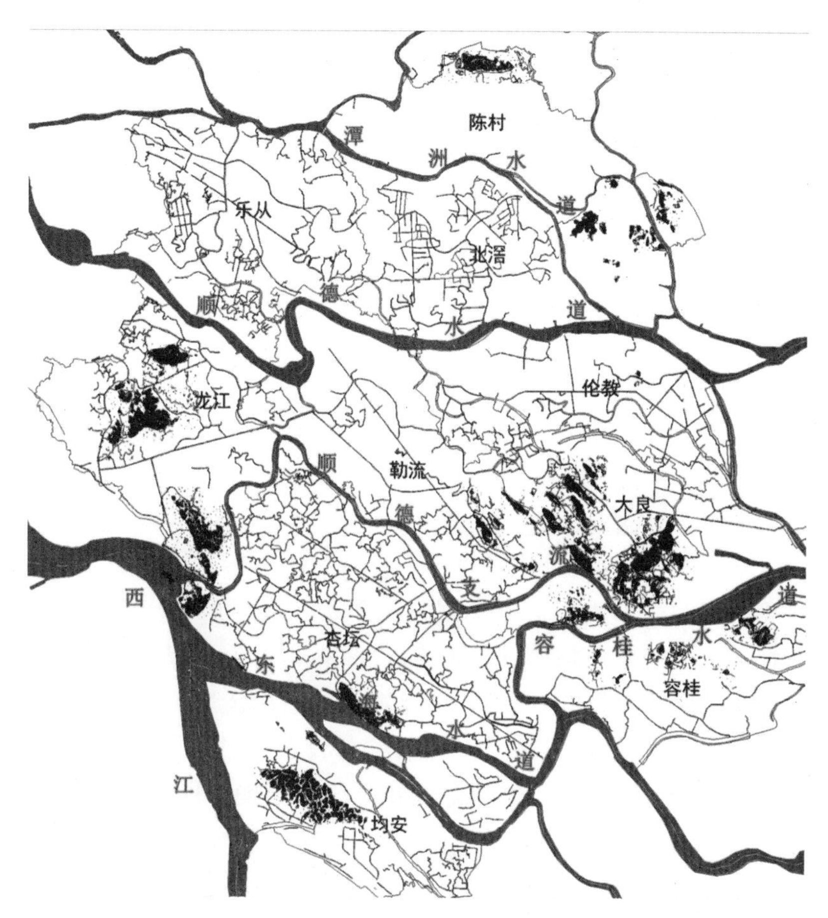

图2-1-3　顺德主干河涌分布现状图

（资料来源：作者根据现状地形图绘制）

现代顺德主干河涌一览表[1]　　**表2-1-2**

镇（街）名称	主干河涌名称
大良	桂畔海河、大良河、大门河、逢沙大河、银涌河
容桂	眉蕉河、龙华大涌、细滘大涌、海尾大涌、容桂大涌、高黎下涌、高黎上涌、小黄圃新涌、容奇新涌、桂洲下涌、桂洲上涌、塘埒涌、高东河
伦教	伦教大涌、羊大河、鸡洲大涌、大洲大涌、叠石支河、希涌河、桂畔海、北海大涌、大会涌、工业大道新开河、大东支河
勒流	勒良河、扶安河、黄连河、日升桥涌
北滘	北滘河、细海河、西河、南河、林上河、三马河、北滘沙涌、良马大涌、灰口大涌、西海大涌、二支涌、上水河
乐从	沙良河、细海河、迳口大涌、英雄河
新城区	新城涌、大墩涌、荷村涌、岳步涌、东西大涌

[1] 参见：佛山市水系规划（2009年）.

续表

镇（街）名称	主干河涌名称
龙江	新开涌、龙江大涌、英雄河、跃进河、龙山大涌、炮台涌、里海涌、歌滘涌
陈村	文海河、银河、陈村河、文登河
杏坛	高北河、东海大河、北马河、新涌大河、龙潭大涌
均安	南沙十字大涌、华安河、西线河、凫洲河涌、迳口涌

（三）顺德建置与水

正如顺德县志上记载，“顺德”之名源于一场声势浩大的起义。佃农出身的黄萧养，组织底层的疍民和佃农反抗地方政权和缙绅富豪。不仅攻陷大良县城，还曾一度进攻到了南海九江、佛山和广州，在各地烧杀掠夺，激起了极大民愤。1450年4月，黄的部队终被朝廷剿灭，而由顺德缙绅们带领下的当地农民武装力量起到了极为关键的作用。经此一役，当地缙绅联名上书要求顺德立县[1]，以此来为本阶级谋划更多的利益。朝廷即刻同意把原南海的4个都37堡及新会的白藤堡划出，同时赐名“顺德”，意为“顺黄恩浩荡之天，威纲常名教之德”。至此，顺德下辖4个乡（忠义、光华、儒林、季华），乡下设40个堡，堡下又有297个自然村，约合900平方千米面积[2]。

作为顺德立县的直接导火索——黄萧养之乱，虽然持续时间不长，却反映出自宋代以后长期存在于珠三角的一种社会矛盾：地、水矛盾，即农民与渔民之间的生存资源争夺。顺德最早的居民均为依赖海上捕鱼的渔民。宋代以降，大量北方人口迁入，一方面加大了整个地区的人口压力，另一方面带来了成熟的农耕技术。农民的耕作需要大量土地，于是开始填海造田，大片水域被开发为沙田，这必然威胁到了渔民的生活与生产空间。最终，陆地上的农民凭借在数量和文化上的压倒性优势取得胜利，渔民不仅失去了赖以生存的资源——水，其地位还被贬至社会最底层，成为所谓的“疍家”。有些人不得不落草为寇，成为“海盗”反过来抢夺农民。黄萧养所带领的起义部队中，绝大多数便是出没于海上的强盗及处于社会底层的疍家。“海寇之雄，莫过于萧养”[3]。海盗的骚扰事件在县志中反复被提到，例如县志中所记载的“忠义乡”乡名，便与村民反抗海

[1] 注：经此一役，当地缙绅不仅积极进行地方建设与秩序重建，还联名上书要求从南海县独立出来，“今大良其地远于南海，然西有排榜之峙，东有迎晖之环，前拥华盖，后镇拱北，山原如翼，河流如带，此泽国之形胜也。因其地而置县，域以封疆，防以官师，联以户口，齐以科教，如此虽复有黄贼之变，无能为矣”。转引自：郭汝诚总撰.顺德县志（清咸丰）：卷3.

[2] 郭汝诚总撰.顺德县志（清咸丰）：卷3.

[3] 屈大均.广东新语.北京：中华书局，1985.

贼有关。农民与海盗之间的斗争持续了近千年，甚至到了清代实施海禁政策期间，海盗的滋扰也未见减弱。

在这段顺德建置史的序幕中，“水”扮演了一个重要的角色，因而说：顺德因水而生。正是因为以农民为代表的陆上居民过度地开发水面，使大片水域成为可供耕作的农地，才激起了以渔民为代表的水上居民的反抗。一方要地，另一方抢水，实质上都是争夺对水面的控制权。

二、兴于基塘

宋代以后顺德人口开始剧增，自立县后的人口统计数据可见：明景泰3年（1452）为7万；清道光29年（1849）为103万，人口密度为1277人/平方千米；民国的宣统元年（1909）人口更是达到180万，人口密度2230人/平方千米[1]。大量人口所带来的必然问题是农业用地的不足，人多地少向来是顺德的社会特色。

为了增加农业用地面积，人们开始对荒地和山地丘陵进行全面开垦。继而去开垦大大小小的沙坦[2]。据县志记载：今新佃屯田，多在西潦之入海地，渐次围筑成田，输租出，既濡滞内地支河，骤成异涨，势必乡围栉比，受水少则冲决多，不无杞忧，理则然耳[3]。结合北方移民所带来的水利工程技术，沿海居民又开始了浩大的基塘建造工程。顺德的基塘形成方式大致有两种：一是围河式。“堵河筑堰而养鱼”，即把一些小的河涌堵塞，或在大的河道旁边筑一圈小堤坝，使其成为鱼塘。但可供堵塞的河涌数量有限，而在大河边围筑也有一定技术难度，还要受河水日复一日的不断冲刷。二是挖田式。把渍水之地深挖出可养鱼的水塘，并把挖出的泥土覆盖在水塘四周，形成类似堤坝的围挡以防范洪水，同时又可以种植各类经济作物。“唐代广东始有水利建设记载，到宋元已广泛而较大规模地发展起来，包括修筑堤围、陂塘、沟渠，以及排灌、防洪、去卤等建筑和设施……土地有了堤围，得按不同属性加以开发利用，于是出现围田、沙田、基塘等土地利用分类。分别种植水稻、桑、蕉、水果以及养鱼，生产大量的粮食和其他农副产品，供应市场。”[4]

这种具有完善生态功能与极高经济效益的生产方式——桑基鱼塘，是人们利用与改造自然的智慧结晶。既能化解不利的自然灾害，提高农、渔业生产水平，还满足的人口增长的需要；又能带动手工业及缫丝业的发

[1] 数据分别根据：郭汝诚总撰.《顺德县志》（清咸丰），姚肃规总编.《顺德县志》（清康熙），周之贞.《顺德县续志》（民国18年），记录所得。

[2] 蒋祖缘，方志钦.简明广东史.广州：广东人民出版社，1993：213.

[3] 参见：顺德地方志办公室点校.顺德县志（清咸丰民国合订本）.广州：中山大学出版社，1993。意思是：为了从农业中获得更多效益，大规模开辟西江下游水域为农田，这里本是西北江的泄洪地带，导致上游村落处于危险境地，退水时间加长。

[4] 司徒尚纪.广东文化地理.广州：广东人民出版社，1993：49.

展，从而为顺德的经济发展奠定了坚实的基础。清代时堤围建设进入高峰期，主要集中在顺德、南海、番禺、新会、香山、东莞等县，而顺德的堤围总数约占整个珠江三角洲堤围的半数[1]。基塘的开发利用一直延续到20世纪80年代，因现代工业的兴起及桑蚕业的衰退而淡出历史舞台，但时至今日，若从空中俯瞰顺德，基塘仍然是大地景观中主要基质，而城镇和村庄仅是散布于其上小斑块（图2-1-4，图2-1-5）。

图2-1-4　20世纪80年代顺德的桑基鱼塘

（资料来源：顺德档案馆馆藏）

图2-1-5　散布于基塘、河涌之间的顺德村落

（资料来源：作者根据1999年乐从镇地形图绘制）

三、水运通商

桑基鱼塘的农业耕作模式同时还成就了顺德桑蚕产业的辉煌。据统计，“崇祯15年（1642），全县桑地面积已达58094亩”[2]。鸦片战争后，国外对中国丝绸的需求激增，刺激了桑蚕行业的发展，人们甚至把稻

[1] 司徒尚纪. 广东文化地理. 广州：广东人民出版社，1993：84.
[2] 郭盛晖. 顺德桑基鱼塘. 广州：广东人民出版社，2007：42.

田都改种桑树。桑蚕业的发达，除了与当地种植条件及人们在农业技术上创造性发明有关外，还与顺德发达的水运系统相关。它不仅使人们的出行经济又方便，而且在种桑、养蚕、制茧到缫丝的整个生产过程中，几乎每一项工序都与水运密不可分。

桑基鱼塘一般离聚居点较远，而养蚕的点通常设在各居民家中或靠近居住点的地方，方便照看，农民们每日撑船从水路往返于两地进行生产。蚕茧成熟时，以小船从四里八乡的农户家里运往镇上的茧市。茧市是顺德最常见的墟市之一，在县志中均有逐一列明，仅容桂有记录的便有30多处。茧市临水而建，方便装卸货物。之后又从水路运往缫丝厂加工成生丝。沿河建设的缫丝厂，可谓中国民族工业的开端之一。同治13年（1874），第一家机械缫丝厂落户顺德龙山[1]。至20世纪20年代末，全县遍布大大小小的缫丝厂近300家，工人数量约为6万人，缫丝业已成为当时顺德重要的“支柱产业”。现在顺德的许多旧码头区，还能找到建于清末民初的缫丝工厂及蚕茧仓库（图2-1-6）。这些缫丝厂大多位于外江与内河涌的交接处，蚕丝从相互连通的内河涌运至工厂，而生产出来的生丝则从外江送往广州和香港，再运往海外。所谓“一船蚕丝去，一船白银回”，顺德蚕丝能名扬世界，在当时没有条件修建完善的陆上交通，没有大运量的火车运货条件下，全赖这些快捷、高效的水运系统。

图2-1-6　容桂镇建于水边的茧栈

四、水系宗族

血缘关系本是宗族起源与维系的核心要素。但随着社会经济的发展，以地缘为纽带的生产和防卫需要开始逐渐超越了血缘。“宗族”成了一个地区的人们促进经济规模化发展，共同合作抵御外敌的重要组织与精神力量。明代以后，顺德的宗族势力通过族田、族产、宗祠、族谱、族规以及各种祖先信仰的仪式，形成紧密团结的民间组织。此间，水系在维持宗族

[1] 吴志高. 千年水乡. 北京：人民出版社，2006：101.

关系上起到了重要的作用。

首先，围海造田耗时长、投入大、风险高，非个人力量可能完成。据清代龙延槐所著的《敬学轩文集》描述："然地濒大海，去乡村远者数日之程，近者亦有一日，耕者既费舟楫之力，若遇飓风及旱而潮卤不熟，夫以如此工筑之费，经营之劳，又必延之数十年或百年始成田，迨成田矣，又有争讼之累、风潮卤水之虞，已非易易。况未成田之时，或屡筑或屡圮，或筑而被风一扫，荡然以致力竭不支，辗转相售，因而破家荡产者踵相接。故粤谚语，开山承田，破家相连。"[1] 因此，沙田的开发和经营均以宗族为单位。刘伟志教授就曾在其发表的《系谱的重构及其意义：珠江三角洲一个宗族的个案分析》中，以番禺沙湾何氏宗族在沙田开发中所发挥的重要作用进行过深入分析和论述[2]。自明代起西江沿岸沙田围垦逐渐进入高潮期，而恰在此时，广州府的大量宗族开始入籍，地方大族不断壮大。顺德各村也纷纷修建起气派非凡、奢华瑰丽的大宗祠。如果把建造沙田看作是人类对水系的改造，那么珠三角一带宗族的兴盛便与水系产生了紧密的关联。

其次，面对洪灾和海盗这两个来自水上的威胁，也必须通过宗族的力量与之抗衡，包括组织自卫武装和修筑防御设施。此前平定黄萧养部队，以及对历年来海盗滋扰的抗击，都体现了宗族在防御上的强大力量。为了防御洪灾和海盗而修筑的堤围，也均由当地较富裕的缙绅捐款和组织人力，以宗族为单位建设完成。一旦沿水的堤围筑成，其围合的范围事实上也宣告了一个宗族势力的诞生。许多小围以该宗族的姓氏命名，后来逐渐联合成大围才又统一以地名或河道名重新命名。

造沙田、筑河堤、防外敌，宗族的主要功能说到底仍是与水息息相关。既畏之拒之，又爱之用之。从这个角度而言，"水"成为维系宗族的重要角色，这也可以从某些体现宗族团结的风俗仪式上得到证实。例如，各宗族中均供奉掌管南方之水的神灵——北帝和天后，在沿河或河口处仍保留了许多北帝庙（或称真武庙）与天后庙，每年定期举族拜祭。还有元宵节的鱼灯会和端午的龙舟赛，大多以宗族为单位组织节庆队伍，在各围之间走动互贺，充分体现了顺德水乡的地域特色。

[1] 注：出自龙延槐《敬学轩文集》，转引自：吴志高. 千年水乡. 北京：人民出版社，2007：78.

[2] 刘伟志. 系谱的重构及其意义：珠江三角洲一个宗族的个案分析. 中国社会经济史研究，1992（4）：18-30.

第二节　因水而生的“水堡”形态

一、“水堡”的由来

顺德立县初始，采用乡—都—堡—村4级行政划分，其中设置“堡”40个。翻阅明清时期广东的各地县志，除了佛山、南海及顺德3处外，其余各县均无“堡”的称谓。史料并未提及因由，有人认为“堡”通“保”，可能是保甲制时使用“保”为行政单位而被延续下来的。保甲制源于北宋王安石的改革，是名义上的乡村自治单位，实际上是朝廷“作为征集民兵的行政基础和作为监视及相互负责的机构”[1]。保甲明代时均被里甲所替代，至清代才又逐渐恢复使用。而顺德的“堡”乃起用于明代，时间上不吻合。另外，清代保甲制运用广泛，为何广东其他地区并未沿用此称谓？笔者认为，“堡”字实质上体现的是聚落空间所具有的防御特色，与古代北方用于防卫的军事设施——坞堡，有着极大的渊源。

坞堡的雏形是东汉时期北方兴起的地主庄园。拥有大量土地的地方豪族，用沟壑把自己的土地圈出来，内部除了有农田和居住用的宅院外，还设有手工业作坊，庄园本身便可形成一个自给自足的自然经济体（图2-2-1）。庄园内的劳动者则主要是宗族中少地或无地的族人，也有外族投奔过来的“佃客”，两者均与庄园主之间形成强烈的人身依附关系。东汉及西晋末年的战乱导致这些庄园转化为具有军事防御功能的坞堡，并于十六国时期达到顶峰[2]。晋书上有载：“永嘉之乱，百姓流亡，所在屯聚”[3]。西晋八王之乱后，连年战事促使更多无宗主可依的农民投靠坞堡主，坞堡组织在北方颇为普遍。

东晋时期，为躲避北方战乱，出现了历史上第一次南下的移民高潮[4]。初到岭南的北方难民为应付土著侵扰，多数聚族而居，并模仿北方盛行的坞堡形式修筑具有军事防御功能的构筑物。典型例子如赣南、粤东和闽西等地的客家围楼。广州麻鹰岗出土的东汉墓藏中，也曾出土类似坞堡一类的陶质明器（图2-2-2）。此外，还有一类更有组织的移民，即由中央政权派遣到岭南驻守或屯田的军队。其驻地通常以所、亭、都、堡、军、台、营等命名，是一种结合军事、生产与生活的聚居形态，形式也与坞堡相似。移民们很可能参照坞堡的形式，在顺德建造出具有类似功能的聚落，并沿用了“堡”之名。

---

[1] 刘莉. 明清时期保甲制度与家族治理的地方控制. 理论导刊，2007（7）：107-109.

[2] 参见具圣姬. 两汉魏晋南北朝的坞壁. 北京：民族出版社，2004.

[3] 晋书. 苏峻传.

[4] 司徒尚纪. 广东文化地理. 广州：广东人民出版社，1993：37.

从顺德的地理环境和社会发展上看，堡要防御的“敌人”主要有2个。首要的危害是发生频率极高的洪水，其次是来自海盗的进攻。外族与原著民的战争延续至后来，演变成上节所提到的农民与疍民的冲突。疍民落草为寇，不时骚扰堡内居民。尤其是富甲一方的顺德，自明代起频频受海盗滋扰，民众只得遇战于农。明代广东诗人欧大任曾在其《群盗》第二首中描写道：“海邑频遭警，东来消息非；闾阎多站垒，樵牧半绒衣。”[1] 因此，除了由政府修筑各类海防设施外，聚落自身的防御功能始终受到极高的关注。

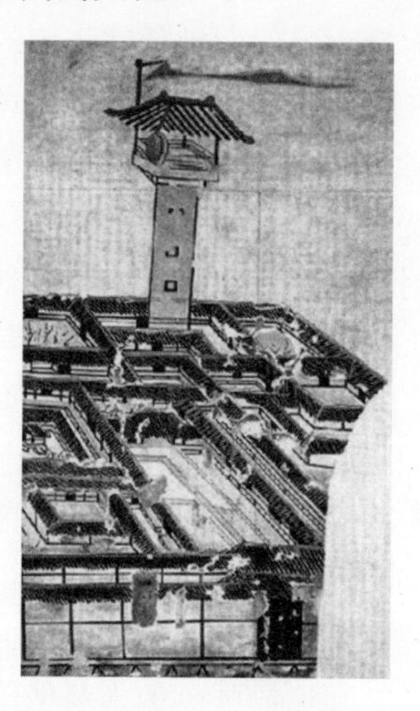

图2-2-1　河北安平汉墓壁画中的坞堡[2]

图2-2-2　陶质明器[3]

二、“水堡”与北方坞堡的异同

将北方坞堡与顺德“水堡”相比较，可以更清晰地了解顺德传统聚落的空间特征。首先，两者性质相似，均是以宗族、血缘为纽带，集生活、生产与防御于一体的社会基层组织。北方坞堡多以家族为核心开始营建，本身便可形成一个自给自足的经济体，坞堡与坞堡之间极少往来。堡内的劳动者多因逃难而不得不投奔坞堡，与堡主有着较强的人身依附关系。他们人数众多，平日事生产，战时便是武装部队。顺德“水堡”内也散布着大小村落、墟市以及大片沙田、基塘等农业生产资源。各堡之间可通过水道相互往来。人们虽然也有较强的宗族观念，但依附关系较弱，族中长者或德高望重的乡绅一般仅负责维持日常秩序和组织协调村内事务。为了保

[1] 转引自：吴志高. 千年水乡. 北京：人民出版社，2007：1.

[2] 中国网.地方城市及坞堡 http://www.china.com.cn/zhuanti2005/txt/2003-12/26/content_5469154.htm.

[3] 中国网.地方城市及坞堡 http://www.china.com.cn/zhuanti2005/txt/2003-12/26/content_5469154.htm.

卫家园，村民们也会在必要时组成强大的地方武装。

其次，两者的防御性空间设计既相似又各有特点。北方坞堡通常善于利用山地，选择背靠陡壁高地而面向河水，有险可依，可守可攻。如庾衮建坞堡于禹山，“于是峻险阨，杜蹊径，修壁坞，树藩障”[1]。除了地形险峻，坞堡外围还建有高墙厚壁，如董卓在关中建造的郿坞，“高厚七丈，号曰‘万岁坞’”[2]。顺德无高山峻岭可守，则巧妙的利用了纵横交错的河道为天然屏障。除了有“护城河”，还建造了绵长的堤围，既防范自然灾害，又可像城墙一样抵御海盗袭击。如迷宫般错综复杂的堤围，就像坞堡内曲折迷离的街巷，迷惑入侵者，使之产生畏惧心理。北方坞堡城墙上设置的望楼或敌楼，在顺德水堡中则转化为沿水而建的汛口、炮台、碉楼和更楼。但无论如何，顺德的“水堡”在防御功能上远不如坞堡坚固。毕竟，坞堡所处的时代地方混战，民不聊生，若无坚固、周密的防御设施则根本无法立足。明清顺德虽时有海盗侵扰，但规模不大、攻势不强，还有官府派驻的军队担当防卫，因此对聚落的防御要求较低。

三、“水堡”的形态结构

明、清时期在佛山、南海及顺德等地出现的类似北方坞堡功能的结构形式，既是与当时的社会和人文因素密切相关，其空间形态特征更深刻反应出当时的地理环境因素，即与河网水系的联系。本文称之为南方的“水堡”，以体现出其独特的形态与功能。

（一）水堡的外部轮廓——以水为界

由于地处珠江三角洲冲积平原，就正如古代许多城池都以护城河为外围防护界线一样，平原上纵横交错的河道除了提供交通通道外，还为顺德的聚落创造了良好的天然屏障。因此，在“堡”的划分上，首要考虑的是以水为边界，既保障了出行的便利，又保护了聚落的安全。

各堡的整体形态看似随意切分，实则具有一定的规律。除了大良堡外，其他各堡均有1/5～1/2左右的边长直接濒临主干河涌（外海），而其他各边又紧邻小河。主干河涌作为宝贵的生产与航运资源，被细致的均分给每个堡，使得几乎各堡都能有一边可通大江；内河因设有水闸控制水位潮汐，可供日常取水及小型船只的通行（图2-2-3～图2-2-10）。大良堡乃县政府所在，应是考虑安防而不便选择靠近外江，但其东侧所临的桂畔海，当时应远远宽于现在，与外江一样拥有较好的航运条件。

---

[1] 晋书·孝友·庾衮传.
[2] 后汉书·董卓传.

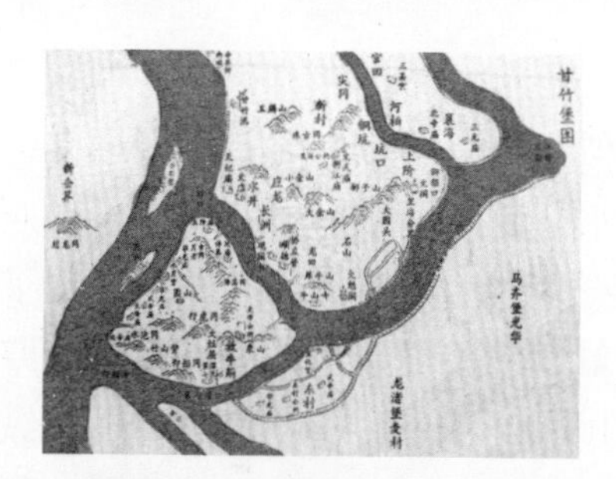

图2-2-3　甘竹堡古地图

（资料来源：作者改绘自清乾隆版顺德县志·卷三）

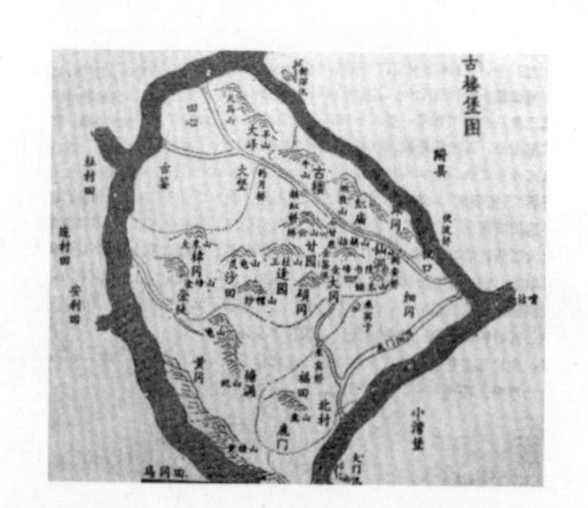

图2-2-4　古楼堡古地图

（资料来源：作者改绘自清乾隆版顺德县志·卷三）

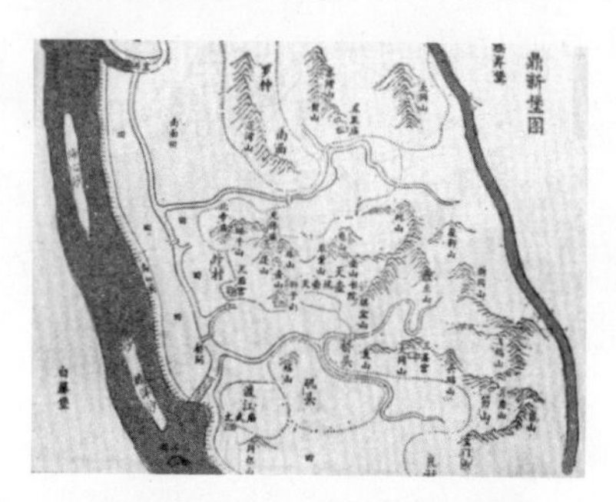

图2-2-5　鼎新堡古地图

（资料来源：作者改绘自清乾隆版顺德县志·卷三）

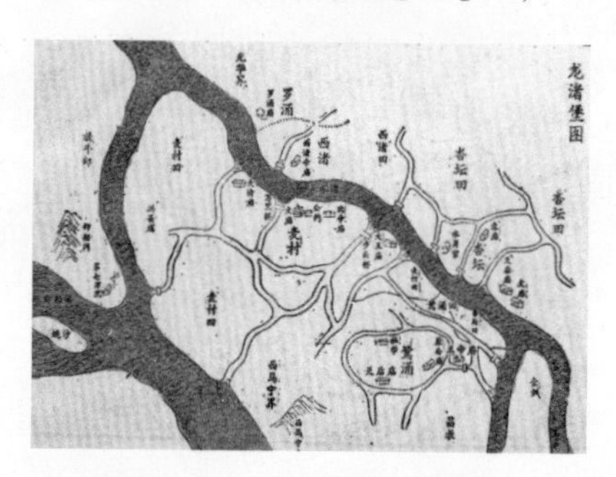

图2-2-6　龙渚堡古地图

（资料来源：作者改绘自清乾隆版顺德县志·卷三）

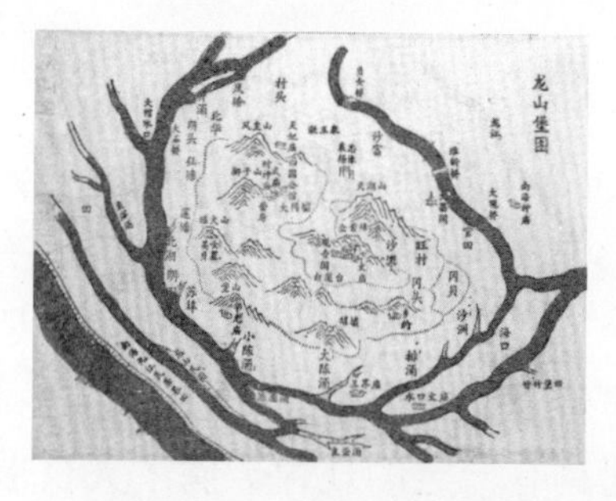

图2-2-7　龙山堡古地图

（资料来源：作者改绘自清乾隆版顺德县志·卷三）

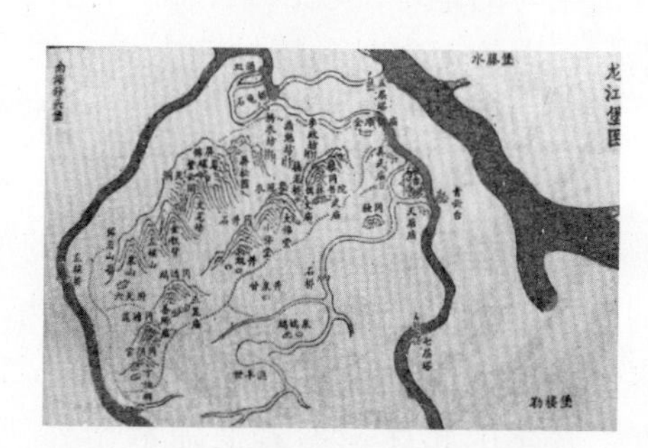

图2-2-8　龙江堡古地图

（资料来源：作者改绘自清乾隆版顺德县志·卷三）

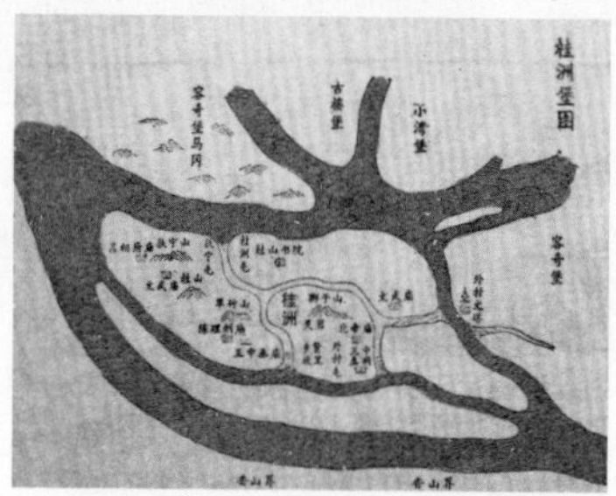

图2-2-9　桂洲堡古地图

（资料来源：作者改绘自清乾隆版顺德县志·卷三）

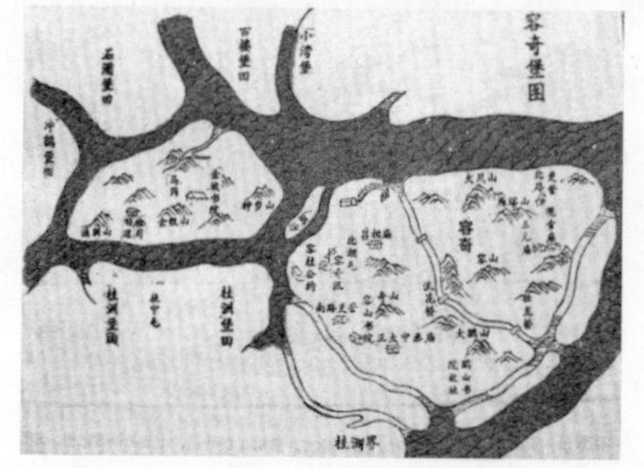

图2-2-10　容奇堡古地图

（资料来源：作者改绘自清乾隆版顺德县志·卷三）

虽说自然水系的萦绕能防御从陆上的进攻，但仍然会受到来自水上的攻击。珠三角一带海盗猖獗更使得滨水修筑防御设施变得尤为重要，其中最主要的是修筑堤围。县志中描述经济较发达的北水堡时，曾有“元末卢实善依水为郭，筑土城千有馀丈以自固，今龙潭尚有遗迹”[1]的记载，这在那时国内一般的乡村中极为少见。为了提高聚落的防御能力，河堤之内还修筑各种军事设施，尤其是重要的河口。县志中记载的兵营，除了驻大良城的有左翼镇总兵官、中营游击、右营守备、中营左哨头司把总；更多的是被称为“汛口”的兵营，设置位置有：仰船冈、鸡洲、容奇堡、崩冈、三漕、叠石墩、碧鉴、马宁乡、甘竹、独树村。汛口不仅有观察水情的作用，同时还是防御敌人入侵的关卡，因此设置了营房，配“汛兵”值守。另外，顺德明代时还建有炮台3座[2]。至清代，40个堡中，有记载的设了兵营或汛口的堡25个，共设有炮台5处，营台6处，汛口38处（图2-2-11、图2-2-12）。堤围适当位置建有水闸，一来可以用于调节内河水位和灌溉农田，二来也是进出水堡的关卡（图2-2-13）。

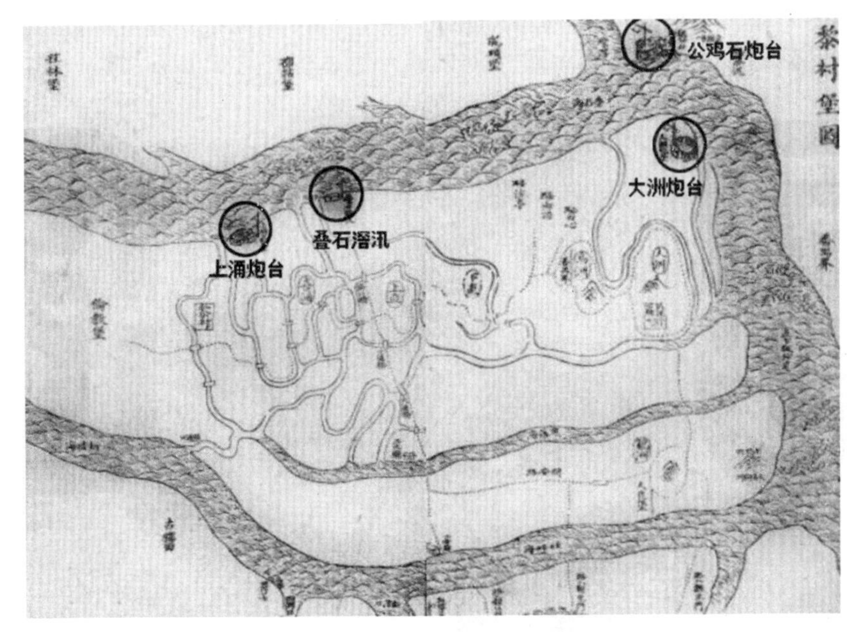

图2-2-11　黎村堡炮台和讯口

（资料来源：作者改绘自清乾隆版顺德县志·卷三）

[1] 顺德地方志办公室点校. 顺德县志（清咸丰民国合订本）. 广州：中山大学出版社，1993.

[2] 广州市文化局，广州市地方志办公室，广州市文物考古研究所. 清道光广东通志. 广州：广州出版社，2000：卷125，建置略一，城池一。清代初期实施禁海，清末又把沿海分成七个区进行海防部署：东三省、直隶、山东、江南、浙江、福建、广东，各海防区设置多个营房和炮台要塞。参见：吴庆洲. 中国军事建筑艺术（下）. 武汉：湖北教育出版社，2006：533-535。

图2-2-12　乐从镇杨滘炮楼　　　　图2-2-13　始建于清代的北水水闸

在河水与陆地之间的这道堤围就好比坚固的城墙，抵挡了敌人从海上登陆的同时，也起到阻挡洪水危害的作用。顺德县志中关于江村堡的一段描述："黄梦暄以土寇为害，故筑围以资保障。境遂以安，今则围但防水不防盗"[1]，体现了堤围的功能变化（图2-2-14）。这些堤围既因循着堡的势力范围而成型，保卫着堤内的生命与财产安全，同时又反过来勾勒出堡的外部轮廓。因而当时顺德的城镇形态就像一个个套着堤围，隔水相望且自成一体的岛屿（图2-2-15）。这种形态格局一直延续到了今天，相邻的小堤围不断被联合成大围，而围内的几个堡也合并成更大了区域，行成了10个以水系为分割和联系，各自具有完善与独立形态的小城镇（图2-2-16）。

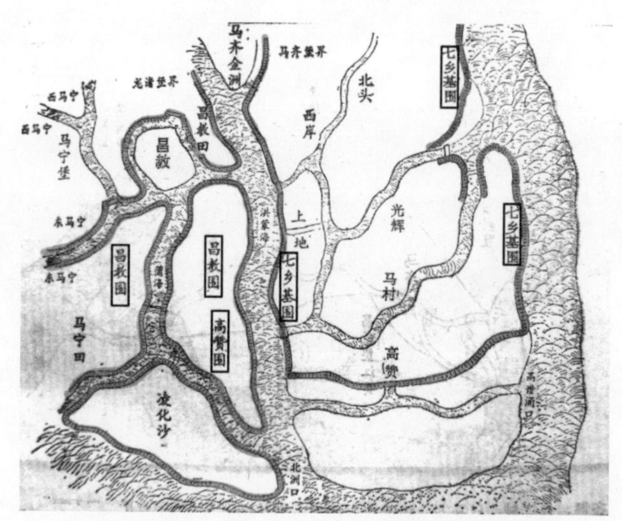

图2-2-14　昌教堡堤围分布图

（资料来源：作者改绘自清乾隆版顺德县志·卷三）

[1] 顺德地方志办公室点校. 顺德县志（清咸丰民国合订本）. 广州：中山大学出版社，1993：卷三.

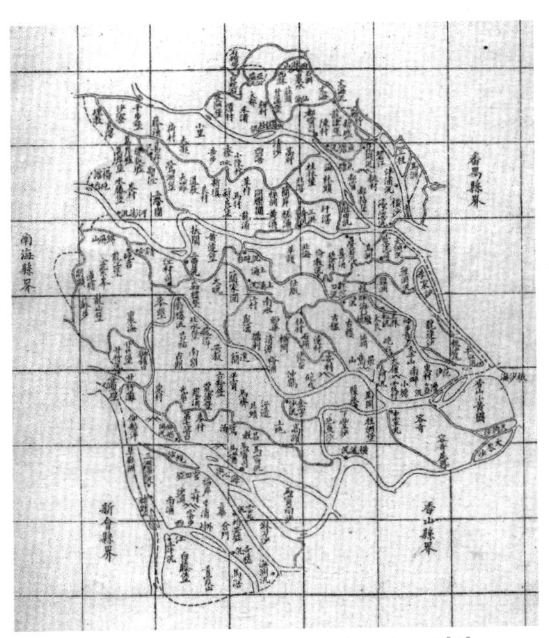

图2-2-15　清代顺德诸堡分度图[1]

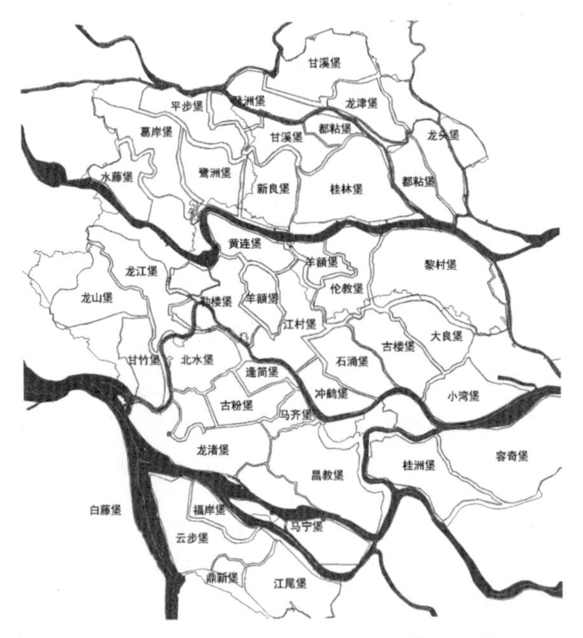

图2-2-16　顺德40个堡在现今地形图上的布局

（二）水堡的内部结构——以水作纽带

堡内的主要聚落形式分村落和集镇（墟市）两种。村落是最基本的居住单元，一般只有单一的居住功能。集镇先是乡镇间货物交易的场所，后于周边逐渐聚集居民，形成具有复合功能的居民点，也是此后许多小城镇

[1] 顺德地方志办公室点校. 顺德县志（清咸丰民国合订本）. 广州：中山大学出版社，1993.

的雏形。村落和集镇的产生虽具有一定的自发性与偶然性，但彼此之间关系紧密，互为依存，相互促进。而把二者有机地结合在一起的关键元素之一是“水”。

顺德地形水多山少，大部分聚落的选址难以做到背倚大山，但临水而居却是共同的选择。对村落而言，与水流变幻莫测的外江相比，内河显然更易于适应和控制。因此，村落大都选择远离外江而紧邻小河涌。从村的命名也能看出其选址的特色。其中以“涌”（指两端都与主干河流相通的河道）命名的最多，如：芋涌、罗涌、鹤冲（“冲”通“涌”）等等。还有以“滘”（指河流分叉处）、“沥”（滞积水处）、“浦”（大水有小口别通曰浦）、“湾”（河道拐弯且展宽处）、埠（水埠）、坑、塘、潭等命名的，皆为水体的不同形态。

出于交通的考虑，集镇的选址同样离不开河道。据统计，顺德在嘉靖年间有墟市11个，雍隆时期曾至42个，咸丰和民国初年达到了90个，总数仅次于南海和番禺[1]，其中以桑、茧、丝市最多。当时最著名的包括龙山堡的大冈墟、陈村的大墟以及有“谷埠”之称的龙津堡墟市。这些集镇既要紧靠水势平和、水位稳定的小河，又要靠近可通行大型货船的外江。因此，墟市多布置在一条通向主要水道的涌滘口附近，同时在不远的外江处布置大规模的转运港口，以供大批货物装卸。滘口处水的形态多为T字形，所以沿水发展的墟市便为T字形结构，并逐渐向内陆纵深发展。河道的改线或於塞，都会直接导致某些墟市的衰败。有些居民点因墟而聚，最后与附近的村落融合，便形成了较大规模的小市镇。只是当时的顺德均将其称为“村”或“墟”，实质上已完全具备了市镇的规模与形态，如陈村二墟与乐从墟（图2-2-17、图2-2-18）。

图2-2-17　民国时期陈村新旧二墟[2]

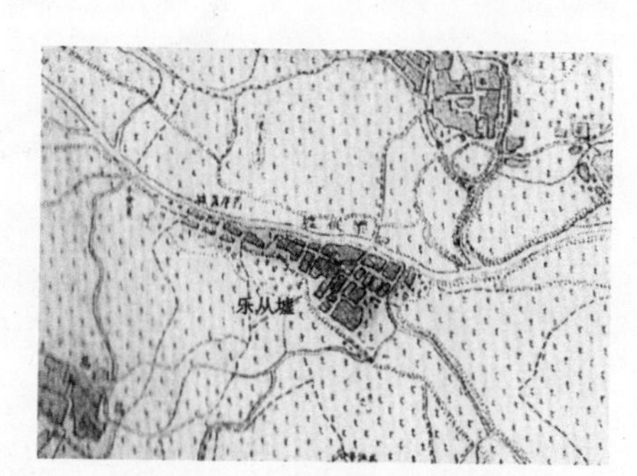

图2-2-18　民国时期乐从墟[3]

两百多个村落和集镇，就像被线性的河涌串起的珍珠，散布在沙田

[1] 司徒尚纪. 广东文化地理. 广州：广东人民出版社，1993：89.
[2] 周之贞.《顺德县续志》（民国18年）.
[3] 周之贞.《顺德县续志》（民国18年）.

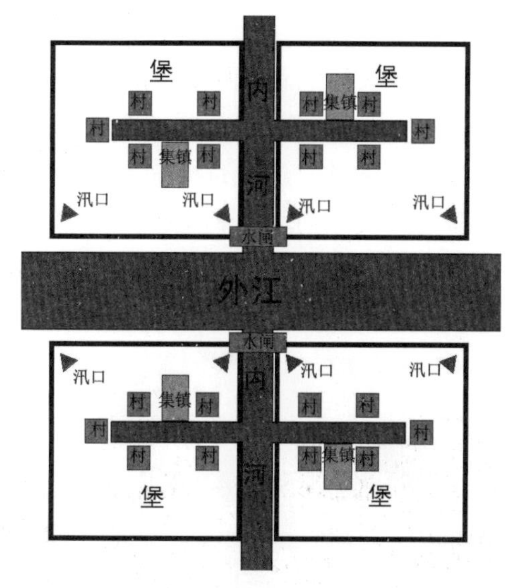

图2-2-19　顺德“水堡”结构示意图

和基塘构成的大地基质上。彼此间以水联络，以舟代步，这无论是在平时的贸易往来还是战时的联防，都十分有利。那些蜿蜒纵横于顺德各乡各堡之间的小河，不仅与人民的生活、生产密切相关，而且深刻地影响了这一地区的空间结构，是聚落形态的决定性因素（图2-2-19）。

（三）节点空间——以水为媒介

明、清时期顺德的村落内部有几个典型特征：①村落一般采取高密度的居住形式，围绕宗祠向外拓展成团状或梳式平面结构（图2-2-20）。②外围多环绕小河，并在主要出入口处设置跨河桥梁，功能有如城堡外的护城河，同时还是环村的主要干道。③为了使大部分村民能共享河道资源，沿河一般留出公共道路，并与垂直于河道的主要街巷相接，便于各家各户快速到达河边。由此可见，祠堂、桥头和水边道路是聚落中的几个重要的公共空间节点，而它们在形态上均与“水”相关。

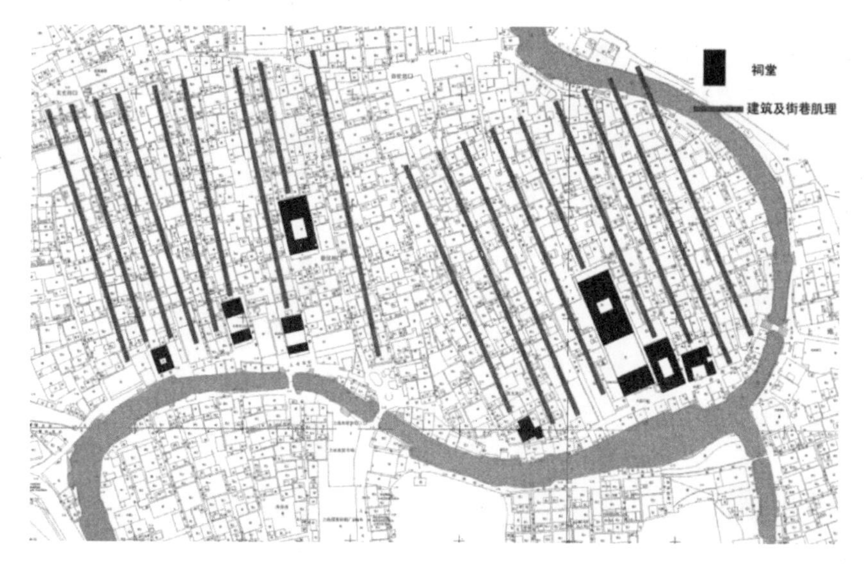

图2-2-20　杏坛镇上地村沿水布置的祠堂及围绕它们所形成的梳式村落结构

（资料来源：作者根据上地村地形图绘制）

桥头周边通常会设置小型的庙宇，如天后宫、真武庙、华光庙、观音阁等等（图2-2-21、图2-2-22）。对这些神灵的崇拜源于顺德人对“水”的敬畏，在人们的观念中，他们都是保一方风调雨顺、出入平安的神。因此寺庙也大多正面朝水，前方或侧面附有一块小空地供祭拜或休闲活动。另外，与各家各户建筑直接临水的长条形布局不同，团状的村落空间中沿河用地的公共性向来受到重视，河岸一般不会被私人所强占。沿河一般设置小型的交易点、供人上下船的埠头、休息的座椅以及公共绿化等。

图2-2-21　勒流镇河边的关帝庙

图2-2-22　勒流镇河边的车公庙

第三章　计划经济对城镇化的抑制（1949—1978年）

自1912年中华民国政府成立到1949年的这段时间内，国内政局动荡，战乱频发。经济虽有一定的发展，但缓慢且不连贯，农村经济更是处于长期的停顿状态。而依赖于农村经济推动的小城镇也因此变得萧条，与那些由近代工商业促进下不断成长的大城市之间，产生了越来越大的差距。据民国18年（1929）的顺德县志记载，当时顺德基本沿用了自清光绪年就开始使用的建制，即把之前的40个堡合并成10个自治区，每区下再辖若干个村。这10个区的划分方式又直接影响了此后顺德10个镇的划分。可见，民国时期是顺德城镇发展承前启后的过渡阶段，形态上变化不明显，因此不在本文研究的范围内。

1949年中华人民共和国成立后，中国的经济逐渐复苏，政治制度与经济体制发生了翻天覆地的改变。但也有研究表明，自建国后到改革开放之前，除了1949—1959年的10年间少数的几个发展重工业的城市得以重点建设外，中国总体的城镇化水平基本处于停滞状态，在文革10年中甚至还出现了下降。其中，农村的城镇化率基本处于5.9%～8.0%之间，建制镇数量从1953年的5402个下降到1978年的2850个[1]。与之相矛盾的是，政府在此时期内一直强调要“控制大城市，发展小城镇”。小城镇的发展受到了何种限制？顺德的城镇形态在此阶段又经历了何种变化？将是本章重点探讨的内容。

第一节　计划经济体制对小城镇商贸功能的抑制

1952年底开始实施的计划经济体制，主要目的是为了解决当时各方面资源严重匮乏问题[2]。这种集中力量办大事的计划管理手段推动了国民经济在短时间内快速发展，促进了国家工业体系的初步建立，提高了人们的生活水平，为今后的发展奠定了重要的物质基础，具有不可否认的历史价值。但这种自上而下的计划经济体系，逐步暴露出过于片面强调计划

[1] 辜胜阻.当代中国人口流动与城镇化.武汉：武汉大学出版社，1994：296.
[2] 参见：吴承明，董志凯.中华人民共和国经济史(第1卷).北京：中国财政经济出版社，2001：60-71.

而忽略市场的调节[1]；片面强调集中统一而忽视了事物的多样性和复杂性；政府的无所不能、无所不包造成整个体制机构臃肿、运行缓慢等问题[2]。而在小城镇发展建设方面，计划经济体制的负面影响主要包括3方面。

一、统购统销政策

农产品统购统销是通过国营商业按照国家政策价格统一收购农村的剩余农产品，再按计划供应给城市居民而实现的。制定这一政策的核心目的是，把农业剩余最大限度的转换为工业化初级阶段的原始积累[3]。在当时国内经济结构以农业为主导，工业极为落后的情况下，这是实现城市大工业建设的有效途径，但同时也极大的限制了农村经济的发展。农民既无法支配自己的剩余产品，又无法通过生产经营获得应有的利润，农村中传统的手工业也因无法获取所需的生产资源而逐渐消失。

小城镇自古以来就是周边农村商品交易的集中地。虽然在清末民初时有过民族工业的兴起，但时局的动荡以及解放后对民族工业的改造，使得小城镇工业发展缓慢，对城镇建设影响力较低。该时期小城镇经济发展的核心动力仍然是作为农村的商品贸易和流通基地。但农村经济的衰退，加上自由贸易市场与商业活动的被迫停止，直接打击了小城镇经济赖以生存的基础，导致大量小城镇经济萧条和建设停滞，有的甚至还退化至一般的村庄。顺德的几个曾极度繁华的港口贸易集镇（碧江、黄连）逐渐式微，居住人口也迅速减少。除县城镇大良外，其余镇区的发展规模亦受到抑制。

二、城乡分离的户籍制度

1950年，由公安部颁布的《特种人口管理暂行办法》被视为中国户籍制度实施的开端。一年后出台的《城市户口管理暂行条例》，进一步完善和规范了城市户口管理制度[4]，而农村户口登记制度的建立则是在1953—1954年间。制度建立之初，基本是为人口统计和社会治安管理服务，在人口迁移上并没有进行严格限制，但很快便因农村人口大量涌入城市，而不得不采用城市户口与粮食供应、就业、社会保障等制度挂钩的方式，解决“农村人口盲目外流”的问题。

禁止农村人口流入城镇的根本原因仍然是资源的匮乏。城市人口的

[1] 参见：薛暮桥.中国社会主义经济问题研究.北京：人民出版社，1979，151.

[2] 参见：薄一波.若干重大决策与事件的回顾(上卷).北京：中共中央党校出版社，1993：350-463.

[3] 参见：刘圣陶.粮食统购统销政策形成的原因、特征及启示.求索，2006（4）：227-229.

[4] 参见：王文录.人口城镇化背景下的户籍制度变迁研究.长春：吉林大学，2010.

增加不仅意味着粮食和生活资料供应负担的加重，还有就业压力的增加。尤其是在当时中国选择优先发展重工业的政策背景下，使得原本可以解决农村进城人口就业的低门槛、小规模劳动密集型产业以及第三产业，均受到了抑制。不过城乡人口的流动并未因此完全断绝。1957—1960年的“大跃进”时期，为了响应经济和城市建设的跨越式发展，曾有大量人口流入城市，特别是大城市[1]。一些中小城市也制定出乐观的百万人口计划。但“三年自然灾害”所造成的粮食供应短缺，迫使政府不得不采取大幅削减城镇人口的政策，即动员和组织城市青年“上山下乡”。此外，决策者错误的认为：城市经济发展困境主要是由城乡人口流动过快引起，因此又制定更严厉的限制人口流动政策。1958年，第一部户籍管理法规——《中华人民共和国户口登记条例》正式颁布，当中便明确规定了农民从农村迁移至城市的各种苛刻要求，标志着“二元户籍制度”在立法层面上的确立[2]。20世纪70年代中期，全国建制镇数量及城镇人口总数均出现减少现象[3]。到了1977年，公安部仍然颁布《关于处理户口迁移的规定》，强调要严格控制人口从农村迁往市、镇，严格限制各市镇“农转非”的指标等[4]。

计划经济下的城乡二元户籍制度，初衷虽然是限制人口向大城市的流动，以压缩城市人口规模，保证城市重工业发展战略的实施，但同样纳入城市户口管理制度的小城镇，尤其是建制镇，也因此受到牵连。不仅农村人口流入受严格限制，甚至连原来居住在小城镇的农村户口居民也被遣送回乡。小城镇人口的大幅缩减，使城镇发展的内部推动力缺失，是导致城镇形态发展受抑制，结构单一，规模上甚至出现萎缩的重要原因之一。

三、土地所有制的变化

解放后在广大农村推行的土地改革运动，把地主阶层的土地没收并无偿均分给中下层农民，彻底改变了封建土地所有制中农民与土地的租佃关系，一定程度上刺激了农业生产积极性，同时也稳固了新的国家政权[5]。但在人口密集的珠三角地区，人地矛盾早在清代时就极为突出。平分土地使得人均所有的耕地面积太小，加上耕作技术和资金的缺乏，农

---

[1] 3年内全国净增城镇人口3124万，工业企业的职工总数翻了1倍多。参见：当代中国编委会. 当代中国的城市建设. 北京：中国社会科学出版社，1990：71-78.

[2] 参见：姚秀兰. 论中国户籍制度的演变与改革. 法学，2004（5）：46.

[3] 1960年4577.4万，1965年3793.1万，1972年4563.7万，高佩文. 中外城市比较研究. 天津：南开大学出版社，1991：106-107.

[4] 参见：张英红，雷晨晖. 户籍制度的历史回溯与改革前瞻. 湖南公安高等学校学报，2002（1）：44.

[5] 参见：廖鲁言. 三年来土地改革运动的伟大胜利. 中共党史参考资料（第 7 卷）. 北京：人民出版社，1980：79-81.

业的亩产量很低。为了突破这一限制，一些地区开始尝试以集体合作社的方式扩大耕作规模和劳动力数量。此后合作社组织逐渐转变为人民公社，一度掀起农业生产的高潮，甚至取代了乡镇政府成为国家的基层组织，镇的概念亦被取而代之[1]。1958年，顺德全县划分为10个人民公社，下辖135个生产队和5个农场。

另一方面，城镇内部及城郊地区却一直保留了大量土地私有制形式，形成国有土地与集体土地、私人土地等多种所有制并存的状态。甚至在1949年第一部临时宪法——《中国人民政治协商会议共同纲领》，以及1982年之前的几次修宪中，仍然没有完全排斥城市土地私有制存在的可能[2]。直至1982年12月通过的《中华人民共和国宪法》，才从国家法律的层面明确了城市土地一律国有，并实际上形成了城市土地以国有制为主，集体所有制为辅的状态。

小城镇内多种土地所有制并存，一方面使得旧城镇中大量私房不能被没收并重新开发建设，城镇内部改造难以推进，基本维持在解放前的形态，尤其是居住空间。如陈村、杏坛等镇的中心区，至今还保留着一批民国时期规划建造的，街巷肌理致密和规则的居住社区。另一方面，那些已国有化的土地，被政府以行政划拨方式划归各部门和单位无偿使用，而且一经划拨就可以无限期、无流动的使用，使得土地应有的价格无法体现，且效益极低，从而形成小城镇布局不合理，工业与居住混合，某些单位用地过大造成浪费等问题。另外还有国有土地与集体土地之间的冲突。小城镇边缘土地多属于村集体所有，此时集体土地转国有的制度尚未完善，各村、镇之间又各自为政，因而从外部空间上制约了小城镇扩张的可能。

第二节　工业化优先导致的小城镇发展停滞

一、以重工业为主导的国家工业化政策

建国之初，人们一方面渴望通过工业化和现代化，实现民族的独立和振兴，但另一方面却不得不面对饱经战乱后资源的匮乏与落后。受前苏联优先发展重工业的成功经验所激励[3]，我国开始“有计划有步骤地恢复和发展重工业为重点，例如矿业、钢铁业、动力工业、机器制造业、电

[1] 参见：王琢，许浜. 中国农村土地产权制度论. 北京：经济管理出版社，1996：56-89.
[2] 杨俊峰. 我国城市土地国有制的演进与由来. 甘肃行政学院学报，2011（1）：100-107.
[3] 1929—1940年间，前苏联的优先发展重工业模式，使其工业增长了5.5倍，其中重工业增长了9倍，在世界工业发展史上也是前所未有的成绩。参见：金挥，陆南泉，张康琴，等. 苏联经济概论. 北京：中国财政经济出版社，1985：128.

器工业和主要化学工业等，以创立国家工业化的基础”[1]。为此，政府除了对个体农业、手工业和资本主义工商业进行社会主义改造，实现所有制的转变，并利用工农剪刀差实现工业化的原始积累外，在城市发展政策上，也处处体现出优先发展重工业的倾向。包括：压缩城市人口、严格限制城市规模、大量缩减城市建设资金等。最极端的例子是20世纪60年代初的大庆油田开发，因为处于三年自然灾害时期，建设者利用“干打垒”方式建设职工家属住宅，建设支出仅为总投资的1%。而且居民生活紧靠生产区，以便借用厂区的基础设施。“没有城市化的工业化”大庆模式甚至被推广至全国学习[2]。1952年，我国的工业产值在总的GDP中仅占17.6%。到1970年时已上升到36.8%，总共上升了19.2个百分点。但同期的城市化率仅上升了不到5个百分点，从12.5%上升至17.4%[3]。

此阶段国家推行控制大城市、鼓励小城镇的策略，显然就是认为大城市相对小城镇而言，消耗资源过大、建设成本过高。但鼓励小城镇的政策并没有落到实处。一方面，这一时期的重工业发展模式几乎把小城镇排除在外。即使在特殊时期出于“备战”的需求，于偏远山区小镇建造了一些工业设施，但这些相对独立的“三线企业”基本与其所处的村镇没有直接的联系，对小城镇建设的影响极其有限。另一方面，各种资源与资金都被尽可能地投入到重工业生产上，小城镇的建设资金捉襟见肘，建设标准长期维持在极低的水平中。1963年，中共中央和国务院还下达了《关于调整市镇建制、缩小城市郊区的指示》，提高了建制镇的标准，同时撤销了大批不合标准的市镇，也说明了小城镇的发展并未得到真正的促进。

二、顺德工业与城镇发展的起伏

1929年后，世界经济危机导致国际市场对生丝需求的大幅下降，丝价大跌又导致国内大量丝厂倒闭，顺德的大部分缫丝厂也不例外[4]。到新中国建立时，除了民国时期建设的糖厂、电厂以及一些小型的手工业加工作坊外，几乎没有其他工业。工业用地规模普遍较小，布局零散。20世纪50年代末60年代初，为了响应国家以重工业为主导的经济发展战略，顺德也曾经出现了少量县办和镇办企业。但由于资源的短缺，加上自然灾害等原因，1962年曾实施了“公社和生产队一般不办企业”的政策，并把小城镇中大量手工业和商业的从业者送至农村务农，顺德的工业发展再受

[1] 1949年中国人民政治协商会议《共同纲领》第35条的规定。转引自：中共中央文献研究室．建国以来重要文献选编（第一册）．北京：中央文献出版社，1992：9.

[2] 侯丽．对计划经济体制下中国城镇化的历史新解读．城市规划学刊，2010（2）：70-77.

[3] 根据《中国劳动工资统计资料》（1949—1985）、《中华人民共和国2000年国民经济和社会发展统计公报》等资料整理。

[4] 参见：郭盛晖．顺德桑基鱼塘．广州：广东人民出版社，2007：46.

打击。

20世纪60年代末70年代初，决策层通过对“大跃进”政策的检讨，开始转变工业发展策略，从以中央集权式的重工业为主导，转向分散的中小型地方企业，提出以“城乡结合，工农结合”为指导的工业化战略，为顺德的工业发展带来了曙光。1968年，北滘镇的25位普通农民自筹资金，在公社的仓库里办起了一个小塑料五金加工作坊。多年后这个小作坊发展为赫赫有名的美的集团。而如今同样知名的格兰仕集团，也是当时从几个窝棚中起家，从收购鸡鸭羽毛做起，后来成立了羽绒厂，此后再转型生产家电的。这些小型加工工厂的兴起，不仅重新开启了顺德工业化的进程，也为小城镇的发展带来新的动力；工业用地的逐渐增多还促进了顺德城镇空间的分异。

第三节　1949—1978年的顺德城镇形态

1949年解放后，顺德先是建立了容良地区军事管制委员会，1950年3月正式成立了顺德县人民政府。全县行政区划设10个区，2个区级镇；区以下设57个乡，5个乡级镇，7个居民区；乡以下设有269个村，总面积约为860平方千米。1958年撤销区级建制，并划分出15个大乡，后又合并成10个人民公社，下辖135个生产队和5个农场。1958年12月，番禺和顺德曾合并为顺番县，半年后又恢复了两县原有的建制。1961年，10个公社改为10个区，同时把凤城（今大良）和容奇恢复为区级镇，但一年后又撤区建社，恢复人民公社建制。“文革”期间顺德设立县革命委员会，直至1980年9月才正式恢复人民政府的建制[1]。从这30年间频繁的行政区划变更中可以想见，顺德的乡镇建设处于一个极不稳定的政治环境中，县域城镇体系尚未形成。

一、县域城镇体系等级结构与分类

建国后的30多年中，是顺德各镇镇区从传统集镇（墟市）向现代城镇转变的阶段。从城镇化程度上可以把此时的小城镇划分为4类：

（1）城镇化程度最高的是原来的2个区级镇——大良和容奇。大良一直是县治所在地，一开始便按照一定规格的形制进行建设，城市结构较完整。容奇是工商业最发达的城镇，清代时已是全省最大的蚕丝贸易城镇，也是广东丝业的中心。20世纪20年代顺德的商贸兴盛，曾设有40多家钱

[1] 参见：顺德档案与史志. 顺德大事记. http://da.shunde.gov.cn/TheShundeChronicle.php.

庄，占珠三角钱庄总数的2/3，其中有30多家开在了容奇[1]。由此可见容奇镇的重要性和繁华程度（图3-3-1，图3-3-2）。这两个相邻的城镇在解放后得到较快的发展，逐步成为顺德的中心镇。

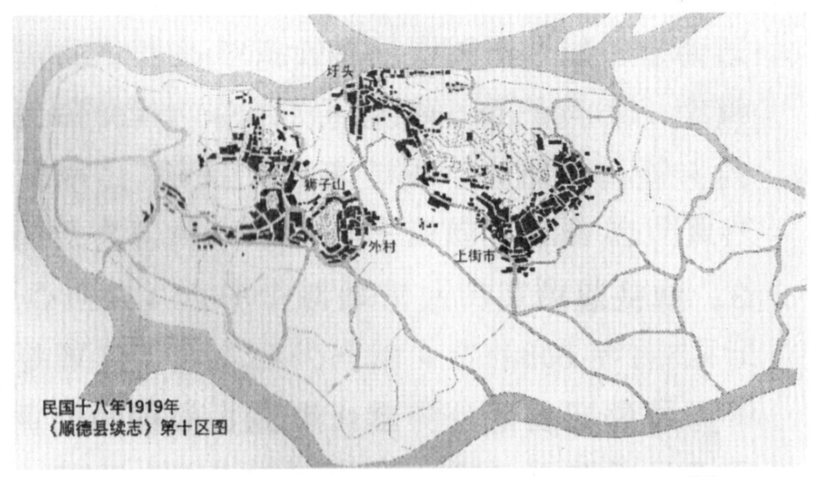

图3–3–1　1919年第十区（容奇镇、桂洲镇）地形图[2]

图3–3–2　20世纪70年代容奇镇、桂洲镇建成区地形图

（2）原本区位条件较好、经济基础较发达、规模较大的圩市被确定为乡、镇政府驻地，人口更为集聚，商贸往来频繁，如陈村、伦教、桂洲、乐从、龙江和勒流。一些新的功能和形态出现，如银行商业用地、机关大院以及少量工业用地，城镇建设有所提升。如陈村，曾经与广州、佛山及东莞的石龙一起并称清代广东的“四大聚”，是珠三角重要的商贸中心之一。当时的顺德是鱼米之乡，物产丰盛，水运又发达，作为粮油农副

[1] 梁景裕. 名镇勒流. 广州：广东人民出版社，2009：77.
[2] 转引自：周之贞. 顺德县续志. 民国18年，卷4.

产品集散地的陈村也被称为“陈村谷埠”，甚至曾有“广州米价陈村定”的传说。建国后，陈村旧圩的大多数建筑被重建，但街巷肌理尚存，并沿河涌的垂直方向向外拓展，规模有所扩大（图3-3-3）。

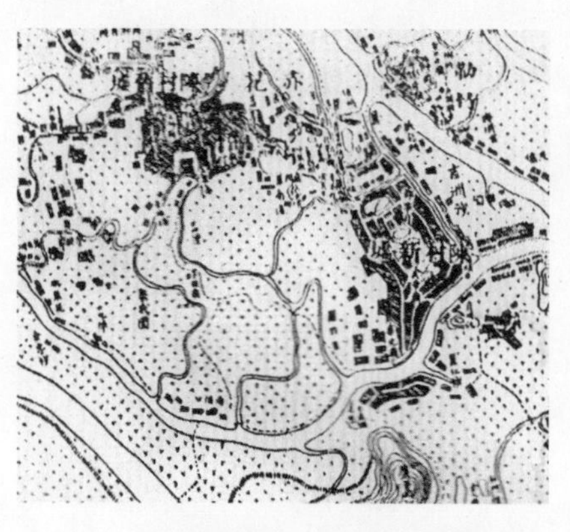

（a）20世纪20年代的陈村镇　　（b）20世纪70年代的陈村镇

图3-3-3　2个年代的陈村镇地图对比

［资料来源：（a）民国版顺德县续志；（b）作者绘制］

（3）规模较小或基础较弱，或是远离大城市广州的圩市，包括：北滘、杏坛和均安3镇，虽然也是乡镇政府的驻地，但城镇建设起步较晚，发展较缓慢，与旧集镇的形态差异性不大。如北滘镇，建国后本来分属3、4、5区，即陈村和乐从两乡，1958—1961年又曾被划入陈村乡，直到1961年5月才独立为北滘区，1987年才成为建制镇。因此，直至20世纪70年代北滘区的建设规模仍然较小，结构简单（图3-3-4）。

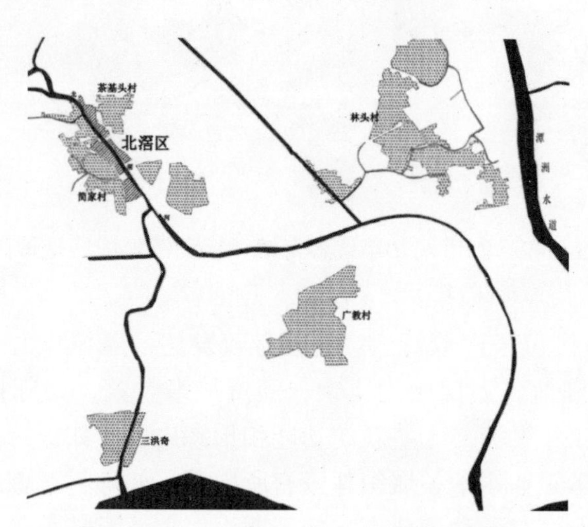

图3-3-4　20世纪70年代的北滘区地图

（4）原本繁华但非乡镇政府驻地的大圩市，经济开始走向衰退，成为服务于本村的一般集镇，城镇建设基本停滞。如北滘镇的碧江圩，清代时就有“3圩6市”之说，商业类型除了一般农副产品，还有服装和日用百货，甚至还有接驳进出口业务[1]。1950年曾设为乡级镇，后又被纳入北滘镇下辖的一个村（图3-3-5～图3-3-7）。还有勒流镇的黄连村，原本也是有名的大圩，内分东、中、西3市，清光绪年间还曾专设了邮传局。建国前，黄连圩的工商业已发展到一定的水平。1953年黄连被建为连溪镇，1959年正式命名为黄连镇。但随着勒流镇区的发展，黄连圩的重要性减弱，1987年区划调整时又复称圩[2]。

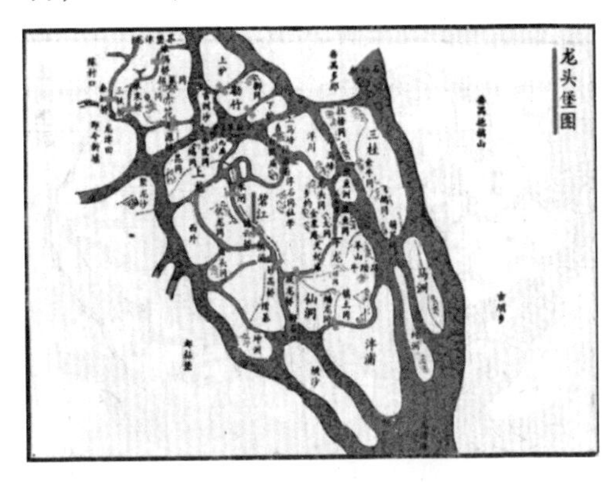

图3-3-5　碧江墟在龙头堡内的区位图
（资料来源：作者改绘自咸丰《顺德县志》，龙头堡图）

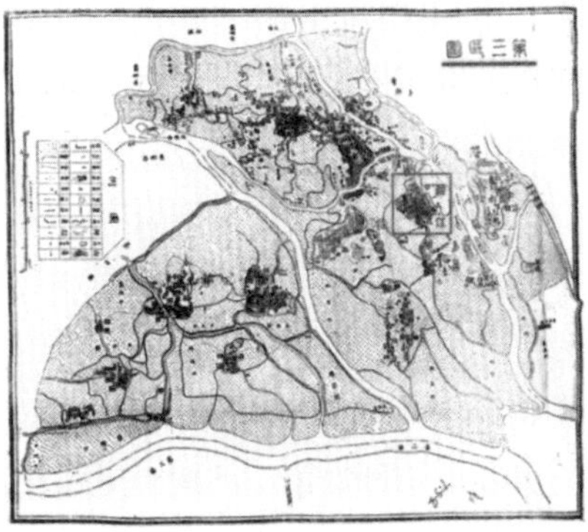

图3-3-6　碧江村在第三区内的区位图
（资料来源：作者改绘自民国《顺德县续志》，第3区图）

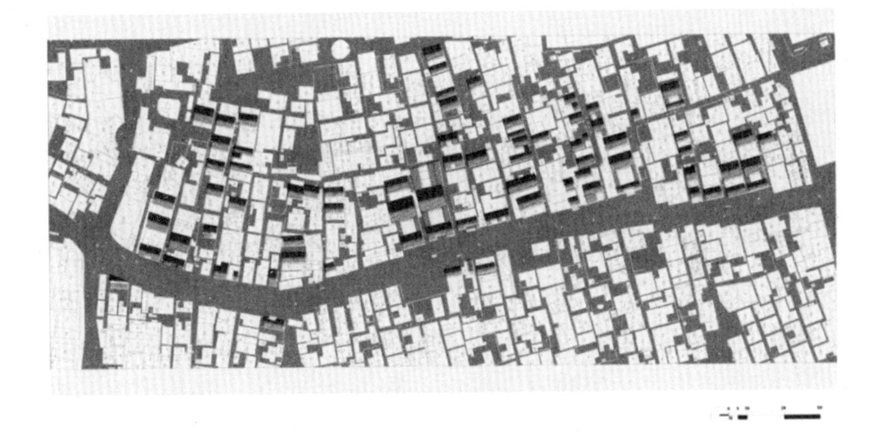

图3-3-7　碧江金楼历史建筑群平面图[3]

从城镇体系结构的角度上看，除了县城镇独立发展，首位度较高外，其他小城镇的发展规模和程度相差不大，各乡镇的人口分布均衡。但镇与镇之间的联系并不紧密，城镇之间的政治联系强于经济联系，因而空间布

［1］梁绮惠，王基国. 名镇北滘. 广州：广东人民出版社，2009：10.
［2］梁景裕. 名镇勒流. 广州：广东人民出版社，2009：80.
［3］转引自：碧江金楼保护规划（2004年）.

局处于低水平平衡状态。

二、镇区空间形态

（一）保持与水系的紧密关系

绝大多数圩市集镇原本就是因其便捷的水运交通而兴起，河网水系是它们存在及发展的首要条件。对水乡顺德而言，现代城镇建设的开端，同样与水系密不可分。一是体现在城镇扩张的方向上，无论是采取沿河带状生长，或垂直于河道向内扩张，河道始终是镇区形态的控制性要素。二是体现在沿河的建筑类型上，通常把最重要的公共建筑和商业建筑布置在水边，形成镇区最核心的公共活动区域。

以杏坛镇为例，据资料记载其发源地为齐杏圩，“东起吕地闸门，西至眉山古道闸门，跨约1200米；南起金洲桥，北至东城坊，跨约600米。面积0.6平方千米……民国时期的圩内街道从东至西有海旁街、兴隆街、织莴街、利来街、后街、中成街、丝行街、打铁街、横街等13条，组成长曲条形状。街道由3、5板白石铺成”[1]。从现状调研及地形图上判断，这一区域主要为今齐龙路（县道782）以南、北河涌以北的区域，北河涌边则是集镇兴起的原点（图3-3-8）。显然，沿着河道水平方向延伸到一定长度时，会因空间的过于分散而带来经济效益和效率的下降。合理的形态应该是把公共程度或是对水运依赖度较高的建筑置于水边，其他空间紧随其后向内陆延伸，并组合成团状。因此，杏坛老镇紧邻北河涌两岸主要为商业建筑和公共建筑（镇影剧院、镇政府等），紧靠其背后则是规则网格式的居住区。

此后，在杏坛镇区北部修建了一条过境路——齐龙路，齐龙路西段基本与北河涌平行，东段却转了90°向南延伸（亦称利来路）。镇区的发展开始受齐龙路的影响，先是向北扩张至过境路边缘，后又开始缓慢的沿利来路向南扩张，使得北河涌的南部区域逐渐成为镇的商业中心。1959年，“利来路原来2条街4行铺的中间两行铺拆掉，马路拓宽至24米，路东面新建百货大楼、五金交电商店、粮站、粮管所”[2]，建筑形式采用2～3层的骑楼为主（图3-3-9，图3-3-10）。路西侧建有几间体量较大的工业建筑，应是镇上最早的镇办工厂所在。这一过程体现了城镇建设开始逐步从滨水空间向道路沿线发展的趋势，但河道的控制性因素仍然不可忽视。

又如这一时期的陈村镇。永合涌原本是旧圩的水运交通干道，紧邻河道的两岸是旧圩重要的街道，包括：河西的水坑基路与河东的周涌路（北段）、米圩路（南段）。河涌西岸是陈村老镇最核心的部分，北至大

[1] 李健民. 千年水乡话杏坛. 长春：时代文艺出版社，2004：32-34.
[2] 李健民. 千年水乡话杏坛. 长春：时代文艺出版社，2004：34.

圆路，南至中岸路，东起水坑基路，西至华园路。这一区域里集中了大部分商业街（图3-3-11）。建国后，原来的个体经营模式消失，取而代之的是规模稍大的国营店。而且新的商业中心被迁移至河西的区域，致使一度繁华的旧圩转为纯居住型社区（图3-3-12）。随着沿河用地商业价值的下降，在满足旧圩内的新增建设需求时，首先考虑的是占用原本是公共空间的滨水用地。与镇区其他地块相比，新增的沿河用地多为进深小的狭长形状，主要用做建设小型加工厂或仓库（图3-3-13）。加上当时对这种非地几乎没有建设控制，任其自由生长，使得滨水用地与周边地块上的建筑肌理差异较大。可见滨水用地还是小城镇空间分异发生的一个关键点。

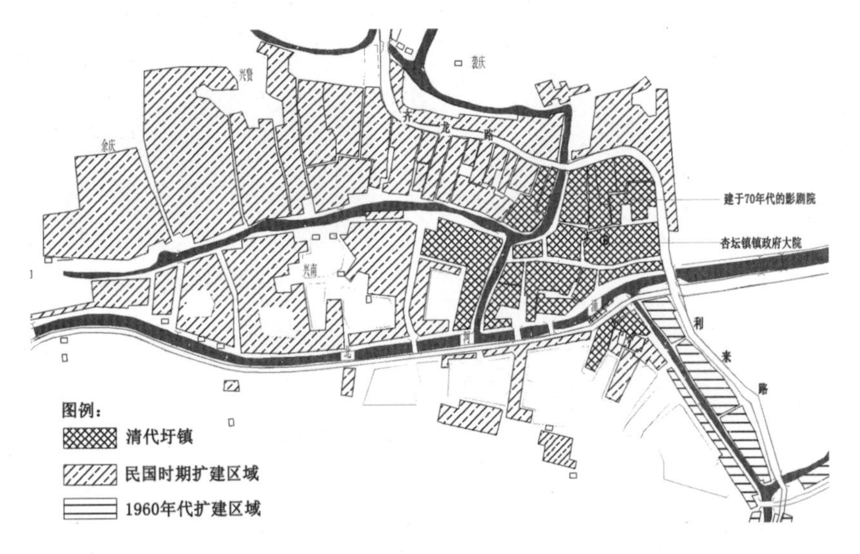

图3-3-8　20世纪70年代以前杏坛镇区平面图

图3-3-9　杏坛镇建于20世纪60年代的骑楼商业街

图3-3-10　杏坛镇利来路街景

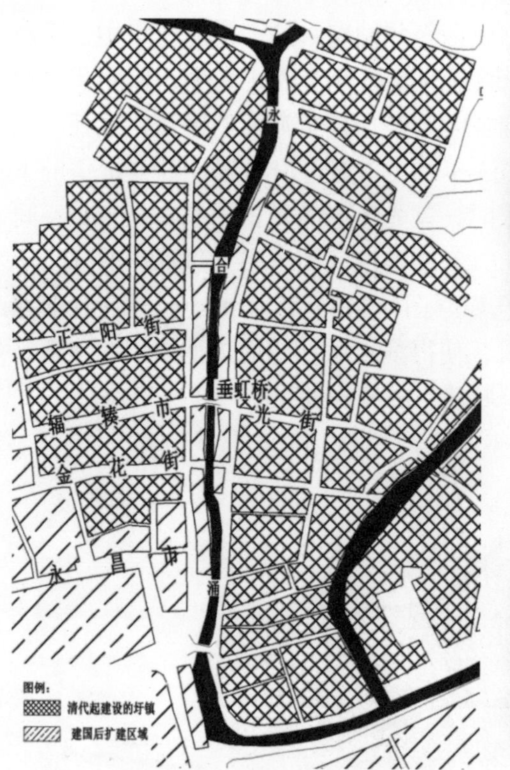

图3-3-11　陈村镇旧圩平面图

图3-3-12　陈村旧圩内低层住宅

图3-3-13　陈村旧圩内小工厂

（二）清晰、规整的街巷肌理

顺德许多自发形成的老镇区，一般都拥有较规则、统一的街巷路网。如杏坛老镇内，连续畅通的主街呈南北向布局，与为数不多的几条东西向次要巷道组合成网格式道路格局（图3-3-14）。另一个例子是规模较大、经济较发达的陈村。自清代起，陈村的城镇格局就是以“十字”型主街分割成的4个组团，南北主轴是永合涌，东西向主轴则由西段的辐辏市与东段的光街组成。两轴的交点是一座建于清代咸丰元年（1851）的古石桥——垂虹桥。现在的老镇区内，以2～3米宽东西向街道为主，1米左右宽的南北向巷道为辅，构成规则的正交式路网。单个建筑地块基本为方形且大小相近，进深与面宽均在9～12米左右，体现出一定的规划管理意向。

形成这一主次分明的网格道路系统，原因有3个：一是选择以垂直于河涌的街为主街，在以水运为主的年代最符合交通需求。人和货物均能迅速、便捷的从河边转移至圩内各处。而且现代镇区建设选址时通常选择紧邻较笔直的河道，甚至在建设过程中有意把河道裁弯取直。依附于其上生成的街道也容易形成正交布局。同样的原理，为了便于与镇区内道路相连接，此后在镇区外修建的过境道路也尽量与镇内主河道平行。二是从使用者的角度出发，作为一个供周边乡村进行贸易的圩镇，明确的方向感和秩序，可以便于四乡过来贸易的人们能更容易地理解这个区域的结构。三是受传统广府村落形态的影响，本着对用地更集约和高效的使用原则，因而倾向于肌理清晰、规整的网格式结构。

图3-3-14　杏坛老镇区街巷肌理

（三）工业空间相对聚集

受政策、资金、生产资源等多方面限制的小城镇工业，为了尽可能减少建设成本，厂址的选择成为关键。一方面，要紧靠基础设施条件较优越的镇区，因此基本集中在县城大良和容奇、桂洲3大镇区（表3-3-1）；另一方面，靠近交通要道（公路和航道），以便于生产运输。因为交通干道资源有限，所以镇区内工业用地布局相对集中。如容奇镇的西部区域，原来有一条可直通容桂水道的河涌名为二阜涌，沿河建有该镇最早期的几个大工厂。1953年被填埋铺路，称二阜路，北部直接连接至江边的长堤路。1958年，因在路两侧聚集的工厂日益增多，又改名为工业路（图3-3-16）。虽然是自发形成，但仍可见当时已开始有了工业聚集布置的观念。

1949—1978年顺德工业企业名称及分布[1]　　表3-3-1

大良	糖厂（1935年创办，图3-3-15）、电机厂、锻压机床厂、塑料厂（一厂、二厂）、大良塑料织造联营厂、环球电器厂、工艺美术厂、大良粉丝厂、顺德酒厂、顺德建筑工程公司
容奇	柴油机厂（前身是1943年创办的协生机械厂）、水泥厂、容奇饲料厂
桂洲	电缆厂、丝厂、容里丝织厂、电玉厂、羽绒厂

[1] 作者根据《广东省佛山市地名字》及《顺德县志1991》等资料整理。

续表

勒流	无线电一厂、自行车配件厂、先锋食品厂
北滘	南方电器厂、美的电风扇厂、裕华电风扇厂
伦教	前进丝织厂、伦教丝织厂
陈村	华英风扇厂
龙江	纸箱厂

图3-3-15　创办于1935年的顺德糖厂

图3-3-16　容奇工业路50—70年代建设的小型工业区

（资料来源：作者根据2000年卫星航片绘制）

（四）新式建筑形态的出现

建国后，生活方式的变化和新功能的出现催生了小城镇中新的建筑形式，包括国营商店、百货公司、礼堂、俱乐部、电影院、银行、邮局、医院等大型的公共建筑（图3-3-17，图3-3-18），还有一些镇办的小型工厂。建筑体量在2～3层左右，采用砖混甚至钢结构取代之前的砖木结构（图3-3-19）。考虑到节省造价，建筑材料的质量一般不高。外观上则多以朴素简洁的现代主义风格为主，也有融合了中国传统建筑元素与岭南地区特色的建筑类型（图3-3-20，图3-3-21）。

相对而言，居住建筑的形式基本没有改变，仍然以1～2层砖木结构的传统民居为主。大多数居住建筑的进深与面宽均在9～12米左右，为了解决地块形状不利于采光、通风的问题，建筑内部大都设有小天井。在一些传统商业街上，仍然沿用了前店后住的建筑形式，沿街地块均被细致的划分为3～6米的开间，而进深一般在10～15米左右。但由于商业业态的转变，这些建筑大多被置换成由前后几户合住的住宅。

图3-3-17　容桂镇第二工人文化宫

图3-3-18　1959年的番顺县人民大礼堂
（资料来源：顺德区档案馆馆藏）

图3-3-19　容桂旧茧仓

图3-3-20　杏坛原供销社大楼细部

图3-3-21　北滘70年代旧厂房

第四章　体制的创新与形态的滞后（1978—1991年）

改革开放的前10年，中国经济体制经历了一个大规模的重构过程。包括家庭联产承包责任制的建立、逐步放开的城乡户籍管理、土地的有偿使用，以及在流通、财税、金融等方面进行的各种具有创新性的制度突破，都体现了政府希望将经济体制从以“计划经济为主、市场调节为辅”转为“有计划的商品经济”的决心。这些制度虽然并非直接以加快小城镇发展为目标，却无意间开启了小城镇形态快速演变的序幕。此外，工业化进程中异军突起的乡镇企业，更让村镇经济以超乎想象的速度增长，在一定程度上推动了这些地区的城镇化，并形成中国特有的城镇化模式。

第一节　制度的突破创新

一、自农村开始的经济体制改革

中国此轮经济改革的起点是农村。1982年确立的家庭联产承包责任制，通过改变农村土地的使用制度，不仅使农民获得了更多自有生产资源，同时极大的激发了农民的生产积极性和创造性。20世纪80年代中期，家庭承包责任制彻底取代了人民公社，成为我国农村重要的生产经营方式，并对计划经济体制产生了根本的动摇。虽然家庭承包责任制设立的初衷是促进农业增产，与城镇建设没有直接的关联，但却产生了连串的反应，当然这也得益于相关配套政策的建立与实施。实行家庭联产责任制后对小城镇发展最直接的效果有3方面：

（1）由于这一时期小城镇的发展仍离不开下面乡村的供给，因而联产承包责任制在推动农村经济发展的同时，也为小城镇提供了大量的建设资金。

（2）农产品极大丰富，导致解放后实施了多年的农产品统购统销制度失去了存在的意义。大量剩余农产品需要交易的空间。除了村里出现越来越多的集贸市场外，作为农村贸易集散地的小城镇也开始活跃起来。尤其是在工业比重还未大幅提升的时期，第三产业仍然是小城镇发展的主要动力，并刺激了各镇商业服务设施用地的增长。

（3）家庭承包制使农民从原来的集体经营中独立出来，成为可以自主支配的劳动力个体，首先为农村劳动力进入非农产业提供了可能。加上农村生产力的提高解放出大量剩余劳动力开始流向城镇，成为城镇人口增长的重要源泉，促使小城镇的规模逐步扩张。

家庭联产承包责任制在实施之初成效显著，但很快人们就发现了它的局限性，即土地被切分得过于零碎，无法适应现代化农业的规模式生产，大部分农村的生产方式只能停留在一家一户的传统农耕作业。从20世纪80年代中期开始，南方经济发达、人口密集的区域，开始尝试如何使零碎的土地集中到少数生产者手中，进行规模化耕作。例如建立集体农场、划分出可供个人承包的责任田、以土地承包权为股份成立农业股份公司、以及转让农田的经营权等等，其实质均是将土地的所有权、承包权和经营权完全分离[1]。农业的规模化生产带来的必然结果是腾出更多的农村剩余劳动力，这些人口最终的出路是进入城镇，成为第二、第三产业的生力军，从而引发了乡镇企业爆发式增长。

二、城乡户籍壁垒的动摇

家庭联产承包责任制实施后，农村生产力提高，劳动力开始出现过剩。从农业中转移出来的大部分青壮年劳动力主要转入了乡镇企业中从事工业生产，也有部分进入城镇从事第三产业。全国的统计数据显示，劳动力转化率从1978年的22.02%升至1988年的58.59%，年均增长3.3%[2]，城乡户籍壁垒事实上正在被突破。1984年10月，国务院发布《关于农民进入集镇落户问题的通知》[3]，虽然在突破城乡户籍二元制上迈出了重要的第一步，但却只是让农民有了进入一般集镇（或建制镇）而非城市落户的权利；另一方面，农民即使有了自主选择是否进城镇的权利，但他们仍无法享受与城镇居民同等的待遇。如不能占用城镇居民的平价粮、国家不包分配工作以及没有国家分配的住房等等。显然，这个政策的制定对于该时期的城镇化建设而言是利大于弊，既获得了劳动力，又不须付出很高的成本。

按照顺德县1988年的人口统计数据，当年顺德的农村总劳动力为422515人，实际从事农业生产（种植业、林业、副业和渔业）的农村劳动力只有174974人，剩下的58.59%从事的是第二、三产业。但以户籍人口计算，全县非农业人口在1970年15.63万，1988年增长到25.63万，年均增长率只有

[1] 参见：陈东强. 论中国农村的土地集中机制. 中国农村经济，1996（3）：23-25.
[2] 参见：蒋永清. 中国小城镇发展研究. 武汉：华中师范大学，2001：27.
[3] 该文件规定：准许自筹资金、自理口粮、在集镇有固定住所、有经营能力，或在乡镇企事业单位长期务工的农民及其家属进入城镇务工经商。同时还解决这些人在集镇落户的问题，并统计为非农业人口。

2.79%[1]，城镇人口增速远小于农村劳动力的转移速度。两组数据比较后可知，虽然大量农村劳动力向工业转移，但他们并没有都进入城镇或正式在城镇落户，其中主要原因是受到户籍制度的约束。他们要么只留在村办工厂，要么进了镇、市级工厂但不落户，甚至成为“两栖人”——平时在城里上班，农忙时回乡耕作。这也解释了为何该阶段顺德城镇非农业人口增长率远低于同期的工农业总产值年均15%的增速，和国民收入年均11.95%的增长[2]，同时还导致了这一时期顺德的城镇化水平严重滞后于经济发展速度。

三、城镇土地有偿使用与农村宅基地政策

（一）城镇土地价值的回归

改革开放后，私有制经济的发展以及大量外资企业的进驻，使得土地不再可能延续统一分配和无偿使用模式，迫使政府必须重新设定土地的产权制度，尤其是城市中的国有土地。1982年，土地有偿使用以外资发展最迅速的深圳特区为试点，首先向土地使用者收费。1990年，中国的第一部关于国有土地使用权出让和转让的法规——《城镇国有土地使用权出让和转让暂行条例》出台，正式确立了土地有偿使用的制度。

土地有偿使用制度促进了大、中城市房地产业的兴起，极大地推动了城市空间的扩张与分异。但对于此阶段的顺德而言，城镇人口的数量不足以及农村人口迁居意愿的低落，并不能支撑大量房地产开发项目，因而对顺德城镇生活空间的影响力尚未显现。但乡镇企业对生产用地需求的不断增长，却成为这一时期城镇土地出让的主要对象。土地资本化的过程为小城镇建设资金的筹集开辟了多元化的渠道，也开启了顺德城镇极速扩张、空间急剧演变的序幕。

与城市相比，农村的集体土地制度并未出现大的变动，村集体既是土地的所有者，又是土地收益的享有者和分配者，因此极力排除其他组织甚至国家对其土地的直接控制。集体土地的相对独立性显然能使其在征地补偿、土地出租等方面，比城市的国有土地制度更具灵活性和经济性。如在吸引外来投资上，往往可以给予企业最大程度的地价优惠。这种土地制度的二元性，加上这一时期工业发展的特点，使得企业优先选择在土地成本较低的农村土地上发展，既开启了中国村、镇的工业化进程，同时也直接导致了乡镇企业在广大乡村地区的分散式布局。但在土地极差收益被留在了集体内部的同时，土地粗放式开发、资源浪费及环境污染等问题也被留

[1] 陈烈，倪兆球，司徒尚纪，等. 顺德县县域规划研究. 广州：中山大学学报编辑部，1990：28-120.

[2] 陈烈，倪兆球，司徒尚纪，等. 顺德县县域规划研究. 广州：中山大学学报编辑部，1990：28-120.

在了广大的农村地区。而镇区的城镇化则迟迟无法推进，造成了城镇化与经济发展的不匹配。

（二）农村宅基地制度

宅基地通常为农村可用于住房建设，并经过法定程序认可的土地，其设定初衷是为了更好的保护耕地，防止随意建设农村住宅。20世纪80年代之前，农村宅基地问题不算突出，直至实行家庭联产承包责任制后，农民经济实力增强，农村自建住宅的情况才逐渐兴旺起来[1]。

因为宅基地属于集体所有，该集体的农民可以免费使用，出于个人利益最大化的心理，村民倾向于尽可能多占用地、多盖房，甚至大大超出了实际需要。即使村民外出打工不再居住在村里，也要占用宅基地建房。针对20世纪80年代后出现的农村建设用地失控现象，国家陆续出台了规范农村宅基地建设的相关文件和法规[2]。当城镇化的浪潮覆盖到镇区周边乡村时，即使大部分集体用地不得不被转换为国有城市用地，但村民仍然不愿放弃自己的宅基地，还出现普遍的抢建、违建现象。一来他们没有足够的资金在城市中购置新的且面积相当的住房；二来，这些住房还会是他们更好适应城市生活的资本。这也是为何各个镇区内长期保留，甚至还不断兴建大量城中村的原因之一。

第二节　乡镇企业的异军突起

从世界各国城市发展的历史经验上看，产业革新和技术进步是推进城市化进程的主要动力源泉。1975年钱纳里和塞奎因就曾以城市化率与工业化率的比较，总结出世界城市发展的基本模型，即城市化最初由工业化所推动并不断加速，最终超越了工业化速度[3]。反观处于改革开放之初的中国，因特殊的社会经济条件催生出一大批以劳动密集型轻工业为主的乡镇企业，而它们又以惊人的速度和自身的方式，深刻地改变了中国小城镇的面貌。有不少人曾总结过中国小城镇的主要发展模式和成功经验，最典型的是：以兴办本地乡镇工业为主导，农工相辅的“苏南模式”；以非公

[1] 徐珍源，孔祥智. 改革开放30 年来农村宅基地制度变迁、评价及展望. 价格月刊，2009（8）：3-5.

[2] 注：包括《国务院关于制止农村建房侵占耕地的紧急通知》（1981年）、《村镇建房用地管理条例》（1982年）、《关于切实解决滥占耕地建房问题的报告》（1982年）、《村镇建设管理暂行规定》（1985年）、《关于加强土地管理、制止乱占耕地的通知》（1986年）、《中华人民共和国土地管理法》（1986年）和《关于加强农村宅基地管理工作的请示》（1990年）等。

[3] chenery, M.Syrquin. Patterns of Development, 1950-1970，转自张俊. 城市化进程中小城镇集聚发展研究. 上海：同济大学，2003：30.

有制经济为主体发展商品集散贸易的“温州模式”；利用外资及地缘优势发展外向型现代加工工业的“珠江模式”。三者的着眼点均是大力发展乡镇企业，以村镇的工业化带动城镇化。

一、顺德工业发展概况

20世纪80年代中国产业结构开始发生重大调整。第三产业由于带有补偿性质的城市大规模建设和人口的流入，呈现爆发式增长，占GDP的比重从1980年的21.4%上升到1989年的32%，成为拉动中国经济增长的主要动力。第二产业增长虽然保持稳定，但轻工业的比重呈现不断上升趋势。这是由于此前中国选择集中资源优先发展重工业时，长期压抑了人们对生活必需品的需求，在此时迎来反弹，导致以日用品生产为主的轻工业迅猛增长。与重工业相比，轻工业所需资金少，人力和技术要求不高，进入门槛低，加上中国渐进式的改革，使得轻工业发展的突破口选择了自由度更高的底层村、镇。在经济基础较好、商品意识浓厚的长三角和珠三角地区，早在人民公社时期就开始兴办社队企业，生产简单的日用品或工业零配件。1984年3月，中央在《关于开创社队企业新局面的报告》中正式把“社队企业”改名为“乡镇企业”[1]。20世纪80年代中期，乡镇企业进入高速发展期，成为中国经济的重要支柱之一和推动中国工业化进程的主力军。

1979—1983年是顺德的经济起步期。最初的工业只有几家由社队办起的农机厂和农械厂，此后纷纷转产日用家电。如20世纪80年代初的容奇镇，在镇政府组织下，把2家濒临倒闭的味精厂和容奇第二机械厂合并为容声家用电器厂，开始研制当时中国家庭最急需的电冰箱。在企业落后的技术和生产条件下，容声职工用零件代模具，用汽水瓶做实验，用手捶和手锉这些简陋的工具，最终在1983年试制出国内第一台双门电冰箱。又如北滘镇的美的集团，从1968年一个只有25名员工的塑料五金加工作坊，几年后转为广东省汽车运输公司配套生产汽车挂车刹车阀，后又转型为广州一家有名气的风扇厂生产电风扇零配件。1980年才正式成立自己的家电企业，到1987年时实现批量出口。龙江和乐从两镇则利用房前屋后的空地或闲置的农舍仓库，从1977年起创办了多家家具工厂。据1983年的统计数据，顺德乡镇企业达2000多家，遍及所有村镇，总产值6.1亿元，占全县工农业总产值的40%[2]。从此，作为传统农业县的顺德，迅速走上了“工业立县”的道路。

20世纪80年代中后期，国家一方面对过热的经济进行三年治理整顿，

[1] 转引自邹兵. 小城镇的制度变迁与政策分析. 北京：中国建筑工业出版社，2003：96.
[2] 佛山市顺德区档案局（馆）等. 敢为人先30年——顺德改革开放30年档案文献图片选. 2008：22.

国内银根紧缩，市场萧条，工业发展放缓，迫使一些乡镇企业把产品市场转向海外；另一方面，与珠三角毗邻的香港正面临着生产成本升高、生产用地和廉价劳动力紧缺等压力。在国家大力鼓励引进外资的政策下，占尽地缘优势的珠三角地区开始与港澳企业合作兴办“三来一补”或合资企业，与港澳构成“前店后厂”的发展模式。顺德的工业也在此时步入了快速发展阶段，形成以“两家一花”（家电、家具、花卉）为主的制造业产业体系，企业逐渐从小型分散向集中式转变，并实现了初级工业化。1985年10月，容奇、伦教、北滘、陈村、龙江、勒流、桂洲被省政府批准为珠江三角洲工业卫星镇。翌年6月，乐从、杏坛、均安亦被批准为工业卫星镇。1987年，全县工农业总产值达38.8亿元，财政收入2.36 亿元，居全省县级之冠。1989年，顺德的工农业总产值、工业产值和农业产值在全国2600个县（市）中，分别排列在第10位、第9位和第12位[1]。1978—1992年顺德的国内生产总值增长4.02倍，年均增长12.22%，成为珠三角经济增长最快的区域之一。

这一阶段，顺德提出“以集体经济为主、以工业为主、以骨干企业为主”的工业发展方针。主要以家电、食品、纺织、金属制品为支柱。其中，家电、五金、机械和电子企业的总产值在1988年时占全县工业总产值的40%，职工人数占全县的23%，而第二位的纺织、印染和成衣企业，则占总产值的13.7%和职工数的22.7%[2]。企业经营主体以镇办工业为主，即所谓的：“中间（乡镇企业）突破，带动两头（市属、村办企业）”的顺德模式。与同一时期珠三角其他小城镇相比：南海以村办工业为主，个体经营者占据大的比重；中山则以县办国营企业为主；东莞因地缘优势，主要发展与外资合作的“三来一补”企业，外向度较高。几个县市之间暗中角力，呈现出你追我赶的局面（图4-2-1）。从发展速度上看，东莞因为依靠外来资金技术的投入，在世界经济发展平稳的时期，其经济发展也远超于其他县市，但受国际经济波动的影响也最大。

二、“工业立县”策略下的顺德城镇发展特征

城市发展工业、乡村发展农业的分工格局，因乡镇企业的蓬勃发展而改变。与国家主导的城市工业化相比，自下而上的村、镇工业化对小城镇形态的影响更加直接和深远，主要体现在3个方面：

[1] 王世豪. 从“顺德发展模式”析县域可持续发展规划的实践路径. 生产力研究，2008（2）：75-77.

[2] 陈烈，倪兆球，司徒尚纪，等. 顺德县县域规划研究. 广州：中山大学学报编辑部，1990：21.

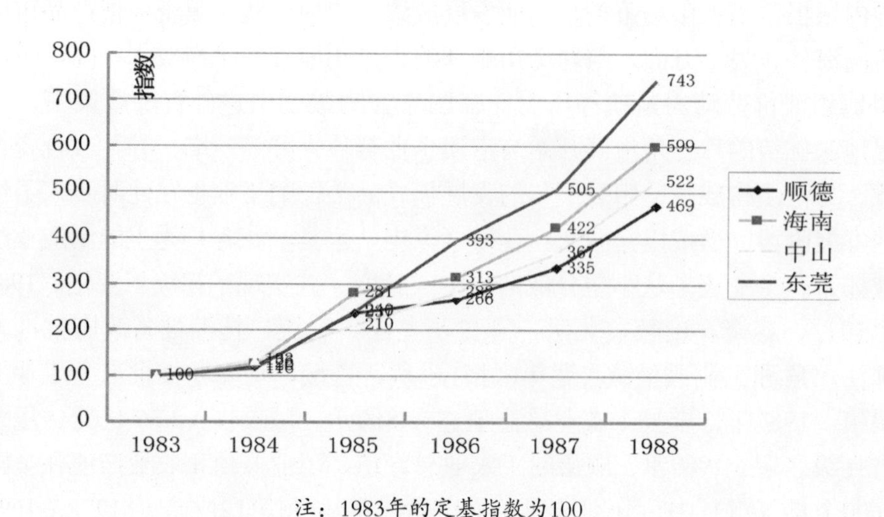

注：1983年的定基指数为100

图4-2-1　1983—1988年4县市发展速度比较图[1]

（1）工业分散化导致的镇域空间分化

西方社会的经验中，以工业化所产生的聚集经济效应推动城市化进程的现象，并未在20世纪80年代的中国小城镇中出现。相反，由不同村镇集体兴办起来的乡镇企业，因其具有明显的社区属性而导致了产业空间的分散化，即每一个办企业的集体都希望把企业设在自己的土地上，既有税收收益，又能解决集体成员就业，还有利于以经济发展指标为主的行政绩效考核。另一方面，企业出于降低生产成本，尤其是土地成本，以及较宽松的政策环境与经营环境等方面的考虑，大多优先选择落户村镇而非城市。统计数据显示，直至20世纪90年代中期，全国仍然有80%的乡镇企业分布在自然村或行政村中，12%分布在乡政府所在地，7%分布在建制镇，仅有1%分布在县城或小城市[2]。

顺德这一时期以镇办工业为主导的趋势十分明显。1988年，镇办工业产值占全县工业总产值的74.1%[3]，远远超越了县办和村办2级工业。一方面是因为顺德农村的经济基础尚未打稳，以镇为单位办企业更有利于集中力量和资源，更好的利用了各镇原有的基础设施；另一方面，顺德的城镇化程度较高，有利于非农人口的聚集，加上原来的许多社队企业又是设在镇上，镇的工业基础与经济核心功能都较强。但这种以镇办经济为主体的发展模式，使得每个镇之间存在激烈的竞争关系，彼此各自为政。另

[1] 转引自陈烈，倪兆球，司徒尚纪，等. 顺德县县域规划研究. 广州：中山大学学报编辑部，1990：6.

[2] 转引自：国家计委规划司. 实施积极的城市化战略，带动国民经济持续快速发展，1999年12月.

[3] 陈烈，倪兆球，司徒尚纪，等. 顺德县县域规划研究. 广州：中山大学学报编辑部，1990：131.

外，县城大良由于以行政及文化、商业服务为主，工业发展较慢，经济实力逐渐从县域内的领先变到居中，各镇与县城的联系也开始减弱。因此从县域的角度上看，虽然没有出现如南海那样“村村点火，户户冒烟”的空间极端分散现象，但镇与镇的关系松散、模糊，县城镇的核心地位越来越弱化，空间布局更为松散。单从县域路网结构上就能发现，大部分公路干道的主要功能是联系各镇与外部其他大城市，但镇与镇之间的道路连接功能几乎只是附属。

（2）工业发展推动的镇区空间扩张

乡镇企业对城镇化最主要的作用包括：一是通过提高财税收益来增加城镇建设资金；二是吸纳农村剩余劳动力并转化为非农业人口；三是通过增加工业用地面积带动土地开发建设；四是推动第三产业发展，进而提升城镇化水平。由于我国绝大部分乡镇企业选择落户城镇体系中最底层的乡村，对推动上层城镇的城镇化作用并不直接和显著，很多地方甚至出现了城乡倒挂的现象。但对于以镇办工业为主的顺德而言，乡镇企业的发展恰恰是促成镇区形态变迁的核心动力。

一方面，大地块、大体量的工业空间不断切入传统镇区，不但与原来密集、细碎的生活空间形成鲜明对比，那些附属于生产空间所建设的办公建筑、公共活动建筑及职工集合住宅等，也极大地改变了小城镇的传统风貌；另一方面，该阶段镇区内新增建设用地绝大部分为工业用地，且镇办企业与各村各户自行发展的小企业相比，在规划建设和管理上更容易实现空间的集聚。大量镇办企业被集中规划于小城镇的边缘带上，形成有一定规模的工业片区，成为带动镇区空间外扩的主力。

（3）工业独大造成的城镇化滞后

以城镇人口数量为统计依据，全国城镇化水平从1978年的17.92%上升到了1993年的28.14%，将近10%的提升。但另一方面看，全国的年均城镇化速度又明显落后于工业化发展和GDP的增长速度。以顺德为例，据1988年《广东年鉴》上的数据，顺德县城镇化水平已达28.74%，超过了番禺（23.2%）、中山（23.28%）、东莞（22.14%）以及全省26.96%的平均水平，位居全省的前列。但与自身相比，顺德的城镇化率从1978年为23.5%上升至1988年的28.74%，10年内仅增加了5.24%，平均每年约0.5%。可见顺德仍处在城镇化的初级阶段，城镇规模较小，等级较低，且与国内生产总值增长的速度相比，城镇化速度明显滞后。这与顺德该时期产业结构中工业独大的发展模式有着密切关系。

由于工业在短时间内所带来的巨大效益，使得人们不断把资金和资源无限地投入到乡镇企业的扩大生产上。当时政府提出的所谓“工业立县”，就是片面地强调工业发展在国民经济中的重要性，导致20世纪80年代顺德产业结构的比例失调。1988年，顺德的社会总产值已达58.69亿元，其中工业总产值为47.61亿元，占社会总产值的81.12%。而第三产业占社会总产值只有12%左右，且主要依靠交通运输的增长。商业零售业增速缓慢，仍然处于较落后的水平。文教、医疗、旅游等基础设施则因建设资金不足和规划的缺失而远低于城镇生活的需求。加上过去"重生产、轻生活"发展观念等因素的影响，造成了此阶段顺德城镇化水平的严重滞后。

总体而言，工业的发展，尤其是以非国有经济为主体的乡镇企业，对顺德城镇形态的影响同时具有正反两面的作用。小城镇因乡镇企业的兴盛而获得活力，同时又因工业的独大而减缓了城镇化的水平；因工业用地的增加带动了小城镇的不断外拓，但又因乡镇企业的分散带来空间的破碎。

第三节　该时期小城镇发展策略

自改革开放以来，大量农村人口开始向城市进军。但有限的城市难以容下如此庞大的人口，多年来制度所造成的巨大城乡差距，使得城市这一既得利益集团总是在排斥农村人口，农民本身也无法一下子适应大城市的生活。量多面广的小城镇成为解决这些矛盾的缓冲剂，是联系城市与乡村的主要桥梁。因此，这一时期国家仍提出以发展小城镇为主导的城市化战略。1978年，《中共中央关于加强城市建设工作的意见》中提出要"控制大城市，多搞小城市"。1980年原国家建委在北京召开的全国城市规划工作会议中，再次提出了"控制大城市规模，合理发展中等城市，积极发展小城市"政策。1989年颁布的《中华人民共和国城市规划法》中，把上述城镇化策略修改为"严格控制大城市规模，合理发展中等城市和小城市"。但这些政策中所指的需要积极发展的是有设市建制的小城市，而未涵盖到一般的建制镇。可见当时的社会发展总体上仍以城市为核心。

随着各地乡镇企业的迅猛发展，小城镇建设开始得到真正的重视。首先涉及的是对建制镇标准的修改。1984年，国务院批转了民政部《关于调整建制镇标准的报告》，其核心是要降低建制镇的标准，让人口较多的乡可以实现撤乡建镇的可能，建制镇总数一下从1983年的2968个上升到7186个[1]。其次则体现在对小城镇规划工作的重视上。1982年，原国家建委与国家农委联合发布了《村镇规划原则》，要求大规模地开展了小城镇和村庄建设规划。

[1] 1963年制定的建制镇标准设定为"工商业和手工业相当集中，聚居人口在3000人以上，其中非农人口占70%以上，或者聚居人口在2500人以上不足3000人，其中非农人口占85%以上"。1984年的规定则调整为"总人口在20000以下的乡，乡政府驻地非农人口超过2000的，可以建镇；总人口在20000以上的乡，乡政府驻地非农人口占全乡人口10%以上的，可以建镇。

在此背景下，顺德于1989年进行了初步的县域规划，主要包括确定顺德未来的发展目标、方向和战略重点，拟定县域城镇体系布局和土地利用结构，安排交通、通信、水电、医疗、教育、文体等基础设施和社会服务设施。各镇随后又分别进行了总体规划，对城镇的性质定位、人口规模、不同类型用地的布局等做了相应的设想和安排。虽然这些规划偏于简单和粗线条，但都为城镇未来的发展奠定了基础，使顺德小城镇从原来的自发无序发展逐步转变为有规划有步骤的建设。

第四节　价值观的延续与冲突

人的价值观念具有抽象和综合的特点，它们存在于我们生活的社会环境中，受政治、经济、文化等多方面的影响，价值观一旦形成，并为大多数社会成员所认同，就很难转变，而且会以教育和模仿的方式代代相传。但当社会不断发展，人们从事的产业活动和生活质量不断提高，一些新的价值观又会逐渐形成，冲击着我们固有的观念。某些观念以及新旧观念之间的冲突，都会折射到城镇形态中，推动或抑制城镇的演变。

一、“敢为人先”的顺德精神

改革开放以前，我国处于一个相对封闭的发展阶段，人们对西方意识形态的排斥甚至到了将一切市场经济等同于资本主义的地步。这也使得大多数乡镇企业在兴起的最初几年中，不仅只盯着国内，而且对市场的敏感性不高，不懂运用市场规律指导生产经营。但性格中充满敢闯敢干精神的顺德人却有着与众不同的发展思路。事实上早在清代，从传统农业耕作中演变出来的桑基鱼塘生产模式，就是当地人为迎合国际对中国蚕丝的需求，突破思想、勇于创新的体现。1968年“文革”期间，中国乡村仍处于人民公社制度之下，顺德已开始出现最早的乡镇企业（社队企业）。改革开放初期，顺德人在社队企业基础上发展出多样化的乡镇企业门类，并开始尝试引进外资。1978年8月，一家容奇的旧工厂与香港旭日集团合作，改造为一间名为“大进”的制衣厂，被称为中国最早的一家“三来一补”企业[1]。此后，顺德依靠区域优势低成本发展进出口替代产品，从而占到了工业发展的先机。

这些尝试无疑与当地人悠久的商业文化和果敢的创新精神有着密切的联系。也正是这种不尚空谈，没有太多条条框框和顾虑的作风，推动了顺

[1] 佛山市顺德区档案局（馆）等. 敢为人先30年——顺德改革开放30年档案文献图片选. 2008：53.

德小城镇的建设。新式集合住宅的出现，工业用地由内向外扩张与相对集聚式的发展，以及自由贸易市场和商业街的兴旺，都来自于顺德人对新事物、新观念的快速接受能力。

二、计划观念的阴影

顺德早在明代开始就是一处商贸繁华之地，不仅墟市数目众多，且专业分类明确。当地农民早已突破原有的“重农抑商”观念，转而形成重实效的功利主义。计划经济实施的几十年中，不仅使原本发达的商品意识极度萎缩，还大大地束缚了人们的主观能动性与积极性。即使在市场经济起步之初，计划的观念依然顽固地影响着社会发展的方方面面，包括城镇形态。

例如，农村内部的分配方式仍然体现着自我封闭的小农意识和计划经济的平均主义。集体的收益分配与劳动者的能力和贡献无关，只要是属于该集体的一员（户籍属于该农村集体），就能参与利益分配。在珠三角地区以血缘维系的传统村落中，千百年来传承下来的强烈宗族意识，只要是一个姓氏、一个家族者，都应该受到关照，利益共享。其结果则是使得村民对村籍的高度依赖，对户籍农转非的兴趣大大降低，从而使人口的城镇化远远落后于土地的非农化。当传统村落因城镇的扩张而被划入城镇建成区后，基于同样的原因，不仅农民户籍不愿轻易改变，土地的属性也被保留了下来。村民的工作性质虽然改变，但生活和居住模式几乎不变。于是出现城市与乡村面貌混杂的局面。这些在形态上孤立于城镇的生活组团，不仅因社区人口构成的单一性而导致空间上的相对封闭，反过来又因空间的封闭而增强了社区的文化认同感，并阻挡了农民在思想上融入城镇的过程。

另外，政府包办一切的思想在顺德仍极为普遍，结果有利有弊。“利”是可以从政府的层面统筹和集中一切可利用的资源快速发展，包括以政府的信誉为新兴的小企业做担保，所以顺德能在80年代短时间内出现了一批知名企业。“弊”的方面，除了“政企不分”，企业缺乏根据市场规律自主经营的能力等问题以外，在城镇空间发展上则体现为政府一切以工业发展为重，企业对空间的要求被放大和无限满足，因此导致城市用地向工业一面倒，大量工业用地被批出，造成不必要的浪费或粗放式的空间扩张。

三、“离土不离乡”的土地观念

土地无疑是农业生产中最不可或缺的资源，自古便是农民安生立命的基础。这种世代不变的生存关系同时也成为桎梏农民的精神枷锁，造成农民守旧、固执的主要原因。即使离开村庄进入城市，不再从事农业生产，农民对土地的感情依赖仍难以割断。有学者指出，这种感情依附实则是“当前我国农村社会保障制度的不完善”[1]所致。城乡二元分割使农村的社会保障体系一直薄弱，基本维持在以“社区内自然就业、家庭内自然养老”的状态。而当农民离开土地进城从事二、三产业，但同时又无法转为城镇户口时，保持一块家庭所有的基本耕地，成为农民唯一可以确保依靠的生活保障。

此时兴盛起来的乡镇企业，正好能满足转业农民离土不离乡的想法。因为乡镇企业社区属性，不仅使得企业在区位选择上着眼本镇或本村，而且在招工上也要优先选择当地农民。进入小城镇工作的农民，基本采取城乡两边兼顾的方式，农闲时进城务工，农忙时回乡种地。更多的农村剩余劳动力甚至倾向于选择在本村或就近村就业，极大促进了农村的工业化发展。两方面的因素集合，便造成城镇的建设滞后于工业化，而农村的城镇化却惊人地发展。从城镇总体发展格局上看，则体现为：处处是城镇，处处是乡村，城不城，乡不乡，工业遍地开花的局面。

第五节 1978—1991年的顺德城镇形态

这一阶段顺德先后经历了3次行政区划调整。分别为：1983年11月，撤销人民公社建制，实行市管县体制，为佛山市下属的一个县。全县设10个区，2个区级镇，14个乡级镇。1987年，撤销区级建制，建制镇合并重组为12个。1988年将锦湖镇并入大良镇后，全县共有建制镇11个（大良镇、容奇镇、伦教镇、陈村镇、北滘镇、乐从镇、勒流镇、龙江镇、杏坛镇、均安镇、桂洲镇），另外还有5个规模较大的城镇型居民点（上街市、龙山、黄连、碧江、大洲）[2]。

3次调整显现出的趋势是：建制镇数量逐渐减少，单个镇的规模越来越大。一般而言是经济发展较快的镇吞并周边较弱的小镇；或是两个相互紧邻的镇，因镇区在空间上的实际融合促成了彼此的联合。但与行政区划的频繁变更相比，城镇形态的变化却显得缓慢与滞后。

一、县域整体形态

（一）紧张的土地资源与低效的利用方式

从历史上看，顺德自明清以来土地资源就相当匮乏，人均耕地面积严重偏低。随着人口的不断增加，这一矛盾日趋严峻。据统计，1988年全县

[1] 邹兵.小城镇的制度变迁与政策分析.北京：中国建筑工业出版社，2003：159.
[2] 转引自：顺德档案馆.顺德改革开放二十年大事记（1978—1998）.1999：36.

土地利用率已达到98.4%，其中72.6%为农业用地，建设用地占10.19%（图4-5-1），而尚未开发利用的1.6%土地基本为难以建设使用的山石、陡坡和滩涂。一方面说明，农业在该时期仍然是顺德经济发展的重心。另一方面也说明，顺德城镇建设的后备土地资源极为有限。按照1988年顺德全县人口计算，人均耕地只有0.75亩，远低于广东省和全国平均水平。即便如此，面对日益增加的城镇发展需求，耕地的减少仍是必然的选择和结果。从1982年到1988年的7年中，全县非农建设用地共占用耕地14958亩，平均每年征地2136.9亩，最高峰的1984、1985年，分别征用了3276亩和4175亩[1]。

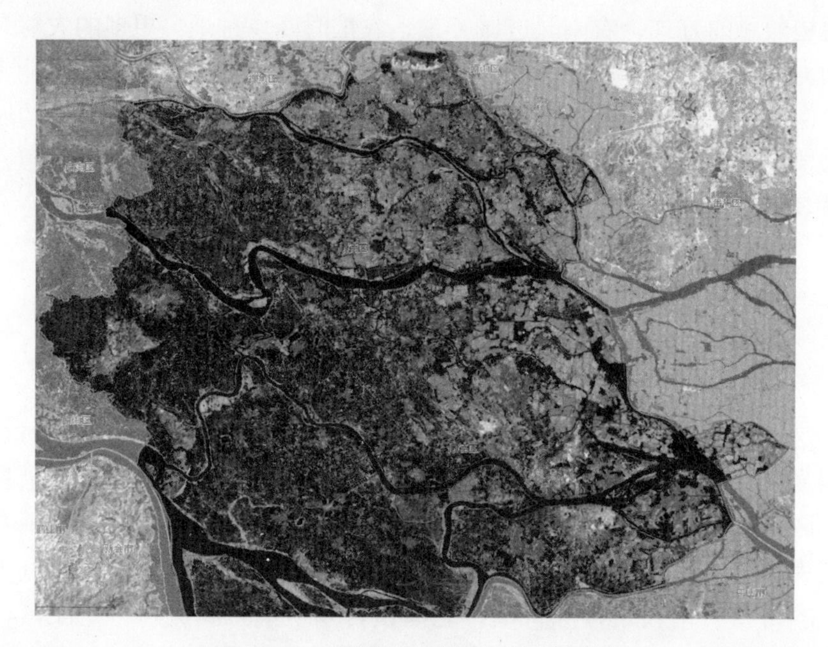

图4-5-1 顺德1992年建设用地情况

（资料来源：作者根据广东省区域与城市发展公共数据研究平台绘制 http://116.57.69.88/silvermapweb/default.aspx）

在全县约82.2平方千米的建设用地中，11个镇镇区的建设用地总面积约20.89平方千米，仅占建设用地的25.4%。占据最大比重的是农村居民点，约为60.8%。数量庞大的农村居民点分布均匀，而且当中有不少已经逐渐与镇区融为一体。但因为土地属性和人们的生活方式还保存着农村的基本特性，所以仍归入农村居民点，实质上形成了城乡混杂的居住形态。另外还有7.3%独立工业用地和6.5%的交通用地[2]。其中值得注意的是，

[1] 陈烈，倪兆球，司徒尚纪，等. 顺德县县域规划研究. 广州：中山大学学报编辑部，1990：77.

[2] 陈烈，倪兆球，司徒尚纪，等. 顺德县县域规划研究. 广州：中山大学学报编辑部，1990：83.

独立工业用地的比例与当时迅速增长的工业产值不相配，工厂以分布在各村镇中的零散用地为主，可见工业化程度不高。按照1988年11个镇的镇区和工业区常住总人口33.45万人计算，除去农村居民点的用地不计，人均建设用地面积为98.30平方米/人，与同期国内其他小城镇相比，土地利用较紧凑和节约。

（二）多点圈层式空间布局

20世纪80年代中后期，全县建制镇中除县城大良的人口达8.5万，其余10个镇的人口在1～5万人之间，还有5个0.5～1万人的一般集镇，包括：黄连、龙山、碧江、大洲和上佳市。这16座集镇较均匀的分布在806平方千米的土地上，平均服务面积只有50.38平方千米，城镇密度为19.58座/平方千米，远超过了全省6.94座/平方千米的水平。

在高密度的城镇空间布局中，各镇建成区呈点状散布于基塘与河道之间，并没有明确的核心和分布规律。因各自发展的工业类型不同，经济活动关联度极低，各镇几乎处于独立且平行的发展状态。同时，周边村落受镇区吸引，以各镇区为圆心向心生长，交往频繁，空间上形成一个个独立的圈层式结构（图4-5-2）。

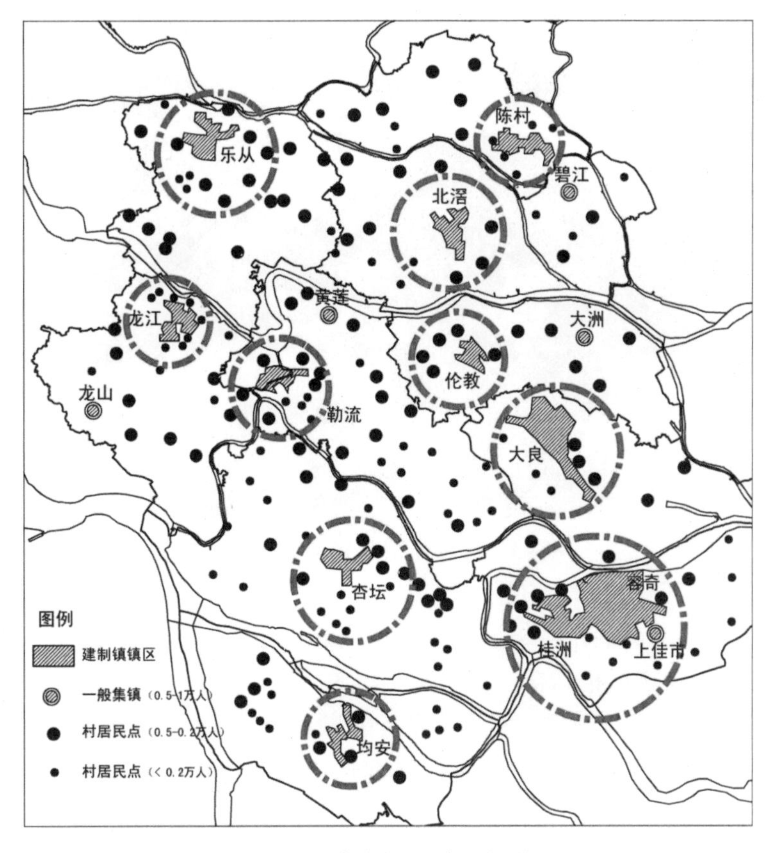

图4-5-2　多点圈层式空间格局

大良作为县政府所在地，在空间上却没有起到统领作用。曾有规划工作者提出整合大良、容奇和桂洲3镇，建立“良容桂经济重心区”的想法[1]（图4-5-3）。一是因为三者距离近，建成区有可能连成一体；二是作为县城的大良，基础设施建设良好，城镇化程度高，而容奇和桂洲工业起步早，经济实力强，三者人口加起来占了全县总人口的约28%，工农业总产值则占到了38%，工业总产值更占到了40%左右。显然，3镇的强强联合无论在空间上或经济规模上，都将成为全县的中心。为实现这一构想，顺德政府从1982年起开始建设容奇大桥，打通大良与容奇、桂洲的交通；1985年在容桂水道以北设置德胜开发区，希望以此在空间上拉近大良与容奇的建成区；改造旧容奇港，扩建容奇新港，并在1986年10月开辟容奇至香港直通客运航线，以此推动德胜河两岸的发展。虽然这些举措极大的刺激了3镇在空间上向彼此靠拢的趋势，更促成了容奇和桂洲的最终合并，但却一直没有形成一个真正的县域核心。

图4-5-3　良容桂组合新中心区地形图

（三）县域交通系统格局

1．水、陆交通相结合

对于地处珠江出海口冲积平原上的顺德而言，水上交通自古便是其最主要的客、货运交通方式。虽然陆路运输的机动性和便捷性正越来越受

[1] 陈烈，倪兆球，司徒尚纪，等. 顺德县县域规划研究. 广州：中山大学学报编辑部，1990：24.

到人们的青睐，但建设桥梁跨越纵横交错的河道却成为最大的难题。1985年以前，几乎没有可跨越大江的桥梁，仅有北滘大桥、陈村大桥、龙江大桥、三乐公路桥、均安大桥和文海大桥等，跨度均在50～70米，宽度多为2车道。而且建设标准低，结构简易，难以承受大的运载量。当需要跨越大的外江时，必须依靠渡口轮渡的转接（图4-5-4）。如当时使用最频繁的七滘渡口和三洪奇渡口。渡口的选址通常以已有的公路位置和走向为依据设置，因而对道路的选线没有太多限制，道路线形较笔直。

（a）北滘大桥（摄于1972年）

（b）陈村大桥（摄于1972年）

（c）龙江大桥（摄于1972年）

（d）三乐公路桥（摄于1972年）

（e）七滘渡口（摄于1972年）

（f）三洪奇渡口（摄于1972年）

图4-5-4　20世纪70年代顺德桥梁与渡口建设

（资料来源：顺德档案馆馆藏）

随着经济的发展和工程技术力量的提升，顺德于20世纪80年代起大规模建设跨江桥梁，逐步进入公路运输时代。1985年和1987年，广珠公路和广湛公路2条南北向干道相继全线通桥通路。与之相配套的还有310座的跨江公路桥，总长12.8千米。其中长100米以上大型、特大型桥梁11座，30米以上中型桥20座，30米以下小型桥259座[1]。但桥梁的选址较渡口严格和复杂，通常要求选择水势平缓、水深合适及河道较窄处。为了与桥梁衔接，道路只能随之改线。如广珠公路北滘段，在跨越顺德水道时，由原来

[1] 1991年顺德县志，顺德档案馆馆藏.

的三洪奇渡口过江改为三洪奇大桥（图4-5-5，图4-5-6），公路随之向东迁移（图4-5-7）。新、老公路之间形成锐角形狭小用地通常被用作景观绿岛，放置代表该镇形象的大型雕塑，成为国道上一个重要的标识物（图4-5-8）。新国道通车后，城镇空间逐步向其漫延，而老国道则转化为镇区内的主要道路。这种因为桥梁建设引致交通干道改线，进而影响到城镇空间格局的情况，还有广珠公路位于容桂水道的南、北2段。在1984年容奇大桥尚未建成之前，人、车均依靠容奇渡口过江，连接渡口的南北两段公路一度成为镇内最繁华的道路。容奇大桥建成后道路向东偏移，形成新的广珠公路主线，城镇的发展也随之偏移（图4-5-9）。容桂水道以北为德胜新区，以南则是容奇镇的新区。但原来的旧广珠公路沿线用地却出现凋敝的现象。原因是一些工厂迁往新路，老厂区人去楼空或建筑日渐残破，但又尚未进入“退二进三”的发展阶段（图4-5-10）。

图4-5-5　三洪奇渡口[1](摄于1958年)

图4-5-6　三洪奇大桥[2]

图4-5-7　广珠公路北滘段改线

图4-5-8　夹角地块的景观设计

[1] 转引自：佛山市顺德区档案局（馆）等编. 敢为人先30年. 2008：122.
[2] 转引自：佛山市顺德区档案局（馆）等编. 敢为人先30年. 2008：122.

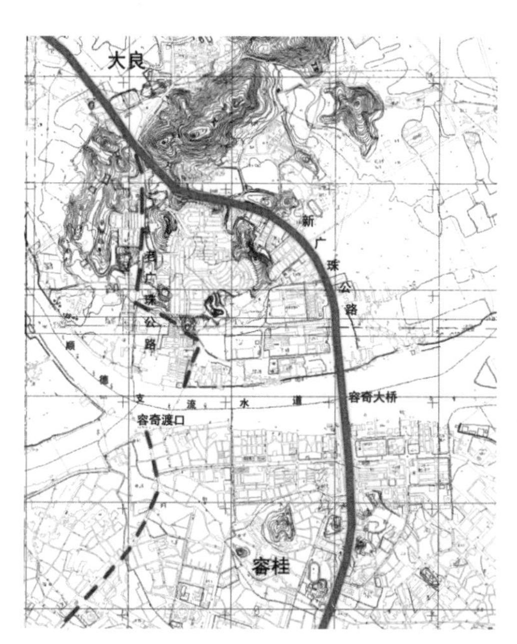

图4-5-9 广珠公路大良—容奇段改线

图4-5-10 桂洲镇旧广珠公路沿线工厂

另一方面，水运设施建设的投入并未减少。1987年建成的广东省第三大河港——容奇新港，吞吐量增加至35万吨。据粗略统计，1988年全县水运和陆运总量的比例约为3.5:1[1]，可见水运在县域交通体系中仍然占据较主要的地位。

2．树枝状的道路结构

顺德县域公路建立初期，最具标志性的事件是1985年和1987年广珠公路和广湛公路的全线通车。当时这两条公路并未被正式命名为国道，但已经担负起联通顺德与南北临近城市的重要交通通道。顺德同时又修、扩建了三乐路、良龙路和良均路3条东西向的干道，与广珠和广湛公路形成最初的骨架（图4-5-11）。3条横向干道中，除了三乐路位于县域北部，从北滘至乐从将广珠和广湛公路相连外，另外2条都是从大良向西延伸，且其中的大良至均安的良均路事实上并未把广珠公路和广湛公路直接相连。这样的布局一方面减弱了广珠公路和广湛公路的联系性，另一方面使大良成为通往中、南部各镇的交通枢纽，虽然凸显了县城的核心地位，但同时加重了大良镇区的交通压力，还减弱了县域内各个小城镇之间的空间联系。

依托于这个稀疏的干道骨架，县域内形成了一种类似树枝状的道路结构。即分别以各条干道为总树干，分支出1-2根次要枝干作为进入镇区

[1] 陈烈，倪兆球，司徒尚纪等. 顺德县县域规划研究. 广州：中山大学学报编辑部，1990：46.

的主路，进而再细分出镇区内的街道（图4-5-12）。这种层级分叉的“树枝”形结构对于当时规模还很小的镇区而言是最简单、便捷的。但随着镇区规模的扩大，镇内交通与过境交通之间的矛盾越来越严重。在仅有的1～2个主干与枝干交接点处，常常出现严重的交通堵塞，进出镇区变得十分困难。有的镇在扩张过程中甚至把干道包围进镇区，使之成为镇区的主要道路。如容奇镇和乐从镇的路网便以干道为依托，向内分叉出多条城镇主路，主路下再设支路。如此不但极大削弱了过境干道的通行能力，还因干道延伸出去的主路常常有头没尾，形成了许多尽端路，路网结构上更接近于“树”型。

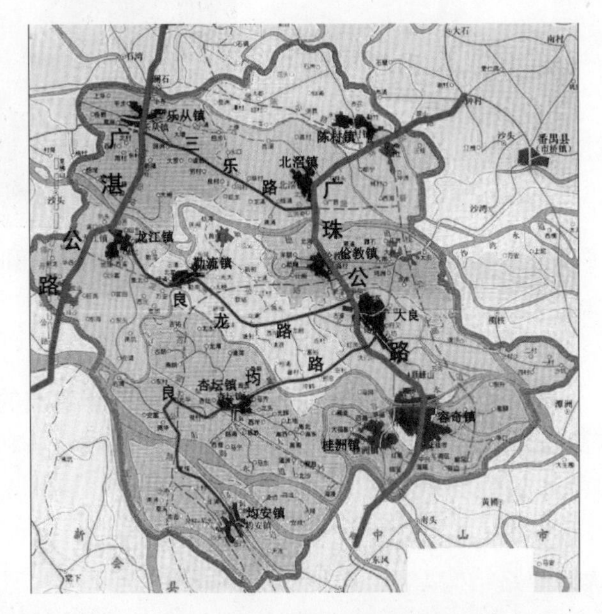

图4-5-11　20世纪80年代末顺德县域干道结构图

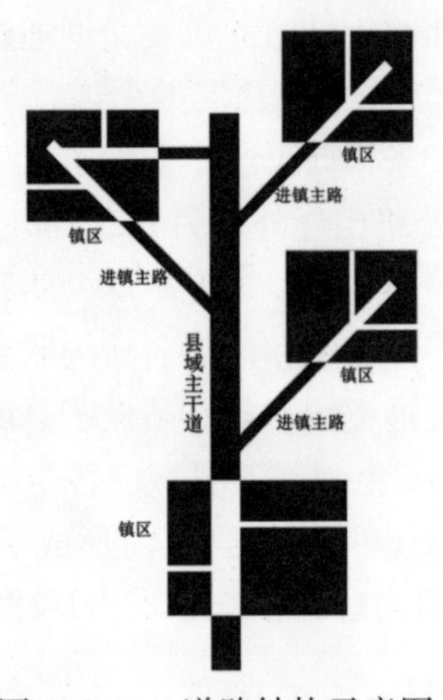

图4-5-12　道路结构示意图

二、镇区空间形态

顺德的用地紧张和高密度的村落居民点，使得镇区建设用地的扩张相对困难。加上这一时期经济体制、人口政策以及城镇化策略等因素的影响，顺德各镇镇区空间形态总体的发展趋势缓慢，形态的变化远远滞后于经济发展速度。

（一）内部空间的固化与微调

继承于传统圩市聚落的顺德城镇，老镇区本身的建设密度就大，且在规则清晰的街巷肌理控制下，土地开发连续，空置率极低。再加上土地与房屋的属性复杂，致使此阶段镇区核心部位的变化幅度很小。最常见的变化是填埋河涌，用于开辟新的道路和建设用地。如杏坛镇老镇区内原来的主河涌，于20世纪80年代中期被填埋，成为镇内唯一的东西向大街——“杏坛村大街”（图4-5-13）。原来的沿河建筑也随之进行局部调整，包括将建筑出入口重新调整至面向大街，还有一些建筑从居住功能转换为商业（图4-5-14）。

图4-5-13　杏坛老镇街巷肌理

（资料来源：作者改绘自谷歌卫星截图）

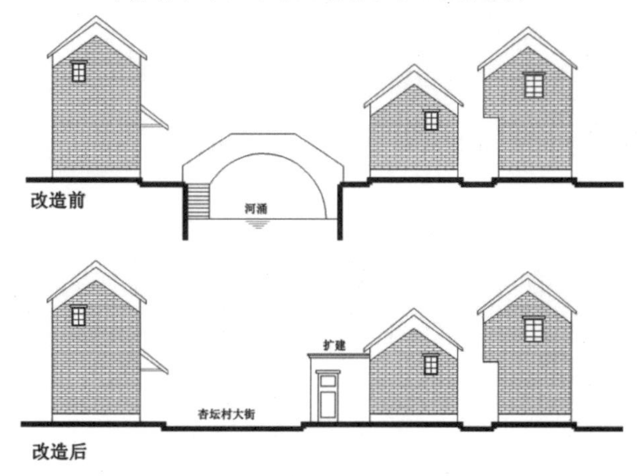

图4-5-14　杏坛村大街改造前后剖面示意图

另外，老镇区建设时标准较低，街道过于狭窄，市政设施配置不完善。原有的建筑多为2～3层砖木结构的民居，即使当中一部分建筑后来被改建为砖混或钢筋混凝土结构，但地块的狭长和紧凑，使得建筑的采光、通风效果大受影响，居住环境难以真正改善。种种的问题加上人口的不断增加，迫使各镇区跳出原有范围，向外拓展。而新区的建设又反过来加快了老镇区的衰退，内部空间的变化基本停滞。

（二）边缘带的缓慢扩展与空间分异

相对于旧镇区的空间固化，边缘带此时则开始了缓慢和局部的扩张，主要是因为需增加建设用地来满足新的功能需求，包括居住和工业用地。这种自发形成的边缘建设区既能方便与旧镇区的联系，又便于利用已有的基础设施，节省部分建设资金。

新旧镇区空间关系最紧密的陈村镇，以老镇为圆心逐渐向四周高密度漫延（图4-5-15）。新建设区内除了沿周涌的外侧修建了15米宽的折线型镇区主路外，其余的街道网结构几乎延续了老镇街道的肌理。同时又因内部几条纵向小河涌的影响，南北向的街道走势跟随河流方向变化，形成斜向的锐角相交（图4-5-16）。这种以老镇路网为依据向外延伸的镇区，还包括沿勒流河南岸发展的勒流镇；沿凫洲河东岸带状发展的均安镇；以及围绕几组山岗向外逐步扩展的龙山和龙江两个镇区。

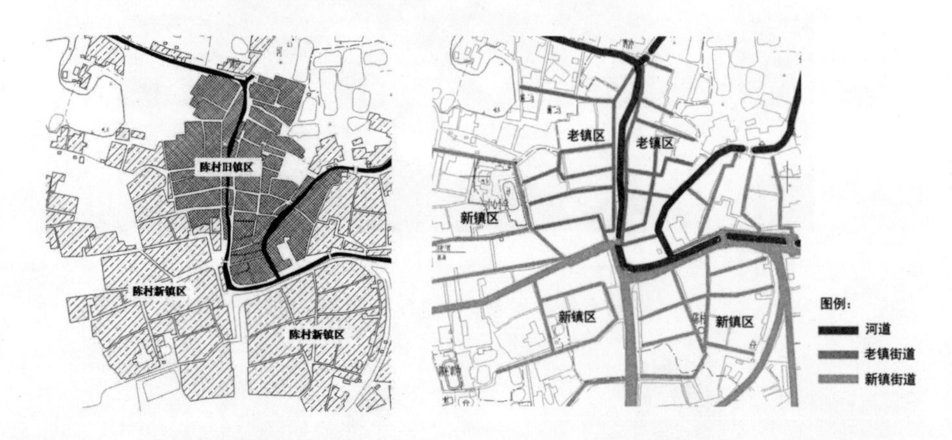

图4-5-15　陈村镇20世纪80年代镇区用地　　图4-5-16　陈村新老镇区街道网

杏坛镇则在20世纪70年代兴旺起来的利来路东侧，北河涌以南，扩建了约15万平方千米的新镇区（图4-5-17）。新镇区在路网结构上受老镇区影响较少，独自形成一套相互垂直的正交路网，与原来曲折的老镇街巷形成鲜明对比（图4-5-18）。

空间扩张最快速的北滘镇，在镇区与河道的相互关系上还呈现出另一种新的趋势。北滘最初的核心区一直为沿北滘河带状展开的区域，紧靠北塘、南塘、简家、茶基头等几个村落。1987年正式建镇后，扩张速度加

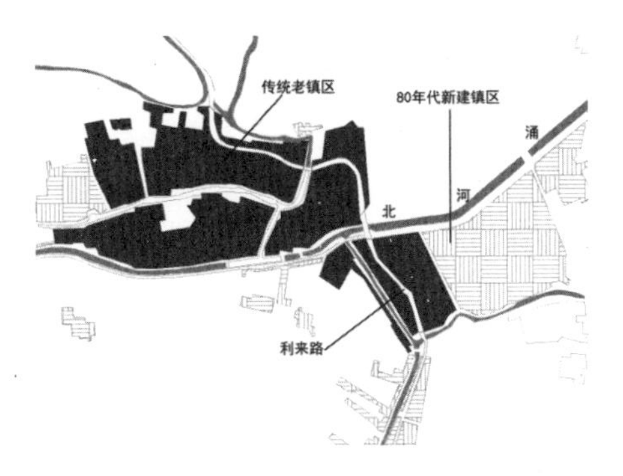

图4–5–17　杏坛20世纪80年代镇区用地

图4–5–18　杏坛建设于20世纪80年代的镇区

（资料来源：谷歌地图截图）

快。首先是在镇区东面建设了一条与河道几乎垂直的主路——跃进路，路两边迅速建起了骑楼式的商业建筑和大农贸市场，成为新的商业中心。镇区空间也随之向东北面扩张，一直延伸至县道——林上路。面积比原来扩大了3倍以上的新镇区没有选择继续沿北滘河发展，一改过去城镇空间与水系的紧密关系，从面向河流改为背离河流（图4-5-19）。因为周边紧靠密集的农村，镇区扩张的过程基本是以见缝插针的形式，处处受到集体土地的使用限制，从而形成极不规则的边界形状。在路网结构上，北滘镇新老镇区也差异极大。老镇路网简单，仅一条宽5～7米的主路（东风路），并与河道平行。路两侧布置建筑，局部地块内还有1-2条垂直于主路的小巷。面积约为0.45平方千米的新镇区则以东风路、南源路、福西路、济虹路和跃进路5条主路，构成一个“日”字型的路网结构（图4-5-20）。除了东风路与河道平行外，其余主路与河道的关联性极低。主路框架内又纵横

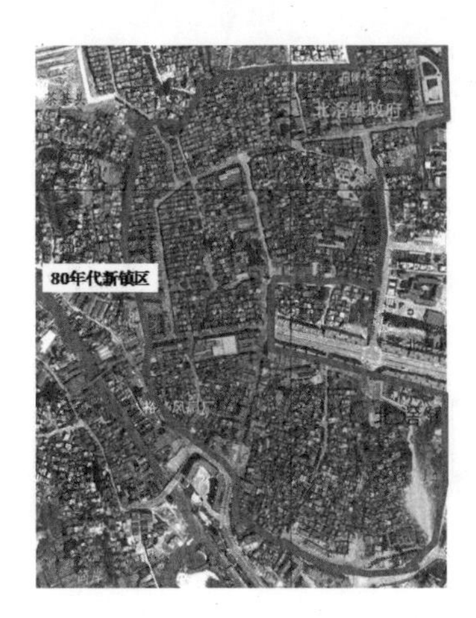

图4–5–19　北滘建于20世纪80年代的镇区

（资料来源：作者根据1999年卫星航拍绘制）

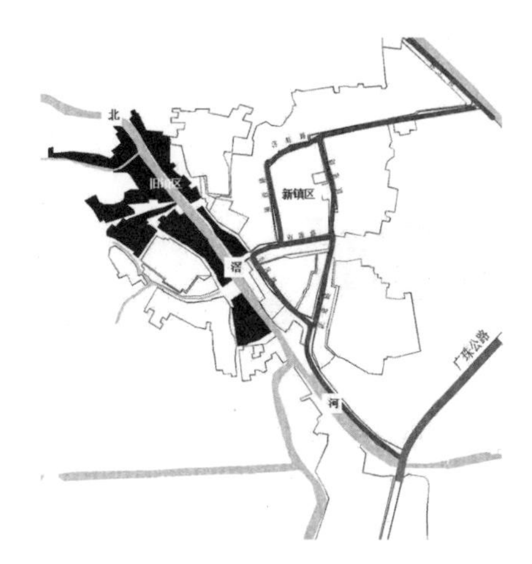

图4–5–20　北滘20世纪80年代镇区路网结构

开设了若干条约5米宽的支路，支路与主路之间再横向布置了众多宽约2米的巷道。整个路网结构虽然清晰，但具有一定的随机性，形成了几个异形路口，也影响了后期城镇路网的生成。

各镇边缘带内新建的住宅建筑在形式上呈现高度的一致性。几乎全是2～3层的砖混独栋式居民楼，开间和进深均为8～9米，带有入户小前院和天台花园，水刷石的建筑面层装饰。但随着经济的发展和居住需求的变化，居住空间的分异也逐渐出现。最开始是一些为政府工作人员和镇办企业的高级员工建设的少量集合住宅。如现在的北滘镇社区居委会以南的7栋集合式住宅，还有建于70年代末80年代初的济虹小区。

另一种空间分异现象的产生源于工业用地的大量出现。最初，这些规模尚小的工厂都零散地分布在镇区边缘带中，与生活空间相互混合，有的甚至是利用房前屋后的空地进行建设。相对于住宅和商业用地而言，工业地块和建筑数量虽少，但面积大、体量大，布局规整，道路较宽阔。20世纪80年代中期，原有的布局模式已无法满足工业发展对用地的需求，工厂开始有意识的跳离镇区，在边缘带较远的区域进行建设。考虑到交通运输的需求，工厂通常又选择靠近过境公路或外江码头的用地。如杏坛镇建设于1987年的第一个镇办工业用地，位于镇区以东约3.6千米外的顺德支流西岸，顺番公路与北河涌的交叉处，新涌大桥桥脚（图4-5-21）。北滘镇则以几个知名乡镇企业为主导，包括美的、蚬华和裕华等，在镇区南部，沿工业大道布置相对集中的镇级工业用地。

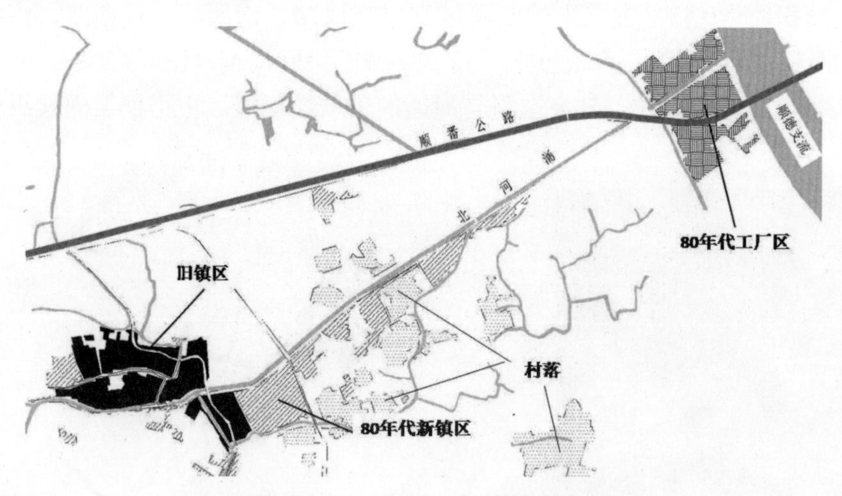

图4-5-21　杏坛80年代镇区布局

三、典型平面类型单元

（一）源于传统村落结构的城中村

大多数小城镇最初兴起时是作为周边农村地区的贸易场所，因此多数位于几个村落几何位置的中心。随着城镇范围的扩张，一些距离较近的村落逐渐被纳入城镇建设区内，但因城乡二元制的约束，尤其是土地所有权不可能轻易转换的情况下，许多城镇内的村落依然延续了其传统的形态特征，成为城镇中一个个形态特殊的“孤岛”，并且在很长一段时间内对小城镇的居住模式都产生了影响。

1．地块形状

顺德自古以来地少人多，村落建设用地自然只能集约式布局。传统村落常常选择地势稍高的干旱区域，以团状或沿河带状形式布局居多，且具有较明显的人为规划痕迹。这应该与当地强烈的宗族观念有关，开村之时便在宗族的层面进行规划，建立符合礼制的序列空间。街道系统的整齐划一，既很好地控制和统一了此后的建筑单体设计，同时也体现用地上的公平公正，有利于解决人多地少带来的矛盾争端。有研究指出，珠三角地区村落这种严谨的街巷布局形式，还与当地的农业耕作密切相关。正是因为人们在围海造田、沙田整治及基塘种植过程中，基围也是采取这种正交形式布局，更加深了人们对网络式规划的认同[1]。这种团块状结构的村落形态显然被延续到了城中村上，且在村的边缘环以道路、河涌和绿化带等，使得地块的形状和边界更加清晰（图4-5-22）。

图4-5-22　被城镇建成区包围的村落

（资料来源：谷歌地图截图）

2．街巷布局

村内通常以1～5米的步行化街巷为主。由于传统聚落的选址大多以水系萦绕或穿越，因而村的主路多为与水面垂直的大街，而横向则为较次要

[1] 潘莹，施瑛．湘赣民系、广府民系传统聚落形态比较研究．南方建筑，2008（5）：28-31.

的支巷（图4-5-23）。狭小的横巷宽度勉强能过人，或以后排房屋檐口滴水不会溅到前屋墙根为控制依据。当陆运逐渐取代水运后，环绕村落的河流被填埋为环村道路，且道路与河道原先的走向、宽度都基本一致。环村路与内部纵横的街巷构成了这些城中村的基本形态框架，它们几乎与外部的城镇建成区毫无关系，自成一体。

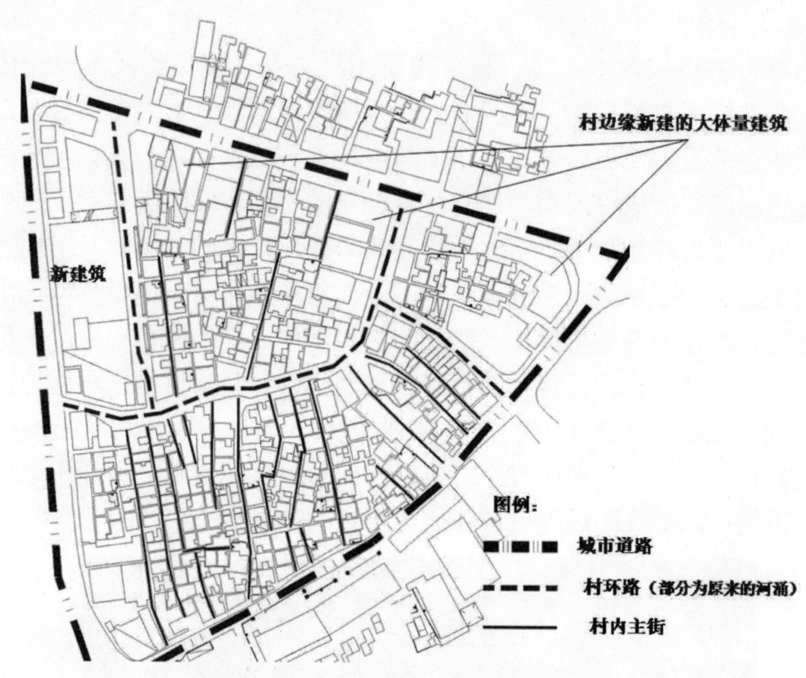

图4-5-23　北滘城中村街巷布局

3．建筑肌理与形式

城中村的建筑布局同样延续了传统村落的肌理。首先是以宗祠为核心，居住建筑位于其后。宗祠一般布置在与水相邻的第一条横巷一侧，或是在主要纵横巷交汇处。祠堂大门开向横巷，而紧随祠堂设置的民居则采取向纵巷开门的侧入式。

其次是居住空间的高度统一。每栋住宅开间与进深都控制在8～9米左右。建筑与建筑之间的前后间距多为0.5米以内，建筑密度平均高达70%～80%。建筑朝向基本一致，建筑的平面布局和立面细节也几乎相同。

20世纪80年代农村经济体制改革及乡镇企业的发展，农民收入大幅增加。加上受城市生活的影响，农民追求更现代更舒适的居住条件。在地块产权和大小都无法改变的情况下，村民开始对自家住宅进行有限度的改建加建。很多人把原来的天井式单层建筑改建为2～3层的小楼房，原来的砖木结构被砖混和钢筋混凝土结构取代，表面的装饰材料也改为水刷石或瓷砖面层（图4-5-24）。

图4–5–24　同一城中村内两代住宅建筑形式的对比

（二）集合式住宅

建国后至20世纪90年代末，我国一直实行完全福利化的住房分配政策。大、中城市的住房建设通常有2种主要方式，一是依靠国家基本建设资金投入建设的居住小区，另一种是单位自建的家属大院。二者在形态上并无本质区别，即效仿前苏联的“宽马路，大街区”模式，建设相对独立、完整、封闭的居住小区。住宅以5～7层的多层集合式住宅为主。受制于建设资金的短缺，这种以政府或企业投资住房建设的模式在小城镇中并未得到广泛的运用。顺德镇区人口的增加虽然也使得人们对城镇住房的需求与日俱增，但住房问题基本上依靠原有的村民自建住宅来解决。只在局部地方如县城镇大良和工业最发达的三个镇——容奇、桂洲和北滘，出现少量集合式住宅，通常作为政府公务员宿舍，以及规模较大的县级和镇级工业企业的员工宿舍（图4-5-25，图4-5-26）。虽然数量不多，但却标志着居住空间分异的开始。

图4–5–25　建设中的大良金榜小区

（资料来源：顺德档案馆馆藏，摄于1987年）

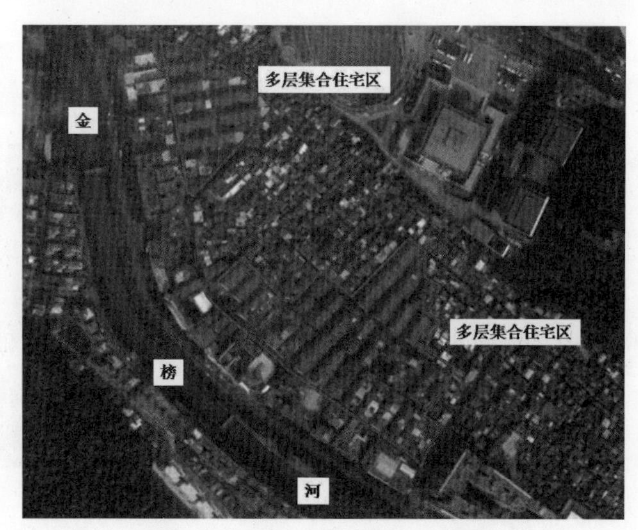

图4-5-26　大良金榜小区范围

（资料来源：作者改绘自谷歌卫星截图）

1．地块形状与边界

大型企业的员工宿舍一般尽可能靠近生产或工作区域，既能便于通勤，也方便小区的管理。因此其地块边界与城镇其他地块有明显的界线。如：位于大良德胜西路的顺德糖厂职工居住区，行列式的排列了30多栋多层集合住宅。宿舍区处于糖厂的东北角，西、南两面的边界与工厂相连，一条城市主干道在用地的东北面斜切而过，路对面则是南涌村的村民住宅。从总平面图上看，可以清晰地分辨出该居住区与周边地块的形态差异性（图4-5-27，图4-5-28）。

图4-5-27　顺德糖厂及其集合式宿舍区　　图4-5-28　顺德糖厂宿舍区街景

（资料来源：作者改绘自谷歌卫星截图）

但对于一些规模较小的居住组团来说，通常以见缝插针的形式散布在建成区的边缘带上。如北滘镇双桥路以西的一小片公务员小区，所处的位置属于当时镇区的边缘，与镇政府大院一起建设。总共建设了8栋集合式宿舍，但没有对小区进行独立、封闭的管理，四面均被2层高的村民住宅所包围，地块的边界并无明确标识（图4-5-29）。

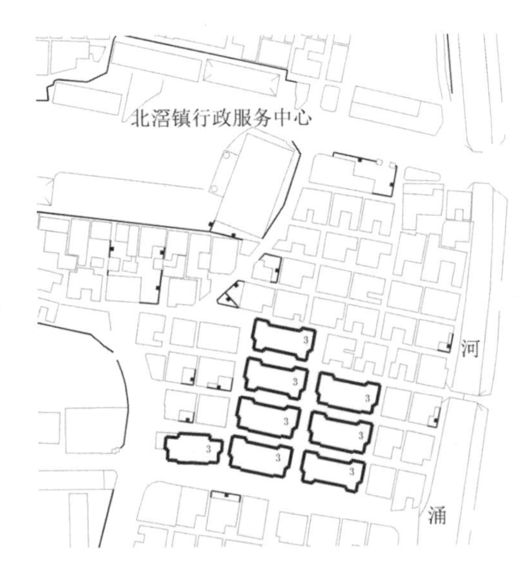

图4-5-29　北滘80年代集合住宅小区平面图　　图4-5-30　北滘集合住宅小区街景

2．建筑肌理

这类集合住宅平面设计采用一梯2户或4户的外廊式结构。除了楼梯间的休息平台外，外廊的其余部分被分配给每户使用，成为各家的阳台。即入户时首先经过阳台，再进入客厅（图4-5-30）。这种平面布局有利于节省公共通道面积，充分利用空间，同时也能增加房内通风和遮阳效果，适应广东地区的炎热气候。这种外廊式的平面后来逐渐减少，入户门重新改在靠里的客厅墙面。

住宅一般采用砖混结构，层数控制在3～5层，层高3米。建筑风格上采用简洁和标准化的现代主义国际风格，与原来的传统民居差异较大。建筑外立面材质一般为水刷石和普通粉刷，门窗则统一采用木或铁质的标准化样式。

（三）由内向外扩散的工业地块

为了依托城镇的基础设施以节省投资，加上最初兴起的乡镇企业以小型加工业为主，厂房规模很小，当时很多工厂都是利用原有的旧厂房、旧仓库改造，或是干脆在家庭宅院中进行生产。因此从工业用地的分布上看，大多是以见缝插针的形式，零散的分布在镇区内外。随着企业的扩大和数量的增加，不仅原来的用地规模显得极为拘束，无法满足生产需求，而且工业用地与其他城镇用地之间的矛盾日益凸显，不得不选择外迁。出于经济效益上的考虑，同时也得益于顺德乡镇企业以镇办为主导的发展模式，各个工厂外迁后均倾向于在城镇边缘区相对集中的布置，逐步形成有一定规模的初级工业区。

1．地块形状

上述2个阶段的地块形状有着明显的区别。前一阶段的散乱无序式发展使得工业地块与居住区的边界犬牙交错，呈现出模糊、不规则的形状。最明显的是容奇和桂洲两镇（图4-5-31）。又如北滘镇最初的几块工业用地，主要是分布在北滘河东岸（图4-5-32）。跃进路左右两则的街区内至今也仍留有不少当时建设的厂房（图4-5-33）。这些建筑从体量上看与周边的民居产生巨大的反差，但彼此之间仅有不到3米甚至更窄的巷道间隔，厂区的边界几乎没有设置围墙，而且曲折拐弯不规整，显然是将就地块周边居民区而建设的。20世纪80年代初在北滘河西岸建设的简岸工业区，虽然稍微跳出了镇的核心区，有了一定的聚集规划意识，但由于紧邻简岸村，工业区周边用地迅速被村民住宅建设占领，再次形成居住区包围工业区的状况，工业地块的扩展因而受到极大的限制。

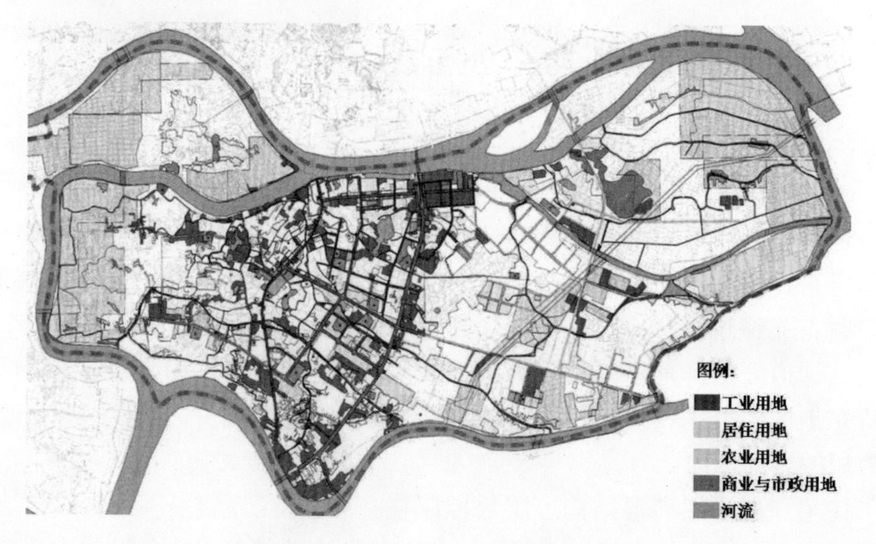

图4–5–31　容桂镇杂乱的工业用地布局

［资料来源：作者根据容桂镇总规（2001—2020年）中的土地利用现状图绘制］

1981年，北滘镇利用手工绘制的地形图，按功能分区的原则进行粗线条的镇区规划，在离镇区约1千米外划定了面积为82.3公顷的蓬莱工业区（图4-5-34）。到1987年时已初具规模，进区设厂的主要企业有美的集团公司、蚬华电风扇厂、裕华集团、富华漆包线厂、迅发鞋业等（图4-5-35）。由于有了初步规划的指引，工业区整体用地又相对独立和完整，边界以干道或河流清晰划定，四周与地块紧邻的全是耕地。

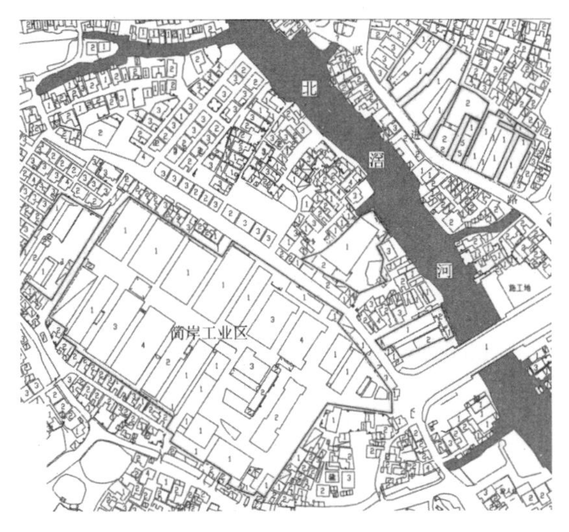

图4-5-32　北滘河两岸工业用地

图4-5-33　跃进路旧工业厂房

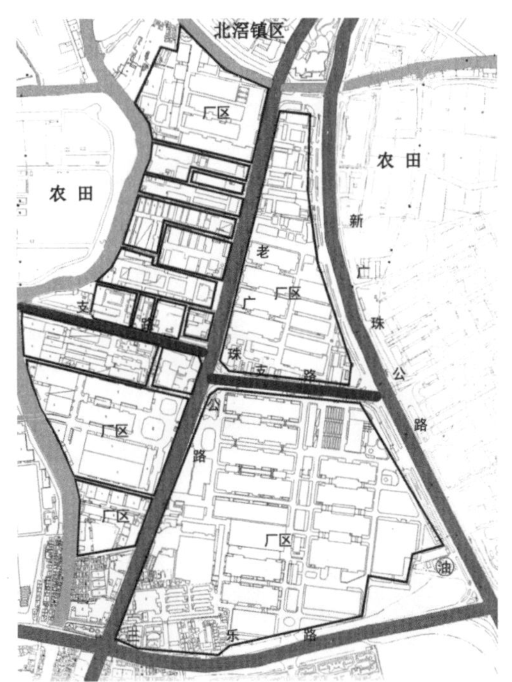

图4-5-34　北滘蓬莱工业区路网结构

图4-5-35　蓬莱工业区道路景观

2．道路布局

1985年之前公路建设尚不完善，而且当时的工业类型又主要以农机、建材和农副产品加工为主，生产资料和产品运量极大，只能依靠水运。因此，在工业用地的交通布局上，大部分厂房一面临河，各自设立水运码头；另一面临公路，便于与镇区或区域交通干道连接。2条国道相继通桥通车后，工业用地逐渐转为沿交通干道布局，形成几面均临路的布局。如北滘的蓬莱路工业区，沿2条过境公路——三乐路与老广珠公路（现名工业大道）展开，西面边界为北滘河。工业区的主轴为老广珠公路，北端连接镇区，南端可达三洪奇渡口，极大方便了货物运输与生活配套。唯一的一条东西向干道三乐公路，从中部偏南处与广珠公路交叉，承担了所有东西向车流。厂区无一例外地沿广珠公路两侧布局及开口，厂区与厂区间的南北距离几乎为零，彼此紧靠不设横向支路（图4-5-34）。这种缺乏支路的路网结构与当时镇区内的街巷结构如出一辙，对于初级工业区尚能满足，但随着交通量的增加，与过境交通之间的矛盾也日益显现。这也是为何在此后的规划建设中，不但要外迁广珠公路，还要增加横向支路联系的原因。

3. 建筑肌理

与居住区混合发展时，地块内的建筑不得不迁就于周边已有民居的建设，一方面呈现出曲折多变的不规则平面；另一方面建筑并排而列，建筑密度高达80%以上，布局紧凑。每个工厂直接临路或河道，不需设置内部道路，甚至直接由公共市政道路承担装卸或堆积货物的功能，更不可能有绿化空间（图4-5-32）。建筑结构几乎全是砖混，层高5～10米，层数为1～2层，一层车间，二层则是办公用房。

工业用地迁至镇区外部后，建筑的布局有了较大的改善。厂房根据生产需要，采用简单的长方形平面，以规则的排列方式平行布置。办公楼与厂房分开设置，高3～5层，大多布置在主入口附近，以其突出的造型成为企业的形象代表（图4-5-36）。另外，一些规模较大的企业还在厂区内配建了职工集体宿舍，使得建筑形式更加丰富。厂区内配有道路和各类户外作业空间，有的还设有开阔的入口广场（图4-5-37），建筑的间距也更加宽裕，各厂区建筑密度约为45%～55%。

图4-5-36　厂区生产与办公分开设置

图4-5-37　厂区入口广场

（四）商业服务地块

传统集镇中固定的商业用地通常有商住混合的习惯，形成前铺后居的模式。另外就是利用水系的交通便利性，在桥头与埠头周边形成定期营业的集市。例如杏坛镇齐龙路跨河用的桥头旁，至今还保留着的一个规模较大的露天式农贸市场（图4-5-38）。甚至到了20世纪90年代，仍然在河边（即旧露天市场的对岸）兴建了一座3层高的农贸市场（图4-5-39）。

图4-5-38　杏坛河涌边的露天农贸集市

图4-5-39　杏坛新建农贸市场大楼

图4-5-40　杏坛商业路景观

图4-5-41　北滘南源路骑楼商业街

20世纪80年代起，商业和服务业转为以国营和集体（供销社）为主体。根据1988年的统计数据，顺德国营和集体的商业网点共2560个，从业人员2.16万人。其中国营商业以大型零售商店和批发部为主，营业额11.66亿元，占全县营业额的33.8%[1]。供销社商业包括中型规模的商店、餐饮、旅店和理发店等，虽然规模不大，但分布广、数量多，同年营业额达22.47亿元，占总额的64.1%。从县域的分布上看，仅有的40家大型国营零售商店主要集中在大良和容奇2镇。从镇区内的空间分布特征上看，绝大部分商业店面均集中在镇区的主干道两侧。从建筑肌理上看，国营和集体商业点面积要求普遍较个体商铺大，一些商店甚至开始以独立建筑的形式出现，如农贸市场、百货大楼等。小型商铺则仍然以商住混合形式的为主。

例如杏坛镇新镇区东西主路——商业路，路宽约为12米，两侧排布的

[1] 参见：陈烈，倪兆球，司徒尚纪，等. 顺德县县域规划研究. 广州：中山大学学报编辑部，1990：21.

几乎全是首层为商铺的2～3层商住混合建筑。商铺面积普遍较大，尤其是在道路交叉口处的商铺（图4-5-40）。又如北滘镇20世纪80年代最兴旺的南源路和跃进路，同样沿用了下铺上居混合模式。但和杏坛商业路不同的是，建筑形式更加多样。跃进路两侧建筑体量变化多，高低、开间各不相同，但底层统一采用了近似于骑楼的形式，商业氛围更加浓厚（图4-5-41）。南源路两侧的建筑体量更大，砖混结构，高度以4～5层为主，沿街的面宽多为12～30米，进深约为9米。体量最大的是高3层，长68米、宽38米左右的北滘市场（图4-5-42，图4-5-43）。

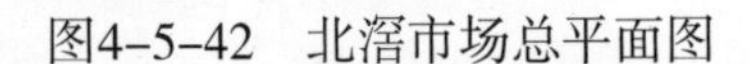

图4-5-42　北滘市场总平面图

图4-5-43　北滘市场建筑形式

第五章　社会的转型与空间的混合（1992—2002年）

1992年邓小平南巡讲话后，我国开始真正向现代市场经济体制转变，并在党的十四大中正式确立了要以市场经济体制改革为社会发展目标，改革开放进入到体制框架重构与调整阶段。主要的改革内容包括：建立现代产权制度，重塑政府与企业的关系，改革收入分配体制、金融体制、财政体制等。2001年正式加入世界贸易组织（WTO），标志着我国经济对外开放进入新的阶段。经济体制上的一系列制度转型，也为广大小城镇的空间发展注入新的活力。工业化进程方面，生活物资的充盈使得消费市场逐渐由卖方转向买方。乡镇企业的发展因此受到打击，迫使企业开始改变生产结构和提升生产力，企业产权制度的改革也迫在眉睫。工业的“转型”成为这一时期的关键词。同样发生转变的还有人们的出行和货物运输方式，道路建设随之完善，并逐步成为影响城镇形态发展的关键因素。

第一节　从计划到市场的制度转型

一、经济发展重心的转移

（一）农业经济发展的放缓

20世纪80年代初期实行的家庭联产承包责任制虽然使农村经济有了长足发展，但仍然无法解决中国农村人多地少的实际矛盾，农业现代化的理想因耕地的不断细分而难于实现，加上国家政策对重工业和城市的倾斜，导致农业增长势头在20世纪80年代中期就开始出现停滞。虽然粮食年年增产、丰收，但农民收入增长速度却在下降。数据统计，1979至1984年间，农民人均纯收入增长率为13.9%，到了1985至1993年间，增长率下降到只有2.3%[1]。进入20世纪90年代，农业经济的衰退并未见好转，农民种田积极性降低，尤其是在沿海经济发达地区。

但此次农业经济增长的减缓，并未对小城镇的发展带来如计划经济时期那样的负面作用。相反，更多的农村劳动力退出农业生产，转化为第二、三产业的生产力。不但促进了小城镇的城镇化进程，同时也刺激了

[1] 王琢，许浜. 中国农村土地产权制度论. 北京：经济管理出版社，1996，191.

农村的工业化和城镇化。在经济发达的东部沿海地区，农村的城镇化现象最为明显。如江阴市在1994年时，农村的城市化水平达已近40%；深圳特区外围的农村地区在1999年时也达到了40%的城市化率（以户籍人口计算），如果按包括外来人口的总人口计算，则高达88%[1]。关键的原因是，此轮的城镇化已不再仅仅依赖农业经济的推动，以乡镇企业为代表的工业发展模式成为主要的动力。小城镇的主要职能已从过去单纯的农村商品交换中心，转变为或以工业发展为主导，或以区位优势发展商贸物流服务，甚至是承接大城市产业及人口转移等多种职能的空间。

（二）城市经济的繁荣

与农业经济的低靡相反，这一时期城市中进行的改革成效显著。1992年召开的中共十四大会议，确立以建立社会主义市场经济体制为目标，提出建立现代企业制度，深化国有企业改革，推进国有经济布局和结构的战略性调整，一些重要的改革还涉及城市的就业、住房、医疗、教育和科技等方方面面[2]。

城市改革的深入和市场经济的繁荣，对小城镇建设的作用主要体现在3方面：①赋予了镇级政府前所未有的自由度，包括确定产业格局、城镇发展定位和规模、发展速度等，从而全面促进了小城镇的快速发展和建设。②资本、原材料、劳动力和技术这些生产要素，根据市场规律的作用在大城市与小城镇之间自由流动。经济往来的日趋密切使得区域经济结构开始重整，甚至使大城市与小城镇之间的区划界线也开始变得模糊。如大城市的产业结构开始转向金融、商贸和服务类的第三产业，而部分工业、居住功能被迁出核心区。大城市周边的小城镇成为承接城市人口或产业转移的“卫星城”，如出现在北滘和番禺的几个大型居住区，其服务对象都是以广州和香港的客户为主。③市场经济下乡镇企业的迅猛发展，促成了一批工业型小镇的兴起。如顺德的工业镇北滘，第二产业在三产中所占的比重持续居高（表5-1-1），工业用地比例也随之升高。经过前面10多年的积累，很多小城镇已在某些工业行业中占据了绝对的优势。这种“一镇一品”的产业发展模式，反过来使得城镇经济极度依赖于某一个产业的兴衰。加上此阶段大多数乡镇企业仍处于粗放式的发展中，对于城镇下一阶段的经济发展和土地利用都存在不利和隐患。

利用外资发展经济在90年代受到极大的鼓励。一些小城镇吸引外资的积极性大大超过了大城市，甚至成为当地政府的一项工作重点和业绩考核的重要指标。经济全球化和制造业的全球性分工，均成为了这一时期众多小城镇产业结构调整的大背景。由于外资对劳动密集型制造业的偏

[1] 郑弘毅. 农村城市化研究. 南京: 南京大学出版社，1998.
[2] 陈德华，黎眩. 改革开放以来中国经济体制改革的回顾与思考. 新西部，2009（12）：35-36.

好[1]，使得这些小城镇的劳动密集型产业得到了明显的增强，如东莞、惠州、中山、南海和顺德等下辖的小城镇，从而也极大的刺激了这类小城镇工业用地的快速增长。

1997—2000年北滘镇三产发展情况统计表[2]　　　表5-1-1

指标名称			计算单位	1997年	1998年	1999年	2000年
国内生产总值	按1990年不变价计		亿元	23.6	27.9	33.8	38.36
	其中	第一产业	万元	17976	18065	21016	——
		第二产业	万元	188468	222881	254785	——
		第三产业	万元	29390	37760	62413	——
	按当年价计		亿元	24.1	28.4	33.8	38.4
	其中	第一产业	万元	22470	22650	21016	22910
		第二产业	万元	169120	203875	254785	287906
		第三产业	万元	48983	57410	62413	72784
工农业总产值	按1990年不变价计		亿元	87.7	109.3	123.0	147.7
	工业		亿元	80.0	101.4	116.0	140.0
	农业		亿元	7.7	7.9	7.0	7.7
	按当年价计		亿元	76.9	91.3	107.0	127.7
	工业		亿元	69.2	83.4	100.0	120.0
	农业		亿元	7.7	7.9	7.0	7.7

（三）分税制的实施

1993年12月，国务院颁布了《国务院关于实行分税制财政管理体制的决定》。在此之前实行的“财政包干”制度，虽然能调动地方政府生财、聚财的积极性，但中央政府的收入占全国财政总收入的比例却呈逐年下降趋势。分税制的核心内容就是要建立中央和地方2套税务机构，根据事权划分税收分配，并且大大提升了中央的财税收入。据统计，分税制实施后，地方财政收入占总财政收入的比例，从1993年的约80%，下降到1994年的45%，此后亦一直保持在此水平附近[3]。

但另一方面，地方的财政支出比例基本不变甚至有所增加，不仅导致地方财税收入的实质性减少，还改变了各级地方政府的经济发展思路。例如，在分税制实施之前，地方企业上缴的税收大部分被纳入地方政府财

[1] 参见：李郇，黎云. 农村集体所有制与分散式农村城市化空间——以珠江三角洲为例. 城市规划，2005（7）：39-41.

[2] 转引自：顺德市域城镇体系规划2002-2020年。

[3] 周飞舟. 分税制十年：制度及其影响. 中国社会科学，2006（6）：100-115.

政，因此地方政府有积极性大力扶持地方企业的发展，甚至直接参与企业的经营。这也是80年代乡镇企业得以迅速成长的重要原因之一。分税制实施后，企业税收大部分收归中央财政，地方政府办企业的积极性受到打击。因此，1993年和1998年的2次政府机构改革，均明确提出地方政府必须转变职能，要从企业经营中退出。另外，分税制仅针对中央和省级政府的财政收入分配，省以下的则由省政府自行决定。一般以财政层层分摊上缴的方式征收，因此更加重了县、市、乡、镇的负担，使他们的财政陷入窘迫。为了保证有足够的财税收入以支撑各项开支和城市建设，地方政府开始把注意力转向其他中央财政不参与分享的领域，如城镇土地的出让金。因此很多人把近20年来各级地方政府的“土地财政”政策归咎于分税制[1]。这也是造成各地小城镇大量商品住宅的出现及居住空间分异主要原因之一。

二、户籍制度的放宽与迁居意愿的逆转

自1992年起，第一产业的从业人口数首次出现明显的绝对量下降，庞大的农村剩余劳动力为谋求更多的就业机会，开始以各种形式向城市转移。原先的户籍制度阻止人口向城市流动的威力正逐渐消失。1993年，国家取消了口粮定量供应制度，并于次年取消了依照商品粮为标准划分农业与非农业户口的二元户籍模式，取而代之的是以居住地和职业为划分标准，建立包括常住户口、暂住户口和寄住户口三种模式的户口登记制度。1997年的户籍制度改革，更大的放宽了农村居民进城的限制[2]。但通过购房和自建房为转入条件，加上农转非时首先要无条件上交承包地和自留地，都极大的提高了农民进城的成本和风险几率。这一时期沿海发达地区的乡镇企业，不但吸收了其周边乡村的农业人口，还有大量内陆村镇人口。但这些乡镇企业从业人员的流动性极高，一方面存在大量工农兼顾的人口（兼业务农），另一方面落户当地的成本高，以至于城镇人口极不稳定，城镇化难以有实质的进展。

当城市户籍制度对外来人口的限制越来越弱时，在经济发达地区，城镇户口对农民的吸引力已大不如前。由于人们越来越清楚的意识到，土地

---

[1] 参见：宫汝凯. 分税制改革、土地财政和房价水平. 世界经济文汇，2012（4）：90-104.

[2] 注：国务院转批的《小城镇户籍管理制度改革试点方案》（国发【1997】20号）中规定，允许已经在小城镇就业、居住并符合一定条件的乡村人口在小城镇办理城镇常住户口。此类乡村人口应满足下列条件：一、从农村到小城镇务工或者兴办第二产业、第三产业的人员；二、小城镇的机关、团体、企业、事业单位聘用的管理人员、专业技术人员；三、在小城镇购买商品房或者已经有合法自建房的居民。但文件同时还规定：“经批准在小城镇落户人员的农村承包地和自留地，由其原所在的农村经济组织或者村民委员会收回。转引自：《中国法律法规大全》，北京大学出版社，1998年。

作为不可再生资源所具备的高经济价值，而只有农村居民才能拥有自己的土地，加上因每年土地出租所获得红利，使得农村户口开始变得值钱。反过来，一旦进城落户，就必须退回承包地和宅基地，得失显而易见。20世纪90年代以来城市在住房、医疗、教育和就业等方面实施的一系列改革，使得过去隐含在城市户口上的福利大大消减，城市户口吸引力更少了。1992年，全国的非农业人口比重为29.64%，到2001年增长到33.79%，增长速度明显过慢。据1999年对苏州试点小城镇的调查统计，符合“农转非”户改政策的27万人中，实际转为城镇户口的不到1/3[1]。事实上，农民更希望采取保持农村户口、搬进城市居住的方式生活。这也导致从户籍统计上城镇化率偏低的主要原因。

1992年顺德非农业人口比重29.64%，到2001年仅为33.79%，10年来仅增加了4.15%，同样呈现出典型的人口城镇化滞后现象。从劳动力分布上看， 2001年顺德乡村劳动力占总劳动力资源77.3%，一方面是因为乡镇企业大量分布在乡村所致，另一方面也说明了劳动力资源在空间配置上受户籍制度的制约，表现出严重的“扭曲”。从城镇人口的构成特征上看，1999年顺德的城镇人口已占总人口的47.1%，城镇化率相当高。但问题是，在这些城镇人口中，农业户口占了40%。这部分人口不仅在土地使用制度、计生政策和分配制度上仍然沿用农村的模式，即使在居住形态上也保持了农村单家独户形式，实际上造成了城镇化程度的迟缓。农业户口就等于一份年终分红，人们因为农村户口所具有的优势拒绝户籍的城镇化，导致大量城中村的存在。以城市化程度最高的大良为例，12.6平方千米的面积中仍有4.3平方千米的“城中村”存在，占到总面积的34.1%[2]。土地及其上所产生的收益均掌握在村里，虽然处于镇建成区却采用村庄的建设标准，不受城市规划的各种约束。这给顺德城镇化的推行带来极大的阻力，也造成了镇区空间的高度混合。

本地人口拒绝城镇化的同时，大批外来人口却开始源源不断地流入珠三角地区，使这里成为全国各地的农村剩余劳动力主要集聚地，甚至呈现外来劳动力无限供给的状况。以北滘镇为例，外来人口数量从1997年的30808增加至2001年的85388人，而常住人口仅从91934增加至96628人。2001年末镇域总人口182016人中，近47%为外来暂住人口。短时间上看，外来人口对城镇形态的直接影响并不明显，但由于数量的庞大，使得这些外来人口的总量和质量，都对各城镇的人口结构、社会结构和经济结构产生了重大影响（图5-1-1，图5-1-2）。

[1] 王红扬. 我国户籍制度改革和城市化进程. 城市规划，2000（11）：20-24.
[2] 顺德市规划国土局. 顺德城市化纵横谈. 2001：61.

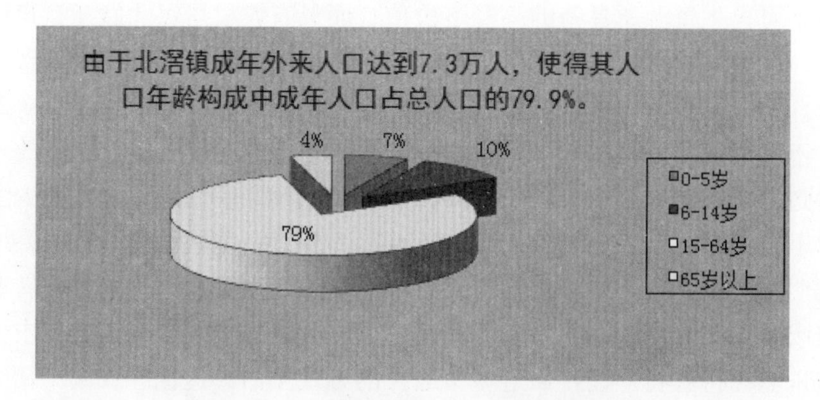

图5-1-1　北滘镇2000年年龄构成图[1]

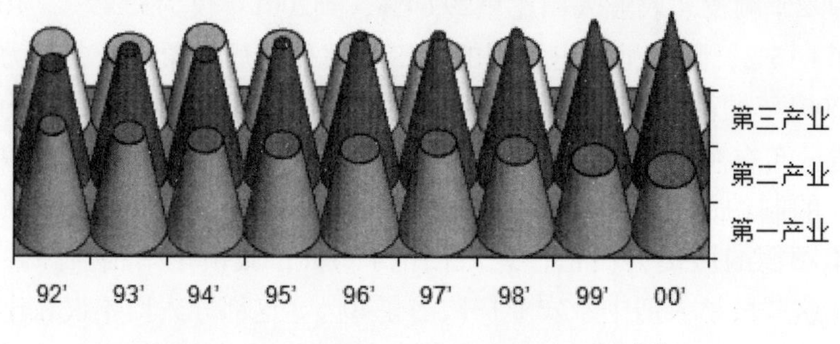

图5-1-2　北滘镇2000年人口职业结构[2]

三、城镇土地市场与农村土地股份制

（一）城镇土地市场的兴旺

新税制的实施使许多重要的税种实质上归入中央，地方尤其是最基层的乡镇政府，税收范围进一步缩小，只有城镇土地有偿出让所获得的收入，可以全部为地方政府所支配。虽然依靠卖地支撑财政的做法明显不是长远之计，但一来可以增加财政收入，二来可以解决当下地方建设资金不足的燃眉之急，满足城镇扩张的需求。因此，全国各地兴起了一阵“圈地运动”，包括大量批建开发区，有的城镇甚至打出了“以地生财”、“以地兴镇”的口号。

20世纪90年代的房地产热同样对顺德的城镇形态产生巨大影响。时任顺德市副市长左涛强曾提到：房地产业对顺德整个城市化发展的作用可用8个字概括——“功不可没，重要内容”[3]。镇政府先从镇区周边的农

［1］转引自：北滘镇总体规划 2001-2020年.

［2］转引自：北滘镇总体规划 2001-2020年。注：北滘镇的劳动力逐渐从第一产业向第二产业转移，反映了北滘镇作为工业重镇的人口构成特点。

［3］夏鼎文. 房地产对城市化进程功不可没顺德市副市长左涛强先生访谈. 房地产导刊，2002（19）：72-73.

民手上征收土地，国有化后再出让给开发商进行房地产项目建设，并获取征地与供地制度之间的利差。房地产业的发展推动了镇区的向外扩张，大量城镇边缘用地开始以居住区用地开发为先锋，进而带动其他用地向边缘带蔓延。由于土地权属的分割，即使这种扩张让城乡之间逐步联合，但彼此间仍存在着一条隐形的界线。例如，农民缺乏相关补偿机制和措施情况下，宁愿大量占用建设用地并使之处于低效的利用状态，也不愿轻易被收归国有，导致新镇区内仍然存在大量农村集体用地。这些土地无法享受城市的配套设施和管理服务，同时也不受城市规划的许多管控。因而在土地扩张时，形成城乡边缘犬牙交错、高度混合的结构。

（二）兴起于珠三角农村的土地股份制

集体所有的土地要能进入土地市场，一般只能通过被国家征收为国有土地的方式。但国家在征收集体土地时，往往是按照耕地成本价一次性付清征地费，农民不但失去了赖以生存的土地资本，而且无法从土地用途转变后所产生的增值收益里获得任何回报。20世纪90年代以来因征地引发的矛盾在各地频频发生。为了获取农村工业化所产生的土地增值收益，农民开始以自发、隐形的流转方式转让土地以获利。其中包括将集体建设用地的使用权出让或出租，并以收取出让金或租金获利；或者在集体建设用地上建设好厂房，再以“招商引资”方式出租给企业办厂，从中收取租金；或是村集体以土地入股形式直接参与企业经营。这些方式都有效地对抗了征地制度对集体土地发展权的侵犯，可以最大限度的让农民分享土地用途转变后所带来的增值收益。

农村集体土地低廉的开发成本和有偿使用费，使得以成本导向型为主的生产企业在区位选择上更倾向于农村建设用地。这也是造成了产业布局分散在广大农村地区的重要原因。为了适应产业布局的这一发展趋势，各地的土地政策也开始有所松动。包括允许农民利用集体土地开办工厂。但只能以国家征地形式实现土地农转非的制度一直没变，甚至还因保护耕地的需要而不断收紧了土地审批权限。

20世纪90年代初期，以南海为首的珠三角村镇开始了新的土地制度尝试，即土地股份制改革。在不改变集体土地所有权的前提下，农民以土地的承包权折价入股，成立股份合作社，将原来分属个人的零散农村土地集中起来统一规划，进行规模化经营。新组建的社区合作经济组织将每年土地经营所获得的收益，再按照各户拥有的土地数量、村龄甚至是对集体经济所作出的贡献来确定分红。这一新制度的建构，不但能使原本过于细碎、分散的土地经营权回归集体，实现土地适度规模经营，而且还能让农民通过拥有和经营土地，以更加公平、公开的方式直接参与到中国的工业化进程。

顺德自2000年起正式撤销了生产队体制，以股份合作社的形式推行农村集体土地经营权的流转。2001年，顺德成为广东省唯一的农村集体土地管理制度改革试点地区。改革内容除了征地制度和集体所有建设用地使用权流转外，还包括了村改居集体土地转国有土地，以及固化村民住宅用地等[1]。农民在成立股份社之后，土地按收益能力折算成股份并量化到个人，土地实物则统一交给土地股份社统一规划和管理。除了保证基本的农业用地以外，大量的土地用于建设厂房或直接出租，发展村级的工业园区。这些土地的开发收益又会按个人股份的比例再次分配给农民。即使农民不直接参与经营企业，纯粹靠收地租也能带来极为可观的收益。由此可见，土地股份制与其说是为了使土地更集约，实现规模化经营，倒不如说是“潜在的土地增值收益诱致了土地股份合作制的制度创新”[2]。其核心就是让农民以其土地的发展权来参与土地的增值收益分配，使农民的财产以土地发展权贴现的形式转化为货币财富。

假设没有农村土地股份制度的创新，村级工业在缺地缺资金的情况下基本不可能有大发展，只能处于小规模家庭式作坊的工业起步阶段。但农村土地股份制度使大量建设用地实质上分散在各村集体股份社和村民手中，导致城镇建设用地进一步紧张，同时也加剧了城镇工业用地的分散性。从城镇化的角度而言，它不仅阻碍了现有城镇的城镇化，还反过来促进了乡村的直接城镇化。

（三）宅基地制度的完善

针对之前宅基地分配制度的不明确和过分宽松，1996年顺德开始限定可申请宅基地的人员。1998年，顺德政府提出：农民零星分散、无连片规划的住宅用地标准为每宗不超过80平方米。1999年又对做好小区规划后连片建设的农民住宅，用地面积放宽至120平方米以下，同时禁止分宗报批、合宗建房的行为。2001年推行的农村股份合作社股权固化的改革中，规定占80%的个人股要以村民宅基地形式固化下来，从而可以更好的控制各村住宅用地的建设，减少对耕地的侵占。但固化政策受农地转用指标的制约而一直难以推行，或已固化的指标未能办理用地手续。

现行的土地二元制本来已将城镇土地权属关系置于复杂的境地，农村宅基地建设及宅基地固化政策更成为土地资源快速消耗的重要原因，也是城镇化发展的主要阻力。一是已进城工作的农民宁愿职住分离，居住在农村而不进城购房；二是在城镇中保留本村的宅基地，结果便形成了小城镇“城不城，乡不乡”的形态特征，小城镇空间整合的难度极大。

[1] 周璞，王昊. 顺德推进新型城镇化的土地流转政策机制研究. 南方农村，2012（11）：4-8.

[2] 王小映. 土地股份合作制的经济学分析. 中国农村观察，2003（6）：31-39.

第二节　工业的转型

一、产业结构转型下带动的城镇空间拓展

20世纪90年代，中国的工业化进程进入到中级阶段。原本高速增长的第三产业开始出现停滞和徘徊，占GDP的比重从1990年的35.8%上升到2003年的38.4%，14年仅上升2.6个百分点，主要是城市补足性的发展基本结束。而同一时间内，第二产业的增加值占GDP的比重从39.5%升到53.6%，以绝对优势重新占据经济增长的舞台，其中乡镇企业和其他非国有制企业的贡献最为突出。乡镇企业个数从1984年的606.52万个，增加到1999年的2074万个，全国农村社会增加值的3/5、国内生产总值的1/4、财政收入的1/5、农民收入的1/3、工业增长值的近1/2、出口创汇的近2/5等，都来自乡镇企业[1]。与此同时，物资的短缺已基本得到缓解，人们的需求从追求产品的数量转移为质量提升，消费市场从生活必需品向非生活必需品的转变，如对彩电、冰箱、洗衣机、空调等家电的消费急速上升。乡镇企业的弱点越发明显。既无法适应社会对产品质量的要求，又因过于分散的布局而无法达到合理的生产规模，乡镇企业吸纳工人的能力也呈现下降趋势。与此同时，城市里新兴的民营企业和1992年之后外资大量涌进中国投资办厂，都对较为落后的乡镇企业产生极大的冲击。乡镇企业数量从1994年起呈逐年下降趋势。加上1997年发生的亚洲金融危机，导致大量外资投资的乡镇企业倒闭，对沿海城镇的乡镇企业影响巨大。

为了适应该时期的社会变化，顺德的乡镇企业也纷纷开始转型，其中以家电企业的发展最为突出。1991年评选的全国十大乡镇企业中，顺德就占了5家，且全部是家电企业（广东珠江冰箱厂、裕华电风扇厂、华英电风扇厂、广东电饭锅厂、美的风扇厂）。这些乡镇企业中的中坚力量不但带动了一大批镇、村办小企业的发展，还逐渐发展为经济规模巨大的企业集团。1992年顺德拥有年产值1亿元以上的企业就有37家，占全市工业总销售收入的41%[2]。此阶段同时兴盛起来的行业还包括了乐从的家具业和陈村的花卉业。20世纪90年代初，顺德的乡镇企业以“两家一花”（家电、家具、花卉）闻名全国，并因制造业的突出成绩而被赋予“顺德制造”的美称。不仅许多中国人家庭都用上了“顺德制造”，因为当时大量顺德家电业通过OEM（原件制造）模式为外国大品牌家电产品代工生

[1] 全国乡镇企业年鉴编辑委员会. 中国乡镇企业年鉴2000. 北京：中国农业出版社，2001：1-12.

[2] 佛山市顺德区档案局（馆）等. 敢为人先30年——顺德改革开放30年档案文献图片选. 2008：22.

产，从而嵌入全球家电消费的价值链中，成为了全球家电的制造基地。

从这一时期的产业布局上看，小规模、技术含量低的传统产业已完成了其带动顺德经济发展的历史使命。随着城镇土地和劳动力成本的提高，这些传统产业不得不开始寻求新的发展空间。例如从镇区转移至乡村，从经济强镇转移至经济较弱的镇。另一方面，分工更细致、现代化程度更高的企业逐步取代了原来的小工厂。现代企业需要更集中、配套更完善的工业用地，从而带动了城镇新的地域扩张。由此可见，城镇经济的发展和产业结构的转变依托于城镇空间的扩张，以工业化带动城镇化，是这一时期小城镇城镇化的一个重要特征。

以工业化推动城市化的发展历程同样出现在英、美等老牌资本主义国家中，但这些国家最终都走上了城市去工业化的后工业时代。研究表明，第三产业将代替工业，成为带动城市化进程的关键。但此阶段顺德的工业优先使得第三产业在GDP中所占比例一直较低，乡镇企业“两头在外”的特点也不利于农村和小城镇的第三产业发展。不过在一些经济发展较快、区位优势较明显的镇，为了解决乡镇企业生产的产品销路问题，开始逐步建设起以工业产品展销为主的大规模专业批发市场，如乐从镇家具市场、钢材市场，陈村花卉市场等。类似特征的专业市场还出现在长三角的义乌稠城镇小商品市场、温州永嘉县桥头镇的纽扣市场，以及绍兴柯桥镇、萧山市城厢镇、慈溪市周港镇等。

专业市场的出现虽然推动了城镇空间的扩张，但对城镇建设水平的提高效果有限。主要是因为这类商贸用地与当地城镇的关系比较模糊，服务对象基本为非本地居民，甚至连原料和产品都具有非本地化特性，因此对镇区内其他类型用地的形态影响较弱。例如乐从镇从1990-1999年的10年中，随着镇区东部大型专业市场的建设，镇区建设用地净增6.03平方千米，增长率达670%。但人口向镇区聚集的速度远低于产业和用地增速，城镇人口占全镇总人口的54.6%，低于全市平均水平的67.4%。在用地分配上，1999年乐从的公共建筑用地为210.01公顷，占总建设用地的30.3%，远远超出其他小城镇和国家标准。关键是，超乎寻常的公共建筑用地规模并不是一般意义上的服务于本镇居民的公共建筑，而是服务对象辐射到珠三角乃至全国的专业市场，以至于形成了大市场、小镇区的形态特征。

二、以内生型为主导的产业发展模式

当国内许多地区的乡镇企业正在经历萎缩时，顺德乡镇企业取得的瞩目成就并非偶然。除了顺德人的敢闯敢干精神和务实作风外，还得益于其企业的内生性特质。

自20世纪80年代起，香港的劳动密集型产业开始大量迁移进内地，主要发展贴牌加工的OEM生产模式。为了节省运输成本和提高管理效率，外资更倾向于选择靠近珠江口沿岸的深圳和东莞，其次才是广州、佛山、顺德等稍远的城镇。为了节省成本和获取更多廉价劳动力，外资的分布倾向于村镇而非基础条件好的大、中城市。外资的投入在极短的时间内刺激了村镇的城镇化，反过来又促进了外来资金更加向小城镇聚集。仅仅以东莞的清溪镇为例，2001年的外商投资总额就达到了9.44 亿美元。且94%的投资分布在全镇23 个自然村内，形成村村工业化的产业分布状况[1]。这种以外资驱动的加工贸易产业发展模式具有起点低、发展快、见效快的优势。外向型的经济虽然在建立完整的产业群和技术工人培训等方面较土生土长的内源型经济有优势，但企业的资金、市场、甚至核心技术都掌握在外商手中，且受外部经济因素影响大，抗风险能力较低。另外，对外资的过度依赖也会导致本地工业的萎靡。农民认为最简单的致富方式是向外资企业出租土地或厂房，而不是直接参与工业生产。外资的稳定性差，一方面资金总是朝着最能盈利的方向流动，另一方面其聘用的大量劳动力几乎都是外来人口，厂房也是租用的，对当地的归属感较差。一旦外资撤出则可能彻底摧毁一个村或镇的经济。这些外资企业以低端的劳动密集型产业为主，在短期内可使经济高速发展，却造成对科技进步的忽视。一旦技术远远落后于时代需求，企业的生命力也会终止。

与外生型产业结构不同，珠江口西岸的城镇，主要包括顺德和南海等，企业均具有较高的根植性（图5-2-1）。虽然在1970年代末至20世纪80年代初，这些城镇的乡镇企业同样是以引进外资的“三来一补”起家。但随着企业的壮大和产权制度的完善，越来越多的本土大中型企业兴起。到目前为止，顺德的工业企业中近90%是本地的民营企业。广东省百强民营企业中，顺德占了9家。在10000多家民营企业中，中国驰名商标有11个，中国名牌产品32个，广东省著名商标58个，广东省名牌产品72个（2008年数据），是广东省乃至全国名牌产品最多的县区。因此在1997年爆发亚洲金融危机时，顺德能成为在这场危机中少数能独善其身的城市之一，经济发展进程上所受的冲击远没有珠江口东岸的城镇严重。以本地骨干企业、集体企业和乡镇企业为主的内生型经济发展模式，不但使顺德本地的制造资本在开发与生产过程中享有更高的参与度和自主性，而且在城镇建设方面更能站在地方的利益上考虑，对于顺德当地的产业空间布局及其整合发展具有积极的作用。

三、乡镇企业产权制度改革

20世纪80年代发展起来的乡镇企业，绝大多数直接脱胎于人民公社制

[1] 李郇，黎云. 农村集体所有制与分散式农村城市化空间——以珠江三角洲为例. 城市规划，2005（7）：39-41.

度下的社队企业，其经营模式主要为公社集体，国家的投入和干预极少，因而产权基本归村集体或社队所有。作为企业的实际所有人，基层政府不但可以从企业利润中获得税收，还在企业经营过程中扮演实际的组织者和管理者角色。某种角度上说，有些类似于政府控制下的国有企业，在乡镇企业起步阶段曾经起到了积极的作用。但随着市场经济的完善，这种农民、政府和经营者三方之间模糊的产权特征却反过来成为企业发展的障碍。因此，1994年由农业部颁布的《乡镇企业产权制度改革意见》，掀起了全国乡镇企业产权制度的改革浪潮。新产权制度明确政府与企业经营者的关系，让企业获得最大限度的经营权，而政府职能回归到辅助企业发展和社会事务管理中，为企业提供良好的外部环境[1]。

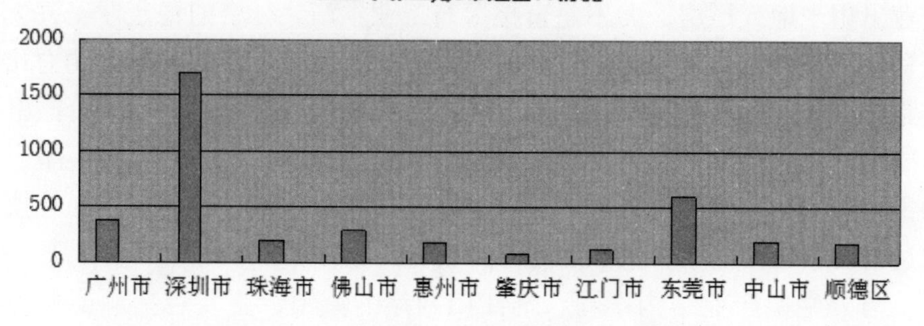

图5-2-1　2008年珠三角9市进出口情况[2]

政府行政干预的退出虽然也产生了像美的、科龙等大规模的集团企业，并带动了一大批中下游工业点，形成一镇一企连带一批的模式。但从顺德镇域层面上看，仍没有解决产业发展与经营分散布局的问题。一是在以集体土地产权为主的制度下，几乎每个村小组都有工业点，全区198个村（居）共有240个工业点，最多的乐从良教村竟然分布了7个工业点。二是专业镇不专业。所谓专业镇，并非全镇只发展某一产业，而是在多个行业并存状态下，有某一个产业比较突出，产值比重较大而已。事实上，自下而上的发展模式和分散的经营主体，注定了经营者以经济利益为第一发展目标，哪个行业能赚钱就一窝蜂地扎堆去发展哪个。例如曾经产生高利润的家电业，几乎每个镇都有一定数量的家电企业。但后来只有极少几家做出了品牌知名度和效益，其余的中、小型企业几乎都处于价格恶性竞争中。又如陈村的花卉种植一直是其最重要支柱产业，20世纪90年代起也开始发展机械制造，并逐渐超越花卉产业所带来的经济利润，成为陈村真正的经济支柱。但在规划定位上却并未体现。另外，陈村的机械制造与勒

[1] 参见：刘志彪. 产权、市场与发展：乡镇企业制度的经济分析. 南京：江苏人民出版社，1996：9-40。

[2] 转引自：顺德区总体规划2009-2020年。

流、伦教、均安等的相关行业都存在一定的竞争。这一产业特点导致镇与镇之间竞争多、合作少，空间关系始终处于相互割裂、各自为政的状态，加剧了顺德空间布局形态的碎片化。

第三节　“马路经济”推动的城镇空间格局演变

在机动化交通尚不普及的年代，人们通常把交通建设视为城市的一项配套设施，主要是为了满足居民出行和货物运输的需要。时至今日，大量城镇发展的实例证明，道路交通系统与城镇的空间结构演变有着相当密切的联系。一般而言，交通方式的改变，包括从水运转向陆运，或是机动化率的增加，甚至是外部区域性交通骨架的嵌入，客观上必然要求城镇的交通系统作出相应的改变，包括增加道路的类型、面积和密度等。新增的道路将带动周边土地的开发，改变土地的利用模式，从而影响了整个城镇的功能布局和空间形态。新的城镇格局又反过来对交通系统和模式提出新的需求，再次推动城镇交通的升级。这种彼此相互影响螺旋式上升的关系，使得我们在讨论一座城镇空间形态演变时，必然要认真探寻其交通方式与道路系统变化的特征。

一、马路经济的成因与特征

本书所指的“马路经济”，特指人们倾向于沿城市主干道、国道、省道和县道等高等级公路，从事工商业生产经营活动的现象。追逐交通便利的区位进行各类经济活动，以便获取因大量的人流带来的商机，中外都自古有之。西方古典工业区位理论同样认为：工业的合理区位主要决定于产生最小运输费用的区位。即便是在国家对流通领域严格管制的计划经济时期，一些商品经济基础较深厚的乡镇中，就已出现了沿路交易的“黑市”，此后甚至逐渐发展为正规的专业市场[1]。在市场经济作用下，以交通轴为导向，沿国道等过境公路聚拢式发展成为创造新经济价值的关键。“马路经济”除了可以占据良好的交通运输条件，从而降低经营成本外，还可以获得较廉价的经营用地。尤其是在中国广大的农村和小城镇地区，出现了路修到哪里，建设用地就扩展到哪里，房子就盖到哪里，亦或说是经济活动就蔓延至哪里的现象。

放眼整个珠三角，在经济发展初期，城镇建设用地直接受国道、省道的导向性影响，是该区域空间发展的重要特点。一是沿107国道为纽带，

[1] 郑勇军等. 解读“市场大省”——浙江专业市场现象研究. 杭州：浙江大学出版社，2002.

从广州到东莞、深圳，最后到达香港的珠江东岸城市带，后来又加入了广深高速和铁路，使该城市带发展更为突出。另一条是位于珠江西岸，以105国道为依托的广州、佛山、顺德、中山、珠海至澳门城市带（图5-3-1）。从交通干道沿线的用地布局来看，最初由于乡镇企业的产业等级与规模限制，加上地方规划管理的滞后，道路两旁的建设往往处于混乱粗放，小型化分散式分布状态，相邻乡镇之间形成沿国道首尾相连状的蔓延。如浙江的宁波市北部地区，沿329国道连片分布了18座城镇，占北部区城镇总数的42%，城镇间平均间距仅有3千米[1]。由于小城镇甚至乡村的发展都过份依赖于国道，工厂、仓库、集市甚至住宅都紧靠公路建设，导致多种功能的混合与干扰。也有一些沿路的小集市做出了名气，逐渐形成较大规模的专业市场，甚至带动了城镇空间向公路聚拢。可惜在欠缺规划管理的前提下，这种自由生成模式最终引起交通通行能力的减弱、用地浪费、城镇功能混乱等结果。

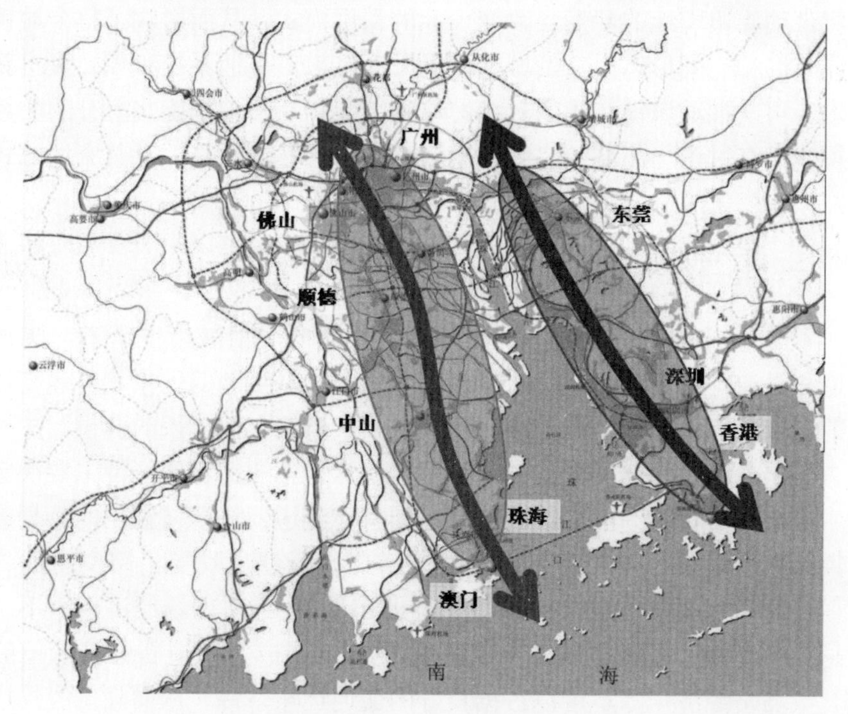

图5-3-1　以交通干道为依托的珠三角东、西城镇带

二、顺德市域道路建设概况

自20世纪80年代中期两条国道的相继通车，顺德境内的交通流量迅速增加。尤其是纵贯5个镇街的南北交通主干道105国道，已成为顺德通往珠

[1] 陈前虎. 浙江小城镇工业用地形态结构演化研究. 城市规划汇刊，2000（6）：48-49.

三角地区的一条黄金经济走廊和城市化大道。工业、商贸甚至城市居住用地向国道的聚集，使得两条国道不堪重负，原来的建设标准越来越无法满足实际的需求。而另一方面，顺德建设机场和深水港口的可能性不大，在珠三角区域的交通网络中处于从属性地位，只能通过加强陆路交通建设，使顺德与外部交通设施之间取得更便捷的联系，才能增强其区域地位。因此，顺德从20世纪90年代开始抓紧完善全市路网体系的规划建设。1997年2月，顺德市政府开始启动了对老105国道的改扩建工程，将全长约32千米的105国道顺德路段由原来的2车道扩建为4车道（图5-3-2、图5-3-3）。

图5-3-2　改造前的105国道顺凤山路段[1]

图5-3-3　改造后的105国道[2]

完善次级干道的工作也在同步展开。1990年版的顺德市域规划中，曾为城镇未来的交通网络设定了具体的框架。其中包括：东北部的北滘、陈村、碧江、登洲和石洲等构成的城镇群，依托于105国道、碧桂公路[3]、白陈公路和佛陈公路[4]4条交通线相互连接。西北则由325国道和登东公路把乐从、龙江和龙山连接一起。同时，因未来的广珠铁路和佛开高速也从龙江经过，龙江被设定为顺德西部的陆路交通枢纽。西南的均安、杏坛，也通过百安公路[5]、顺番公路[6]、广珠高速连接起来。全市构成一个“五纵八横”的快速干道网，与中心城区大良均取得便捷的联系（图5-3-4）。1992年1月，龙洲公路[7]破土动工，同年开始扩建105国道的杏坛路口，容奇长堤路一带也开始拆迁改建。1994年7月，位于105国道和龙

[1] 顺德档案馆馆藏.

[2] 转引自：佛山日报，2008年8月21日.

[3] 碧桂公路：1994年9月北段通车，1995年1月南段通车，是平行于105国道的一条复线。

[4] 佛陈公路：1994年4月通车，西起佛山鄱阳管理区与湾华管理区交界，向东南延伸至陈村，与陈白公路相接。

[5] 百安公路（在杏坛镇区西面，分支出杏龙路进镇区）：1995年通车，顺德西边中南部的主干公路，北起勒流大晚，经百丈大桥进杏坛，经七滘大桥进均安，与105国道平行。

[6] 顺番公路（即杏龙路）：西起龙江，经杏坛、勒流、德胜新区，接番禺，全长40千米。

[7] 龙洲公路：1994年1月通车，东接番禺三善大桥，达市桥和广州，西面与325国道相连，是贯通顺德东西方向的主干道路，全长30.53千米。

洲公路交汇处的三层互通式顺德立交桥竣工通车，该桥总长度4535米，为当时全国最大的公路立交桥（图5-3-5）。1995年6月，七滘大桥、百安公路均安路段竣工通车，全市交通建设缓解性“五路八桥”工程全面竣工。整个工程全长115千米，总投资35亿元。至此，全市公路密度达到100平方千米拥有公路128.4千米，居全国县级之冠（图5-3-6）。

图5-3-4　20世纪90年代顺德市域交通体系

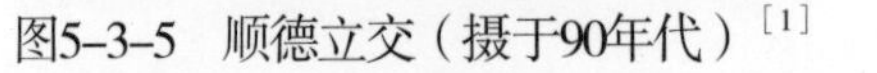

图5-3-5　顺德立交（摄于90年代）[1]　　图5-3-6　顺德镇级公路（摄于90年代）[2]

但国道的扩建和“五路八桥”工程，实质上都只能从局部缓解日趋紧

[1] 转引自：佛山市顺德区档案局（馆）等. 敢为人先30年——顺德改革开放30年档案文献图片选. 2008：121.

[2] 转引自：佛山市顺德区档案局（馆）等. 敢为人先30年——顺德改革开放30年档案文献图片选. 2008：121.

张的市域交通需求，却没有全面、根本地改变市域层面上缺乏高效快速交通网络的结构性问题。全市虽然有几条一级道路（表5-3-1），但唯一的1条高速公路——佛开高速不仅只从市域西南部一个角经过，而且没有在顺德境内设置出入口，因而对当地交通的影响力极低。G105和G325两条国道同时承担了大量的内部交通联系作用，被无数地方道路切割，又没有可疏解的辅助道路，通行速度大大受阻。由于投入基础设施建设的资金有限，13条省道中只有4条是一级公路，乡道的建设标准就更低了。加上顺德河网密布导致桥梁建设复杂困难，最终干道网络只形成了“4横4纵”格局[1]，且没有真正的快速通道。

顺德市20世纪90年代国道、省道路线表[2] **表5-3-1**

编号	G105	G325	S112	S268	S269	S362	S363
通车区间	北京－珠海	广州－南宁	广州－杏坛	勒流－金鼎	清远－龙山	莲花山－金渡	西海－西樵
性质	国道	国道	省道	省道	省道	省道	省道
等级	一、二	一	一～四	一	一	一	一
里程（平方千米）	33.8	16.44	42.16	23.4	0.36	30.1	25.5

高等级道路较少和沿路布置大量产业用地，是造成快速通道缺乏的主要原因。原顺德市委书记陈用志在2000年顺德市委九届五次全体会议上曾指出：“马路经济”是城市建设的最大败笔[3]。顺德市政府曾希望以组团结构控制带状的无序蔓延模式，但仍无法抑制自下而上沿路占地发展的冲动。为了解决城镇内外交通混杂，过境公路交通过份拥挤等问题，一些城镇尝试从3个方面进行改进。①最彻底的是将过境公路外迁改线，原道路转变为镇内干道，但牵涉征地和施工的成本较高。当发展模式没有发生根本改变时，新的国道两侧很快又被重新铺满，回到原先混乱的格局。②拓宽道路，在关键位置设立交，以舒缓交通压力。但道路的无限拓宽既不经济，也会造成道路两侧区域的割裂。而且当国道需要跨越大江时，往往因桥梁建设的滞后而形成交通瓶颈。③在用地紧张而无法拓宽或迁移国道时，采用加强管理和人工干预的措施。这种做法的投入和建设量最少，但要求较高的管理水平和市民素质，对当前的小城镇而言成效不大。

[1] 注：4横是指：佛陈路、三乐路、龙洲路和顺番公路；4纵是指：325国道顺德段、百安公路、105国道顺德段和白陈公路——碧桂路。

[2] 转引自：顺德市域城镇体系规划2002-2020年。

[3] 顺德市规划国土局. 顺德城市化纵横谈. 2001：14.

三、交通方式转变前后的顺德城镇空间形态比对

2001年顺德机动车保有量已达到52.3万辆，按2001年户籍人口109.6万人计，每2人拥有1辆，在国内小城镇中居于前列。同年，顺德市全社会公路客运量达到4060万人，占全省的6%以上，旅客周转量56115万人；货运量达到2604万吨，占全省不到10%，货物周转量达到199680万吨。生活和生产已逐步进入机动车公路时代。

无论是水运时代还是如今的公路时代，城镇空间的扩张以交通干道为依托是普遍存在的现象。交通条件的优劣有时直接影响到一个城镇经济的兴衰。如顺德的杏坛镇，明清时期曾因高密度的河网与发达的水运系统，成为当时经济最强的区域。到了马路经济时代，由于杏坛与两条国道之间相隔甚远，连接不顺，导致第二产业发展迟缓，经济增长迅速被抛到全市的最末端。如果把水运与陆运时期的顺德城镇空间发展特征做一对比，会发现几个有趣的异同点（图5-3-7）。

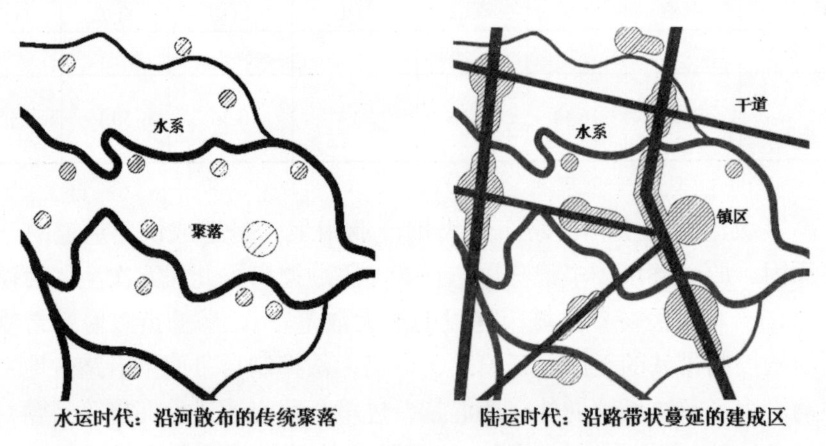

图5-3-7　两种交通方式下的城镇布局对比

（一）经济活动沿交通通道布局

在依靠水路运输的时代，市镇中的商业功能（墟市）基本为沿河布置。其中，区域性的转运港口布置于珠江干流边，中等规模的墟市则设置在主要水道的涌滘口附近，而服务于周边几个村落的小型墟市则多布置于小河涌的两岸。一些墟市依托逐渐聚拢的人气，成长为有一定规模的商业区和居住区，之后又发展为市镇，某些市镇至今仍是镇区内重要的商业中心。

与古代墟市选址相同，现代的产业布局同样喜欢选择交通优越的区位——过境公路两侧。20世纪80年代初在顺德兴起的乡镇企业多以轻型的加工业为主，能源和工业材料缺乏，都要依靠外界输入，对道路运输的依赖较大。因此各个工业生产区均倾向于紧靠主要干道分布。这些过境公路

有如过去的外江河道，宽阔笔直，简单明了，可容纳大量车流，尤其是货运交通。与那些如小河涌般宽窄不一、蜿蜒曲折的镇区小路相比，优势显而易见。但与古代沿河墟市会逐步发展为人口密集的集镇不同，这些工业密集区并不会演变为市镇。因为在用地许可的情况下，人们一般不愿选择与工业空间混合居住。虽然沿路发展起来的新工业区会对镇区有一定的吸引作用，但两者之间基本保持泾渭分明，也就无法形成沿路的新市镇。从城镇的功能分区角度上说，至少较之前的镇区内办工业要更合理。但两者空间关系的脱节，发展到最后便会遇到配套基础设施的瓶颈。要么就是配套跟不上，无法支撑更大的发展；要么是造成重复建设，加大财政负担。

生产空间与镇区的分离还会影响企业产品的销售，加上顺德乡镇企业产品的外向性，若没有强大的物流交通支撑，这些行业根本无法生存。在20世纪90年代城市信息和物流渠道尚未建立时，如何为产品打开更宽的销路成为企业最关心的问题。于是一些企业直接把销售点设置在对外交通干道上，既容易被找到，又能增加知名度。产供销一体化是顺德经济发展的另一个显著特点，即大量工厂和其销售店面沿国道设置，形成前店后厂的布局结构。在乡镇企业蓬勃兴旺的同时，顺德的专业市场规模和种类也十分惊人。事实上，顺德的产业布局最重要的方式之一，就是沿国道布置大型交易市场，再以市场为核心组织起周边村镇的生产链条。最典型的乐从镇，就是以南北向的325国道为商贸轴，东西向则形成生产加工轴。

（二）交通系统的分散性导致空间结构的松散

珠江三角洲上的河网以密度高、分布均匀为主要特征。加上传统聚落的选址与耕作半径相关，依赖河道水运而生的聚落因此也呈均匀散点式的分布，如斑点般散落在纵横的河道与大片的基塘之中。

当交通方式由水运转变为陆运后，道路布局成为城镇形态新的控制要素。对大多数城市而言，城市交通结构一般以中心城区为节点，外部交通直接引进中心城区，再发散到下一级节点和地区中。但顺德例外，一是因为中心城区地位不突出。市域内靠近边缘的镇经济实力较中部的强，其产业又是外向型的，多数直接与外部更大的经济中心如广州、佛山，甚至与香港产生联系，与县城大良的关系反而被削弱。二是由于政府的分层行政空间区划，即使位于国道所连接而成的同一条城镇发展带上，城镇空间也表现出各自为政的状态。各镇政府站在自身发展的立场上，必然倾向于在其辖区内修筑尽可能多的干道，以获得与国道的紧密联系。但这些干道的开发既缺乏统一和长远的规划，不成网络且与邻镇彼此互不相通。因此，在市域交通系统建设上，虽然全市境内道路密度和面积并不低，但路网结构比较松散，层级不清晰。镇与中心区之间、镇与镇之间联系薄弱。1995年的顺德城乡总体规划提出要把顺德建设成“组团状的花园式河港城市”，其中的“组团状”指的就是散布在市内的10多个城乡结合的大型居民点。这也是顺德一直以来的空间形态特征之一，与水运时期的顺德城镇布局具有一定的相似性。

（三）产业与聚落的空间关系同构性

古代大型墟市和马路经济时期的村镇产业用地，在选址上有一定的相似性，即二者均选择村外设置（图5-3-8）。有学者研究认为，古代墟市选择设于村外，主要是因为以“血缘”关系为主的珠三角村落对商业空间具有排他性，因而商业场所只能寻求居住区以外的空间，以“地缘”取得联系[1]。顺德的麦村中心墟和龙江的大冈墟都是最典型的例证，均独立设置于几个村落所共同构成的区域几何中心位置。

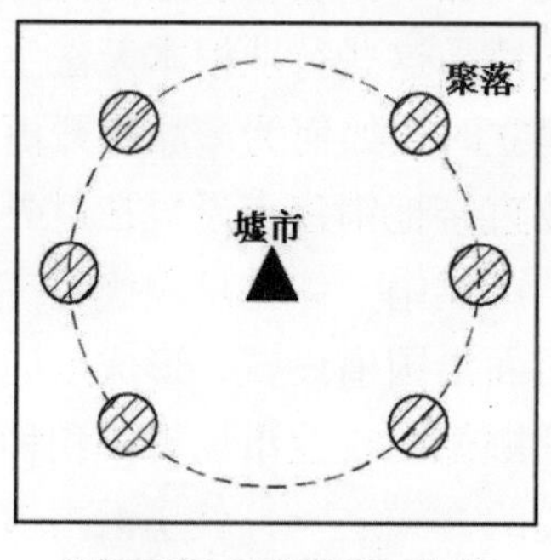

传统聚落与墟市的空间关系

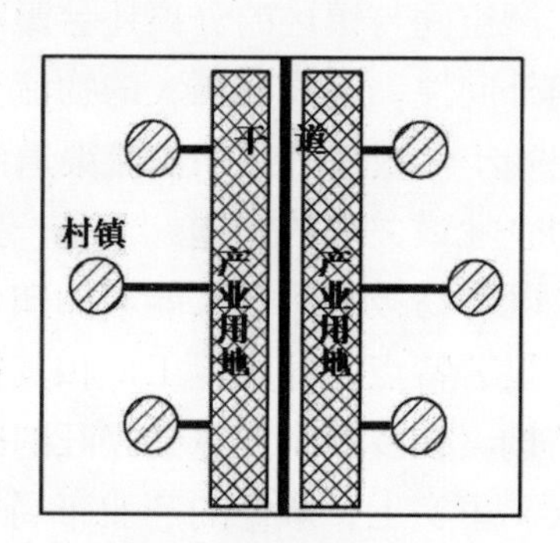

马路经济下的聚落与产业用地空间关系

图5-3-8　两个时期产业与聚落的空间关系示意图

现代马路经济的产业空间布局也选择在村或镇外发展，主要是因为过境公路多数修在镇区外围，路两侧的耕地地价远远低于镇区内。加上可以无偿占用道路交通设施，一些紧靠国道的村庄干脆把国道沿线用地划为村集体的开发建设用地，以出租或直接经营获利。其次，市场经济初期，城市中经营场所建设欠缺、配套不足，难以满足产业发展需求。经营者也希望避开居民生活区以扩大生产经营规模。从政府的角度上看，管理者为了追求短期效益，倾向于把沿干道级差地租较高的用地出租，加上本来对这类地区的规划监管就薄弱，因此政府对占道经营现象一直持睁一眼闭一眼态度。甚至有些地区在进行总体规划时，还有意扩大马路经济的发展模式。

[1] 周毅刚. 明清时期珠江三角洲的城镇发展及其形态研究. 广州：华南理工大学，2004：172-174.

第四节　小城镇发展策略与城镇化水平

一、总体发展水平与城镇化程度

1993年，国务院批准了《关于调整设市标准的报告》，实际上也是对1984年放宽建制镇标准的政策延续。1998年五届三中全会上发布的《中共中央关于农业和农村工作若干重大问题的决定》，再次提出了“小城镇，大战略”，显示出决策层对小城镇的重视。至2000年，全国的建制镇达到20132个[1]。发展小城镇和乡镇企业还被提升为：解决农村发展中一系列深层次矛盾，带动投资和消费需求增长，拓宽城乡市场，优化国民经济整体结构等具有重大战略意义的举措[2]。2000年广东省政府颁布的《关于加快城乡建设，推进城市化进程的若干意见》以及《关于促进小城镇健康发展的若干意见》中，都明确提出，到2010年全省城镇化水平达50%，珠三角70%，建设300个中心镇。

如果仅通过人口数字计算顺德的城镇化水平，在统计口径上往往会难以取得共识，这是国内大部分经济发达城镇都面对的问题。主要是由于这一阶段，城镇中存在着大量从事非农生产的农业人口和无户籍的外来务工者（表5-4-1）。如果只计算户籍人口中非农业户口的比例，顺德在1992年的城市化率为29.6%，到2001年也才只有33.9%，年均增长不到0.5%（图5-4-1）。如果按工作性质计算，即把非农户籍人口加上从事非农经济的农业户籍人口，2001年的城市化率已达到了56.1%。另外，因为绝大部分的暂住人口均在顺德乡镇企业中工作，从事非农经济，如果把这些暂住人口考虑进来，2001年的城市化率则高达67.4%。后面两种算法虽然在数字上显示出极高的城镇化程度，但增加的非农人口在土地制度、社会福利、甚至生活空间上仍然处于农村状态，而此阶段的城镇建设和社会设施对外来务工者的考虑也是十分有限的，两者在实质上对城市化的贡献并不大。总体而言，顺德城镇化水平仍然滞后于其工业化，城镇空间的扩展和提升具有较大的潜力与需求。

2001年顺德各镇区人口数据（统计年鉴）[3]（万人）　　　**表5-4-1**

镇（街）	总人口（含暂住人口）	户籍人口	非农人口	城镇总人（含暂住人口）	城镇户籍人口
大良	24	18	12	22.1	15.7

[1] 彭震伟，陈秉钊，李京生. 中国小城镇发展与规划回顾. 时代建筑，2002（4）：24-27.
[2] 转引自：中共中央国务院关于做好2000年农业和农村工作的意见，2000（1）.
[3] 转引自：顺德市域城镇体系规划2002-2020年。

续表

镇（街）	总人口（含暂住人口）	户籍人口	非农人口	城镇总人（含暂住人口）	城镇户籍人口
容桂	27	17	10	25.2	15.5
伦教	13	7	2	9.7	4.3
北滘	16	10	2.4	9.6	4.7
乐从	16	7	2.7	10.6	4.0
勒流	18	11	2.3	10	4.5
陈村	11	9	1.7	7.5	4.4
龙江	12	9	1.6	5.6	2.8
均安	11	8	0.9	5.4	3.1
杏坛	14	12	1.1	4.1	2.2
全市	163	109	37	109.9	61.2

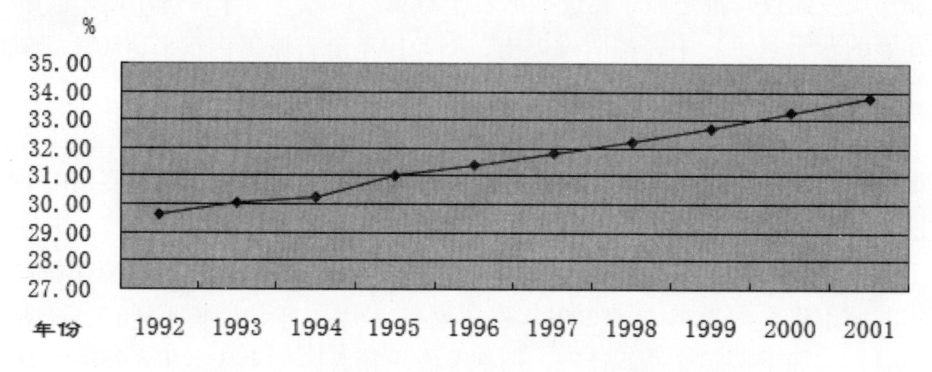

图5-4-1　20世纪90年代以来顺德市城市化进程[1]

另一方面，自下而上的农村工业化催生了乡村的城镇化，农民进厂不进城，离土不离乡，就地城镇化。对市域空间而言，这种看似实现了“城乡一体”的发展模式，不仅没有形成集聚效益，还阻碍了城镇第三产业的发展，增大城市建设的成本，导致实际城镇化率的偏低。人们甚至开始出现了“城乡倒挂”的担忧。因此，顺德市在2000年起推进以加强市区建设为重点的加快城镇化战略的实施，将会在一定程度上校正这种模式的缺陷，但其作用将是阶段性的，也难以作出准确评估。因为这些政策必须是在当地城镇发展的客观规律上作出的，同时政策的实施如果不结合市场机制和根据深入的调查研究进行具体细化，补救性和赶超式的政策将难以取得明显和长期效果。

[1] 转引自：顺德市域城镇体系规划2002—2020年。

二、决策层对小城镇建设与规划的重视

针对20世纪80年代小城镇的粗放式发展，建设水平较低，尤其是土地利用不合理，利用率偏低且混乱等现象，中国政府开始重视小城镇的规划和建设，并颁布了一系列条例和指引。最早是1982年原国家建委和农委联合颁布的《村镇规划原则》。1993年6月，国务院颁布实施了《村庄和集镇规划建设管理条例》，开始对村庄和集镇规划的编制和实施作出原则性的管理规定。同年还曾颁布了《村镇规划标准》。1994年，6大部委共同合作研究如何促进小城镇建设。1995年又颁布了《建制镇规划建设管理办法》，并从当年起，在全国选定500个地理位置、资源条件和经济基础较优越的小城镇为综合改革试点，努力将其建设成为布局合理、环境优美且各具特色的社会主义新型示范小城镇。1998年10月的中国共产党第十五届中央委员会第三次全体会议上，通过了《中共中央关于农业和农村工作若干重大问题的决定》，不仅强调发展小城镇是带动农村经济和社会发展的一个大战略，还提出小城镇要合理布局、科学规划、重视基础设施建设、节约用地和保护环境等原则。据统计，我国到1998年底，已编制了35621个镇（乡）域总体规划，占中镇（乡）数量的75.25%。编制建制镇建设规划14276个，占建制镇总数量的86.34%[1]。2000年国务院颁布的《关于促进小城镇健康发展的若干意见》，要求在小城镇规划中要做到整体规划、统一设计、共同投资、综合开发，小城镇规划从此逐渐规范化。

广东省于1998年11月颁布《广东省乡（镇）村规划建设管理规定》，为今后的村镇规划建设和管理明确了方向。次年，广东省又颁布了地方性的村镇规划准则——《村镇规划指引》，提出一系列村镇规划建设的规范和原则，包括建设用地总量和地域控制，目的是要提高土地利用率，使建设项目相对集中在一定范围内。另外，对当下村镇居民点和工业用地布局过于分散问题，还提出了相关的调整和迁并建议。从中央到地方对小城镇建设的重视，使得珠三角乃至整个中国的小城镇都迎来了一个快速发展的时期。

1992年，顺德在撤县设市后编制了第一版的《中心城区总体规划（1995—2010年）》，并同时开展各镇的总规修编。1994年，在企业产权制度改革背景下编制了一份《城乡一体规划》，对各镇城镇布局形态、农村居民点体系、市域主干道路交通网络以及市域土地功能分区等进行了统筹安排和布局调整。2000年编制的《顺德市可持续发展研究》首次以集约型思维探寻顺德未来的发展方向。虽然规划得到了不断的加强，但在20世纪90年代的顺德，自上而下的规划管理对空间的管制力度，仍然不及自下

[1] 彭震伟，陈秉钊，李京生. 中国小城镇发展与规划回顾. 时代建筑，2002（4）：24-27.

而上的生产者主导型经济，空间的混杂和分散状况仍未得到改善。

三、城乡一体化战略下的城乡空间倒挂

20世纪90年代，“城乡一体化”成为一个热门话题。我国最早关于城乡一体化研究和实践源于几个大中城市，如厦门、三亚、湖州、韶山以及当时的南海市和顺德市等。最初的目的是要促进乡村的环境建设，协调城乡之间的空间发展，使建成区关系更紧密。但这些规划研究大都采用城镇体系规划和都市圈规划为模板，抱有强烈的城市统治乡村的思路，对广大的农村地区、农民和农业问题关注不够，而后者恰恰是构成城乡一体化的基础[1]。一些地方政府甚至打着“城乡一体化”的旗号，吞并周边农村土地为城市建设用地，违背农民意愿强行村镇合并等，都引发了较大的社会矛盾。

与上述以城市为核心的规划意图相反，在东部沿海许多经济发达的小城镇中，城乡一体化最大的成果却是促进了农村的工业化和城镇化。例如在顺德、南海、中山和东莞等城镇，不仅在农村中发展出兴旺强盛的民营工业，即使仅靠土地出租也能为村集体带来可观的收入。因此村政府在财政上往往比镇级更有优势，许多村的建设水平并不亚于城镇。与此同时，镇区的建设反而因缺乏资金和实际动力，旧区改造又困难重重，以至于镇区面貌和建设水平都稍显落后。从某个角度而言，这一时期的顺德其实是由农村工业化带动的城乡一体化，其经济的发展实质上是伴随着农村经济活动的非农化和村庄集镇化、集镇城镇化的过程。城市的集聚作用难以突出，城镇化进程在乡镇企业发达、经济主体多元化、建设空间分散化的环境下，也很难形成良性的城镇等级规模体系。

四、小城镇的职能转变

在现代工业化到来之前，小城镇大多数仅作为农村地区的商贸中心，以其便捷的交通和良好的地理位置，为周边的乡村提供一个商品交换的场所。除此以外，小城镇还是周边农村的行政管理中心、信息服务中心，以及吸收农村剩余劳动力等作用。由于小城镇与农村的紧密关联，小城镇到20世纪90年代末还被视为解决“三农”问题的主要途径，甚至被写入了《中华人民共和国国民经济和社会发展第十个五年计划纲要》。但随着交通条件的改善和信息的发展，小城镇原先作为农村地区的商品交换中心和农业生产服务中心的职能开始被削弱。除了生活日用品外，农民可以直接到邻近大城市购买大宗或高级的商品；生产服务和技术支持也可以直接由

[1] 参见：赵燕菁. 理论与实践：城乡一体化规划若干问题. 城市规划，2001（1）：23-29。

大城市甚至是由互联网提供。市场经济运行下，政府对农业生产的干预也降到了最低。小城镇对农村的行政管理职能也在削弱。

小城镇需要重新在区域结构体系中找到自己的一席之地。根据新的社会与经济发展形势，小城镇的新职能主要体现在3方面：①发展自身的工业。如顺德早期以镇办工业为主导的产业发展模式，打破了计划经济时期以大城市发展工业、农村发展农业、小城镇为农村提供服务支出的格局。②承接大城市的产业。大城市面临产业升级改造，制造业被疏散至城外，取而代之的是金融、贸易、信息和科技文化等方面的第三产业。而小城镇工业的发展恰恰需要吸收大城市转出产业的资金、技术和市场，使之成为自身工业发展的后续动力。③吸收“剩余”人口。除了吸纳农村剩余劳动力，如今的小城镇还开始还承接大量城市转移人口，成为大都市旁的居住型卫星城镇。当大城市规模不断扩大至一定程度后，人口的压力加剧，房价高昂，迫使越来越多的市民不得不选择郊区化居住。此时大城市与小城镇之间便捷的交通基础设施建设，也为人口的转移创造了有利条件。这些新增功能都显示出小城镇在接受大城市辐射的能力上明显增强，在空间形态上则表现为用地迅速向周边大城市方向蔓延。如顺德整体的市域扩张方式，就表现为主要向北面的佛山和东北面的广州扩散的态势。

第五节　从封闭走向开放的观念转变

一、人口结构变化引发的多元化价值观

顺德乡镇企业的兴盛，不仅为地方创造了财富收入，还吸引了大量的外来人口。来自各地不同文化圈和教育背景的人给当地注入了新的价值观。最初顺德也存在排外的心理，新的价值观念和生活习惯不仅难以在当地显现，还逐渐被同化、消失。仅仅是在语言交流上，顺德人几乎不懂也不愿推广普通话，听见外地口音的人常常不予理睬，甚至笑话听不懂粤语的人为“捞松”。过度的“顺德意识”往往会导致仅着眼于自身内部的思维局限，对外界不够包容和开放。但随着人口结构的转变，外地人口数量甚至已占总人口数量的一半时，人们开始学会接受多种文化与不同价值观的共存，对新生事物也表现出了相当的宽容性。体现在城镇形态和景观上，一是接受更多元化的建筑风格。无论是中国传统风格、西方古典式，又或是极简的现代主义建筑，都交织在90年代的顺德城镇中。二是城市公共空间增多，如供所有市民休闲娱乐的广场和公园，散布于各个角落的街头绿地，甚至一些村级工业区内也附建了小型的开放绿地。传统村镇的内聚性正在逐渐减弱，城市空间走向更开放、多元。

另外，这些外来人口整体的受教育程度均高于顺德本地人。在第五次全国人口普查中发现，外来人口最多的北滘镇，受教育的比例较高，文化程度在初中以上的人口占6岁以上人口总数的62.3%（表5-5-1）。还有少数受过高等教育的人才进入了乡镇企业的管理层。在排外度较高的政府公务员队伍中，外地人的比例也在逐渐增加。高素质人口的加入，使当地人的经营观念和生活观念也产生的转变，从过去靠天吃饭，用力蛮干的落后生产经营方式转变为依靠科技，灵活变通。在生活上也开始追求吃得营养、穿得高档、用上现代的家电，并且开始接受从平房搬入楼房居住。

北滘镇2000年受教育情况统计表[1] 表5-5-1

受教育情况	人数（人）	比例(%)
大学（大专以上）	6613	3.96
高中、中专	27619	16.61
初中	69409	41.73
小学	44365	26.67
不识字	6396	3．83

备注：数据来源于《北滘镇第五次全国人口普查主要数据公报（第一号）》，计算的总人口为6岁以上的人口数（包括居住北滘镇半年以上，户口在镇外的人口）。

二、求快求大的思想

资源配置主导下的市场经济发展使得人们的价值观也产生巨大转变，开始打破过去自给自足和计划经济时期形成的封闭意识和精神枷锁，追求更快更大的进步。以经济建设为主的政府工作思路，使得GDP的增长成为上级对下级政府考核的指挥棒。这一价值取向反映在城镇建设中则表现为政府在城市扩张上的冲动。大城市想变身超大城市，中等城市甚至小城镇也在力争扩大为大城市。例如1991-1994年全国掀起的“撤县设市”浪潮，大量的县转为地、县级市，乡转为建制镇。1992年顺德“撤县改市”，就是经济实力增强后，希望把城镇级别做大的体现。2000年广州进行了“撤市设区”的区划调整，以争取更多的建设用地和更广阔的发展空间。2001年，广东省推行“中心镇”战略，实质上就是把几个一般建制镇合并为规模更大、实力更强的大镇，成为所谓的“中心镇”。

但城市面积的增加或级别的提高，并不等于建设水平和质量的提升。许多城镇仍停留在无序分散蔓延的状态，城市用地功能交错混合，分区不明。过快、过大的发展只会形成粗放式的增长模式，不利于真正城镇化率的提高。

[1] 转引自：顺德市北滘镇总体规划2001-2020年.

三、多元混合观念的延续

由于人地矛盾的突出，珠三角很多村镇的用地一直保持着多功能混合利用的传统。例如住宅与商业、生产空间混合，形成前店后居或前厂后住的形式。大部分街道既是交通空间，也是商贸集市之地。这种生活空间的多元混合利用传统，逐渐形成了人们脑海中根深蒂固的认识，从而使人们对当下城镇空间中的混合、混乱习以为常，甚至认为这样的空间才是符合生活习惯和需求的。

但现代产业的生产方式毕竟与过去小规模的家庭作坊不同，如果仍与城镇生活或商业空间混杂，即便不论对城镇景观的影响，仅仅是对居民日常生活的影响也是无法忍受的。同样，沿街摆卖或街头小士多式的经营也无法满足现代商业的需求，规模更大的商业空间与住宅用地的结合方式也在不断转变。调整城镇的功能布局，明确功能分区，同时加快完善道路等市政基础设施的建设，是小城镇建设的当务之急。

第六节　1992—2002年的顺德城镇形态

1992年2月，顺德被定为省综合改革试验县。同年3月，国务院批准顺德撤县建市，结束顺德540年县级行政区划的历史。1999年8月，顺德被确定为广东省“率先基本实现现代化试点市”，即成为广东省社会主义市场经济的先行地区和可持续发展的示范区。2000年，顺德撤销了容奇和桂洲两个街道办事处，合并为容桂镇。2001年，又撤销大良、容桂和伦教3镇建制，合并为市区，被视为顺德走向城市化和集约化的重要标志。广东省“十五”规划中曾提出要把当时为县级市的顺德，建设为50万人口以上的大城市，是广东省7个大城市之一，是未来中部大都市区的副中心城市。顺德市政府在2000年提出调整城乡建设战略目标，从建设城乡一体化转为城市化[1]，直接影响到城市规划的方向。这一阶段，从顺德市域到城镇再到乡村，空间形态均呈现出2个显著的特点，即多元空间的高度混合，以及空间沿交通干道的线性快速扩张。

一、市域整体形态

（一）粗放式蔓延的土地利用方式

20世纪90年代是顺德城镇建设用地扩张的高潮，平均每年以2万亩的速度递增。1998年、1999年和2000年，全市土地使用权出让面积分别为505

[1] 顺德市规划国土局. 顺德城市化纵横谈. 2001：46.

公顷、506公顷和1066公顷。至2002年，除去247平方千米的农田保护区和近60 平方千米的生态园地，全市806 平方千米的土地中还可再供建设的土地只剩不到100 平方千米，土地储备严重不足（图5-6-1）。造成用地形势紧张的最主要原因是土地的粗放式利用。表5-6-1的数据证明，这一阶段顺德各镇的人均建设用地明显偏大，远超过国家的规定范围。

2001年各镇镇区用地规模与人均用地指标[1]　　表5-6-1

区镇	用地规模（公顷）	人均用地（平方米）	区镇	用地规模（公顷）	人均用地（平方米）
大良	2636	109	容桂	2620	103
北滘	1556	179	乐从	1689	130
伦教	1941	148	龙江	1308	98
杏坛	1519	113	均安	330	93
陈村	504	112	勒流	776	110

图5-6-1　1997年顺德土地利用状况

（资料来源：广东省区域与城市发展公共数据研究平台http://116.57.69.88/silvermapweb/default.aspx）

用地无限制扩张的同时，土地闲置问题却十分突出。1998年闲置土地1023公顷，后复耕427公顷，该数据仅为征用而未用的土地，不含利用率极低的闲置用地。2000年容桂镇国土部门统计已出让的建设用地是3713公顷，但规划统计实际建设用地仅为2620公顷（含居民点、工矿企业及交通用地），两者相差达1093公顷。

事实上，空置现象在20世纪90年代初的整个珠三角地区十分普遍，原因之一是对工业发展的过分乐观与盲目，又恰逢乡镇企业面临转型困境，发展后劲不足。部分厂区征地面积过大，但实际的开发利用又不能跟上。表5-6-2中对比了2000年，国土与规划两个部门所统计的各镇工业用地，有

[1] 转引自：顺德市域城镇体系规划2002-2020年。

将近60%的用地虽然在属性上已划拨或出让，但实际上并未得到有效的开发。除了工业发展较落后的杏坛镇外，其余各镇均出现大量闲置工业用地。且工业发展速度越快，工业的闲置用地面积也相对较高。二是因为当时大量的“开发区”建设是地方政府为了征占周边农村集体土地，转化为城市建设用地出让的结果。但是，征用土地的费用要由用地单位支付，而地方政府希望获得尽可能高的收益，抬高了地价，也加重了使用者的负担，许多外来企业无法进入，甚至本地企业纷纷撤离，转向周边乡村办厂。开发区因此受到冷遇，导致大量镇区土地浪费闲置，前期投入无法获得回报。

2000年2个工业用地统计口径对比[1] 表5-6-2

	国土工矿用地统计（公顷）	规划部门统计的实际工业用地（公顷）	闲置用地（公顷）	国内生产总值（万元）
全市	8554.8	4817	3737.8	3332253
大良	770.3	351	419.3	304380
容桂	1389.6	757	632.6	907256
伦教	809.5	630	179.5	213810
北滘	863.7	550	313.7	383600
陈村	1044.5	270	774.5	159168
乐从	1308.3	493	815.3	237000
龙江	694.8	579	115.8	238057
勒流	627.1	462	165.1	200210
杏坛	463.5	485	-21.5	213549
均安	583.5	240	343.5	123663

居住用地的闲置情况情况同样不容忽视。一方面是有的农村新建住房后将老宅基地空置不用，同时还因为房地产过度开发而造成的闲置。从1999-2001年3年的土地出让统计数据上看，住宅类用地出让占了绝大多数（表5-6-3～表5-6-5），许多镇区的居住用地均占建成区用地的40%以上，如容桂为45%，陈村43%、北滘42%、杏坛52%、均安51%。相对于当时的人口，人均居住用地面积已经达到50平方米以上，有的甚至达到70平方米。

1999年土地出让分类统计表[2]（个，平方米） 表5-6-3

区镇	住宅		工业		商业		综合	
	宗数	面积	宗数	面积	宗数	面积	宗数	面积
大良	127	600867.10	11	170060.29	5	10289.68	15	931991.46
伦教	23	225927.90	68	366683.07	1	81.00	17	108867.19
北滘	94	90978.15	14	171211.32	3	1031.10	12	21170.36

[1] 转引自：顺德市域城镇体系规划2002-2020年.
[2] 转引自：顺德市域城镇体系规划2002-2020年.

续表

区镇	住宅		工业		商业		综合	
	宗数	面积	宗数	面积	宗数	面积	宗数	面积
陈村	49	74475.23	13	93876.92	5	4976.40	2	284.40
乐从	127	380311.01	15	64814.67	2	510.00	3	2175.50
勒流	112	31804.82	57	226666.83	1	13406.30		
龙江	36	123822.56	99	309528.49	3	11858.40	38	83331.52
杏坛	9	586.40	4	12632.70	1	1073.00	3	1943.60
均安	13	319765.62	82	234323.40	2	9480.00	4	989.62
桂洲	175	310323.38	71	405722.27	8	32073.81	5	8092.00
合计	765	2168862.17	434	2055219.96	31	84779.69	99	1170692.65

2000年土地出让分类统计表[1]　(个，平方米)　　表5-6-4

区镇	住宅		工业		商业		综合		其他	
	宗数	面积	宗数	面积	宗数	面积	宗数	面积	宗数	面积
大良	199	1837076.13	23	282254.19	9	93540.00	18	66683.93		
伦教	46	232903.24	73	583001.59	1	1075.50	7	14792.80		
北滘	244	744000.53	15	250402.85	2	455.00	2	5891.00		
陈村	51	818165.08	21	174870.99	3	12790.00	2	3156.80		
乐从	43	140892.09	22	228580.02						
勒流	149	68745.16	33	179561.68			62	96395.18		
龙江	22	25016.33	63	157488.19	1	2863.42	1	5881.00		
杏坛	10	160818.47	23	81284.33			17	6510.00		
均安	10	22826.70	29	112875.18	2	873135.70	3	15175.44		
容桂	236	245946.29	63	545719.10					1	454700
合计	1010	4296390.02	365	2596038.02	18	983859.62	112	214486.15	1.00	454700.00

2001年土地出让分类统计表[2]（个，平方米）　　表5-6-5

区镇	住宅		工业		商业		综合		其他	
	宗数	面积	宗数	面积	宗数	面积	宗数	面积	宗数	面积
大良	153	604817.03	61	316660.55	3	37507.63	8	78504.01		
伦教	113	190055.23	44	343836.36	1	1624.70	4	14591.20		
北滘	129	133735.89	21	629721.22	2	680.50	3	6159.50		
陈村	24	562360.02	24	179908.00	5	17742.81	5	10026.56		
乐从	69	124083.52	8	71880.00			3	2232.60	1	2177
勒流	68	49707.93	50	228937.13	2	38633.35				
龙江	26	173029.53	41	99465.91			33	69550.54		
杏坛	11	41076.48	14	56782.35			5	597.01		
均安	7	329192.70	18	59872.10						
容桂	192	981075.48	62	405529.42	3	2754.00	6	14148.86		
合计	792	3189133.8	343	2392593.0	16	98942.99	67	195810.28	1	2177.00

[1] 转引自：顺德市域城镇体系规划2002-2020年.

[2] 转引自：顺德市域城镇体系规划2002-2020年.

总体而言，对经济发展需求缺乏准确把握，也没有高效节约的土地开发方式与观念，导致该阶段顺德的土地利用仍处于粗放、盲目和无序的蔓延状态。土地资源紧张，但使用效率却不高。

（二）带状加组团式空间布局

随着顺德境内国道建设的完善，沿105和325国道形成了鲜明的城镇发展轴（图5-6-2）。东部沿105国道的陈村、北滘、伦教、大良、容奇和桂洲镇，形成以家电与机械制造“以大带小”的企业集群模式，联合成县域内经济发展水平最高的区域；西部沿325国道的乐从、龙江2镇，处于粤西与广佛的交通要道上，许多物资需要途经此地或在此集散，形成众多专业型贸易市场，同时逐渐聚集了一批小企业。西南部和中部城镇则仍以农业为主缓慢发展，城镇空间保持了一定的分散化。

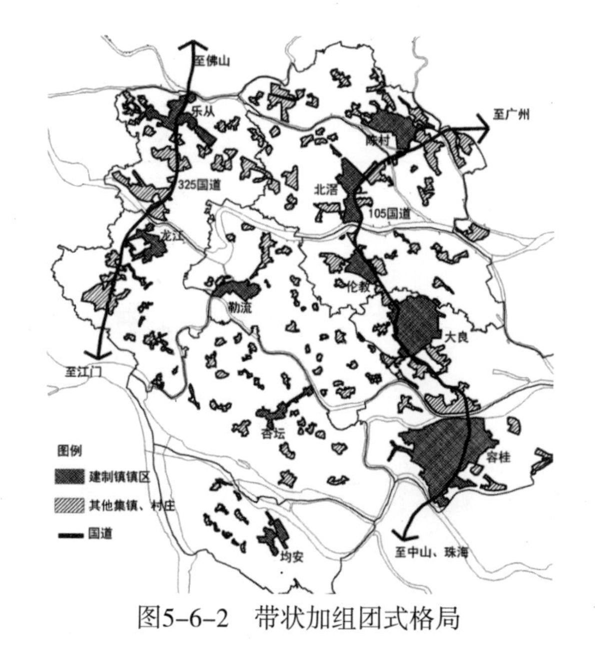

图5-6-2　带状加组团式格局

虽然国道把几个镇相互串联了起来，而且各镇的边缘区域扩张也非常迅速，但2条城镇带上的城镇空间并没有实现紧密的无缝拼接。一来是由于两镇之间仅仅依靠一条交通干道相连，难以形成更广泛的空间连接。虽然市域道路密度和标准在不断提高，但镇与镇之间仍然缺少直接、快捷的联系道路。二来是因为“一镇一品”的发展模式使得顺德镇与镇之间的经济关联度较弱，这也直接导致了镇与镇之间的交通流量少（表5-6-6），空间上相对独立。三来则是因为镇与镇之间以难以跨越的大河道为界，边界要素极为清晰。因此，整体上形成以农田、绿地、河流等元素分隔的彼此独立的块状空间。这一特征与发展条件及阶段相似的邻近城镇——东莞、南海，有着明显的区别。后者因无外江干流的分割，加上工业用地在乡村地区的快速蔓延，而呈现出镇与镇之间的建成区成片相连，界线模糊（图

5-6-3）。未来这些小城镇如果要形成一个较完整和规则的形态，有效地控制其用地无序肆意的扩张，只能通过规划建设人为的增长边线（如绿化防护带、耕地等），并配以严格的规划管控措施，才有可能实现。

顺德市调查机动车出行OD分布表[1] **表5-6-6**

交通区	大良	伦教	勒流	北滘	陈村	乐从	龙江	杏坛	均安	容桂
大良	17594	2158	2422	1287	980	676	935	719	371	3247
伦教	1911	2635	1375	561	411	449	239	198	199	621
勒流	2179	1148	8592	754	1551	1814	2861	128	297	431
北滘	1455	677	837	8956	1516	998	147	45	268	480
陈村	804	392	377	1399	6371	531	539	82	91	224
乐从	1339	792	926	972	708	14477	1428	597	356	642
龙江	793	379	1264	285	341	1793	5497	381	91	380
杏坛	940	173	325	133	61	179	434	3654	512	1061
均安	445	199	349	200	147	121	128	691	3292	754
容桂	6328	889	1156	622	833	844	500	2455	1216	23891

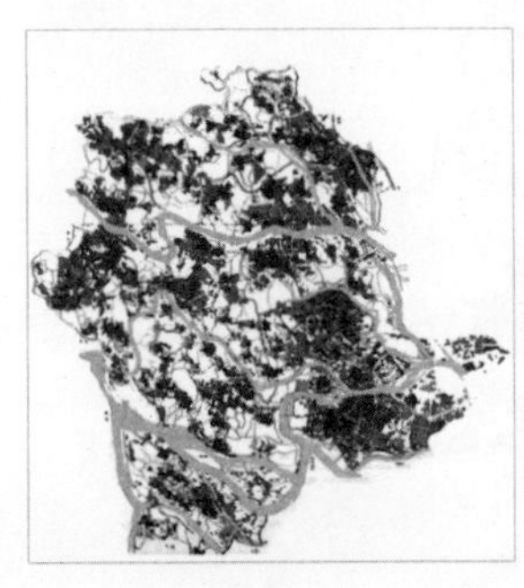

顺德

以河为界，以镇为单位独立均衡发展，组团界定清晰。

南海

紧靠西南部的广州、佛山和顺德集中式发展，镇区之间界线模糊。

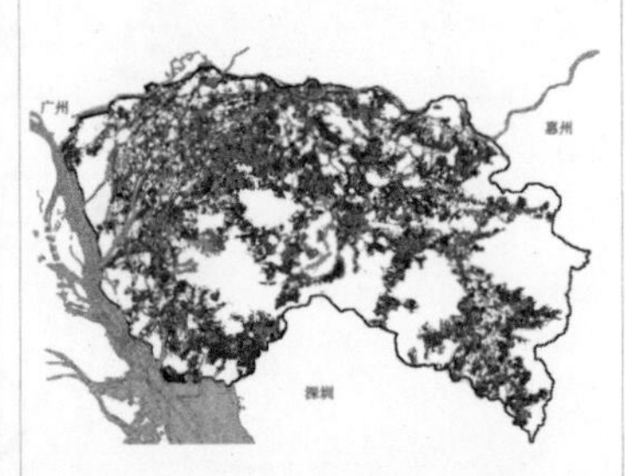

东莞

除去无法开发的山地和少量农田外，基本全部铺满，没有清晰的组团结构和边界。

图5-6-3　顺德、南海、东莞3市用地布局对比

东西两条城镇带的开放发展格局，决定了每个小城镇均具有各自内在的发展动力，对周边乡村均存在一定的引力范围，空间规模差异不大，城镇的极化作用不突出，基本处于均衡发展的状况。顺德市域2001年户籍城镇人口为61.18万，暂住人口53.57万，暂住人口按100%计，城镇总人口则达到114.75万人，若以全市域计则达到特大城市规模，但分布在十个区

[1] 转引自：《顺德市道路交通规划交通调查与现状分析报告》，清华大学交通研究所、顺德市公安局交通警察支队，2004.4.

镇，平均不足12万人。另外，中心镇的极化效果受到市域内其他城镇牵制，导致中心镇大良自改革开放后在城镇体系层次结构中的核心地位也越来越微弱，加上受周边大城市（广州、佛山、深圳、香港、澳门等）的影响，中心镇对区域内城镇的客货流吸引力也大不如前。因此，顺德城镇化进程客观上存在结构上的不足，属于一种网络型的城镇化发展模式，特点是空间的广域性和均衡化，城镇化总量不小，但发展速度相对缓慢，集聚效果不明显，其过程是稳定而长期性的。

二、镇区空间形态

（一）镇区空间的高度混合

以非农人口和城镇户籍人口两种统计口径来验算顺德的城镇化水平，到2001年底分别为33.8%和55.9%（表5-6-7）。从2组数据中可推测，将近有一半城镇户籍居民并未实现非农化转换。加上2001年“村改居”前，城镇建设区仍保留着农村用地政策，造成城镇建设用地“农村化”。具体表现为：农村与城镇景观混杂，城中村和城中厂相互交织，标准差异极大的居住空间彼此紧邻（图5-6-4、图5-6-5）。

2001年顺德市现状人口及城市化水平一览表（万人，%）　　表5-6-7

总人口	户籍总人口	户籍城镇人口	非农人口	暂住人口	城市化测度标准		
					非农人口	户籍城镇人口	城镇总人口
163.05	109.48	61.18	36.99	53.57	33.8%	55.9%	67.4%

注：（1）人口数据来自《顺德市2001年人口统计资料》，顺德市人口统计办公室编印，2002.1；城镇人口根据顺德市国土规划局提供资料。

（2）暂住人口资料根据市公安局提供的2001年各季度登记暂住人口资料，每季度登记人口有一定的变化，以第四季度数据为准。

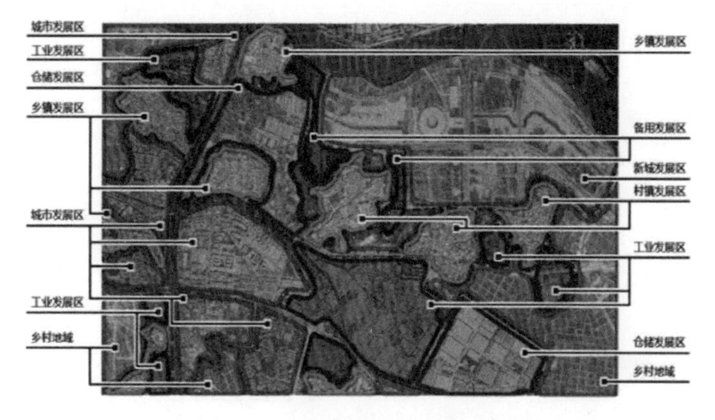

图5-6-4　高度混合的镇区用地[1]

［1］转引自：顺德区总体规划2009-2020年。

图5-6-5　北滘镇区内的城中村

（资料来源：作者根据2008年卫星航拍改绘）

随着镇区的不断扩张，周边更多的村落被纳入镇区范围，首先加剧了城乡空间的混合，其次是工业与生活空间的混合。以工业型城镇北滘为例，镇区内就包含了广教、林头、三洪奇、槎涌4个大村，各村人口小则2000多人，大的村已达到9400多人。从用地性质上看，以村落形态为主的三类居住用地与工业用地在镇区建设用地中分别占据了约40%和32%，而一、二类居住用地、商业用地、公共设施用地和绿地等的比重较低。即使在城镇化程度较高的北滘镇核心区，三类与一、二类居住用地的比例也达到了约5：1（图5-6-6）。这种城镇向乡村的渗透呈现出一种由外向内逐步扩散的空间演变特征，即各种功能的城镇用地把村落包裹在里面，并不断向村落内部蔓延，最后把村落转化为城镇（图5-6-7）。

图5-6-6　北滘镇区90年代土地利用状况[1]

[1]　转引自：北滘镇总体规划2001-2020年。

在工业用地的布局上，改革开放之初由于顺德以镇办集体工业为主，工业企业得以统一聚集在镇区边缘带上。但随着村集体或私人工业的大发展，村内大大小小的工厂如雨后春笋般冒出。跟随着村落被纳入城镇建设区的小工厂，由于土地政策和经济效益等因素的制约，并未被迁移或取消，遂成为分散在城镇内各个角落，并与居住空间相互交织的小型工业用地。

（a）集镇与村落独立发展

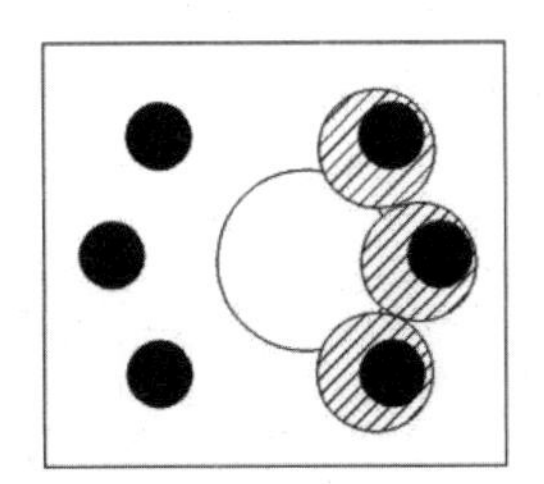

（b）镇区与村落扩张，相互连接，彼此渗透、混合

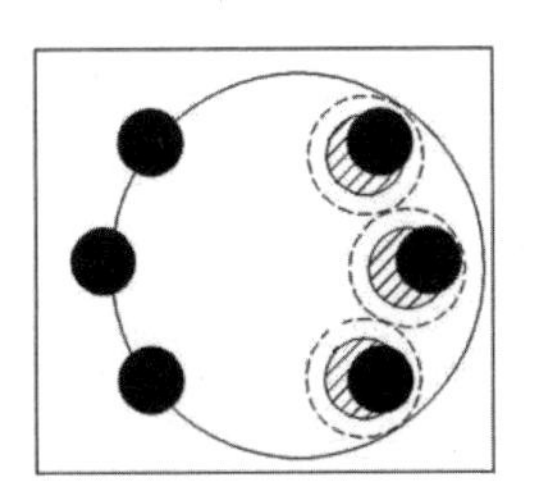

（c）镇区包裹村落，村落边缘被逐步城镇化

图5-6-7　城镇化过程中顺德村、镇空间关系示意

（二）沿交通干线的空间拓展

若抛开各种外部因素的影响，新镇区以老镇区为圆心成环形均匀扩张，一般而言是比较理想和经济的，至少在利用原有的市政基础设施上有其合理性。事实上一些大城市的扩张同样走上了这种类似“摊大饼”的同心圆扩张模式。但大多数城镇的发展还会受到多种外力的影响而呈现出不规则的形态，如自然地貌的限制，周边城镇的吸引与排斥，甚至是某个行政决策的引导等等。而对于这一阶段的顺德来说，交通干线布局无疑是城镇形态演变中最强势的外力影响因素。

交通干线有如城镇发展的磁铁，吸引着城镇空间逐步向交通干线聚集。干道最初的选线一般与镇区保持一定距离，以避免过境车辆对镇区生活造成不便。当镇区边缘开始向干道靠拢时，通常最先启动的是对交通运输依赖性较高的各类工业用地。大片的厂房首先占据了紧靠干道的土地，形成沿线两侧各“一层皮”的形式，然后再牵引着其他城镇用地向干道扩张（图5-6-8）。最典型的如沿105国道的容桂（图5-6-9）和沿良龙公路的勒流（图5-6-10）。而乐从镇沿325国道两侧同样布置了对交通运输极为依赖的大型专业批发市场。在一些以工业为主导的镇，大量快速增加的工业用地紧靠干道布局，但其他城镇用地的建设量极少。如北滘镇，主要干道105国道、碧桂路和三乐路几乎成“Δ”形布局，大量工业用地聚集在3条边的两侧，但“Δ”的内部用地却呈现出中空状态（图5-6-11）。

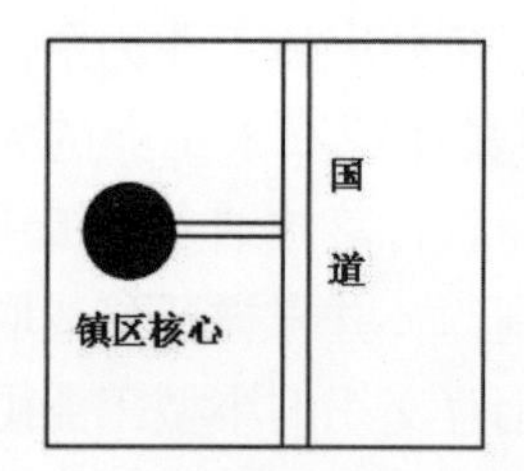

（a）国道在镇区外围经过

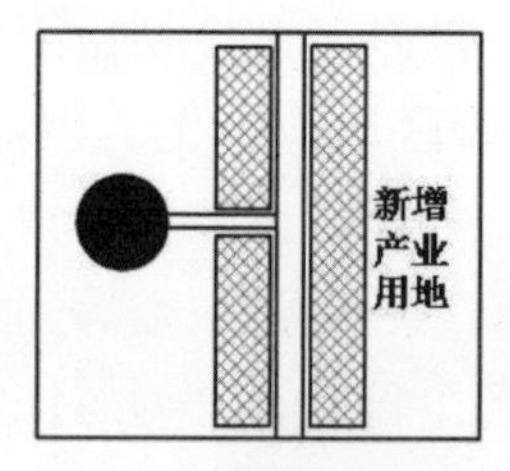

（b）产业用地沿路"一层皮"式布局

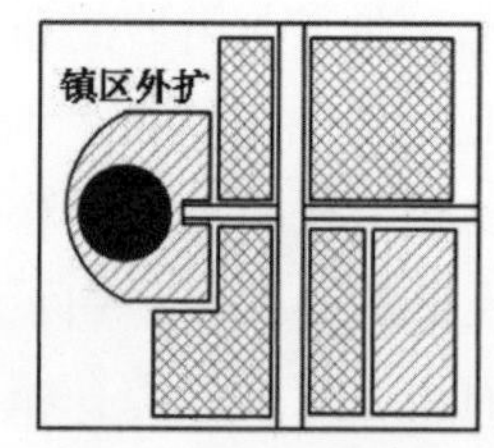

（c）镇区被牵引向国道扩张，生活与生产空间混合

图5-6-8　城镇空间沿交通干线聚集过程示意图

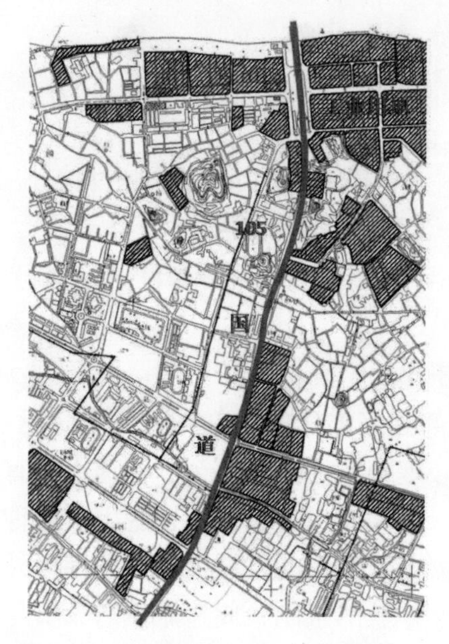

图5-6-9　容桂镇区工业用地布局

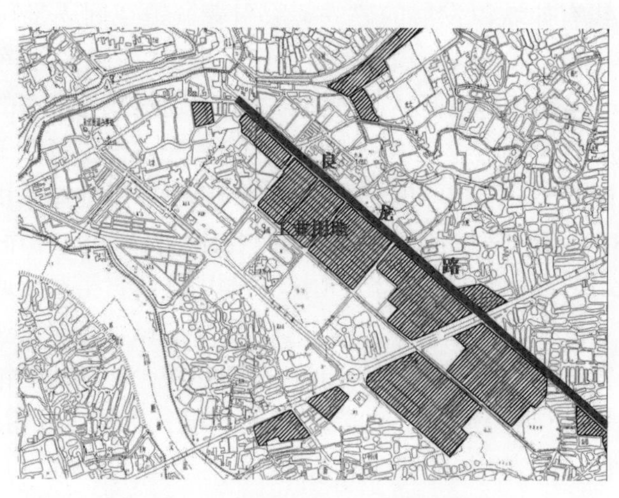

图5-6-10　勒流镇区工业用地布局

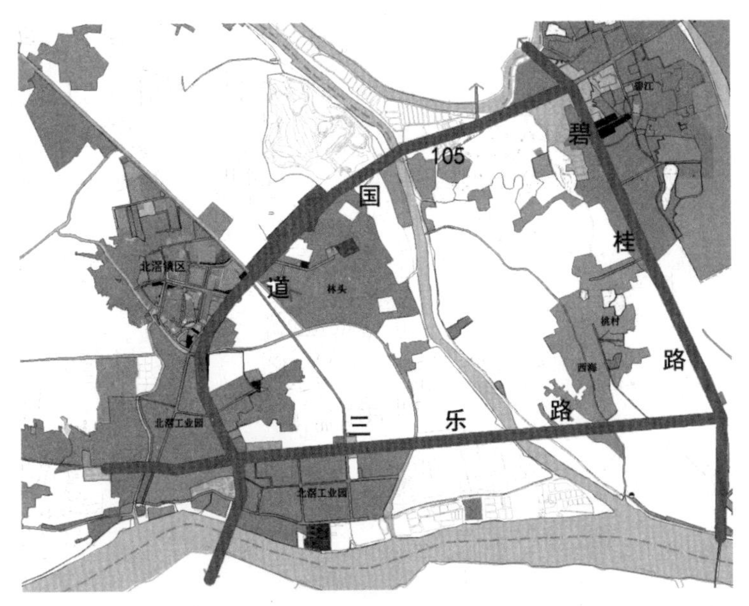

图5-6-11　北滘建设用地的“Δ”形布局

（三）大尺度与内外混合的镇区街道系统

这一阶段的镇区道路建设，基本是在原有的路网基础上，将主要道路向外延伸及在新区中铺设路网。受大城市规划思想的影响，新区路网的结构也倾向于规则式的方格网。加上新区中主要为大工业区、大型民用建筑如体育馆、学校、政府办公楼、车站，以及规模较大的房地产项目，因此无论是在街区划分还是街道宽度上，一般采用“大街坊、大马路”形式，小城镇中原有的小街区小巷道肌理在新区几乎不在延用。

如北滘镇新增用地上，除去大的工业地块，一般的城镇生活用地的主要道路间距都在250米左右，街区边长约为200～470米不等（图5-6-12）。主要道路宽度约为40米，次级道路宽约20米。在工业集中的区域，面积更大的工业用地对道路建设的影响还包括了“微循环”的支路系统明显缺乏，绝大部分的交通负荷被压在干道上。如均安镇在其老镇西北面新规划的区域中，工业用地占了绝大多数，其东西向的主要道路间距已达到300米左右，街区面积近9万平方米，主要道路宽约20～40米（图5-6-13）。

新规划建设的路网除了与镇区内原有的路网进行衔接外，与过境交通干道的衔接也越来越受到重视。不仅增加了从过境交通干道上分叉出来的进镇主路，一些快速路与城镇主路交接的路口还开始修建立交桥。但另一方面，这也促使外部干道的内向性越来越严重，造成内外和快慢交通相互混合，大大降低了快速通道的效率。例如容桂镇，105国道从镇的中部道纵向穿过，光是与其相交的镇区主路不下10对，还有很多小支路，更不说直接向国道开设出入口的地块数量（图5-6-14）。在乐从镇，325国道与三乐路2条干道构成的“十”字形骨架，不但把镇区分割成4个规模相当的

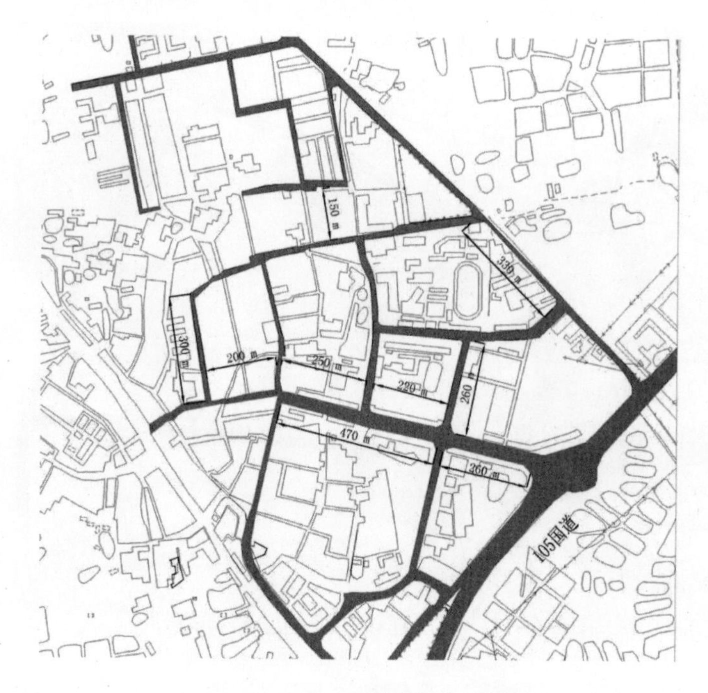

图5-6-12　北滘镇区路网图

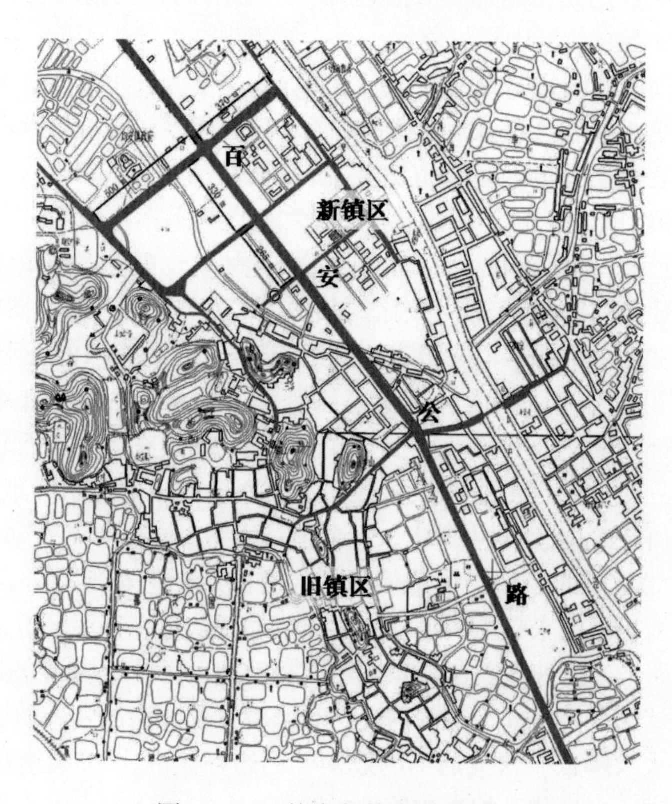

图5-6-13　均安新镇区路网图

象限，而且在其上直接分支出多条与干道平行或垂直的镇区道路，从而使“十”字形骨架成为镇区路网结构的控制性元素（图5-6-15）。

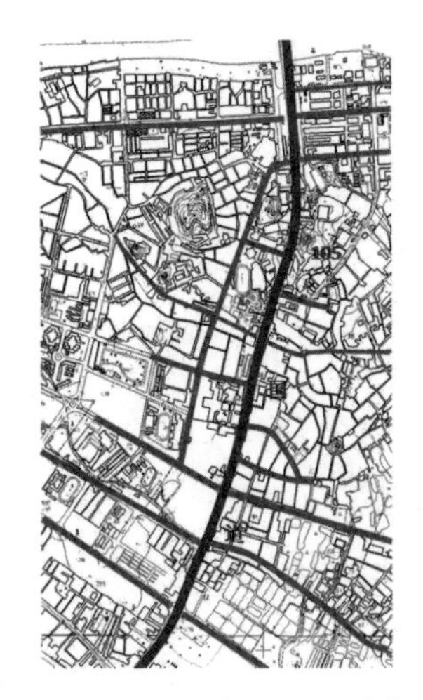

图5-6-14　与105国道容桂段相交的镇区道路

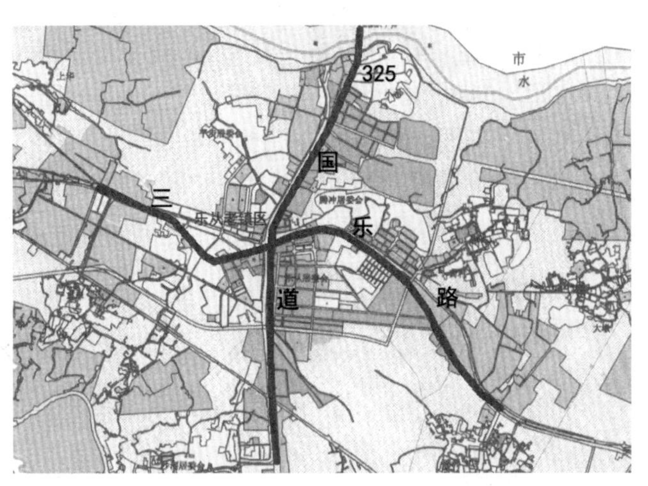

图5-6-15　乐从镇“十”字形道路骨架

这种内外交通混合的路网结构，以及汽车、拖拉机、行人、自行车同时上路的混乱局面已越来越受到诟病。为此，有的镇尽量控制镇区在干道的一侧发展，以免生活空间跨越快速路，例如大良、陈村。一些有条件的镇甚至把快速路外迁，例如105国道的北滘段，从西向东平均迁移了约800米，原有的国道改为蓬莱工业区内部道路。除了考虑与三洪奇大桥的衔接外，还使国道与工业区的内部交通得以分离，减少相互的干扰。

三、典型平面类型单元

（一）新式宅基地

在宅基地政策尚未成熟时，农民通常利用老村内的旧宅基地、闲置用地和老村边缘的农田，建设新的家庭住宅。这些散点式分布的住宅在空间上基本与老村融为一体，难以区分。随着经济的发展和人口的增加，村民对住房面积需求不断上升。为规范宅基地的建设，20世纪90年代起，顺德开始执行规范的“一户一宅”政策，并在老村边缘集中划定成片的空间，作为免费供村内户籍人口修建新住宅的用地。对于那些逐渐被纳入镇区范围的村庄而言，由于仍保留着农村用地政策，可在旧村周边仍属于村集体所有的用地上继续批建宅基地，从而加重了城镇“农村化”现象。

1．地块形状

为了体现公平，根据每户不超过80平方米的原则，划分出大小基本相等、朝向统一的小地块，并以行列的形式构成完整、规则、致密的住宅区。另一方面，老村中的老宅不拆不收不修，其稍显细碎、自由的布局与新的宅基地地块形成鲜明的对比（图5-6-16）。

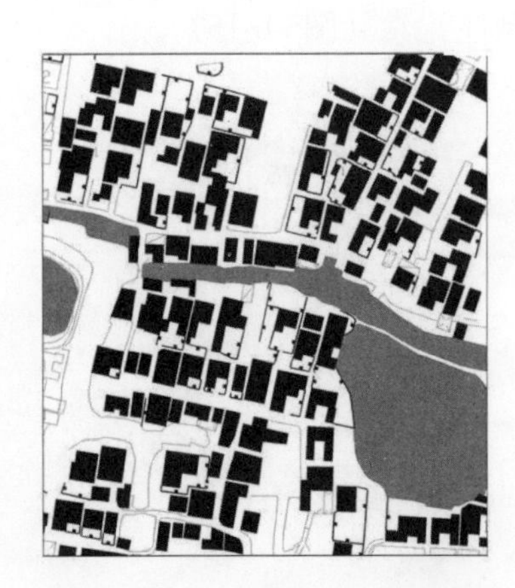

图5-6-16　老村与新村宅基地图底关系对比

例如北滘镇区西北角的茶基头村。老村围绕3个大水面和1条小河，分成几个簇状地块，成多角度的有机布局，面积约为75000平方米。在其北面和东面则分别划出了几片较方正的宅基地地块。北面最大的1块边长为170米×120米。东面因与新基村毗邻，用地为了迁就地形和边界而显得较细小且不方正，但形态上仍与旧村有较大的区别（图5-6-17）。显而易见的是，与老村自然、有机生成的过程不同，这些新的宅基地地块均是按新的城镇道路方格网统一划分出来的，不但地块是以城镇道路为边界，而且地块多为规整的矩形。在划分宅基地地块时，各村基本没有预留任何专门的公共配套服务设施用地，绿化空间更是稀缺，加上街巷与建筑景观没有

图5-6-17　北滘茶基头村宅基地地形图

差异，整体与单调乏味的兵营无异。

2．街巷布局

在纯居住功能的地块中，为了节省用地，道路面积通常被尽可能地压缩，一个完整的大地块中通常只设置一个方向的主街，用于车辆通行，宽度为8～5米。住宅入口多开向支巷而非主街。当两侧住宅均向支巷开门时，支巷宽4～3米。当只有单侧住宅开门时，支巷宽度只有2.5～1米（图5-6-18，图5-6-19）。

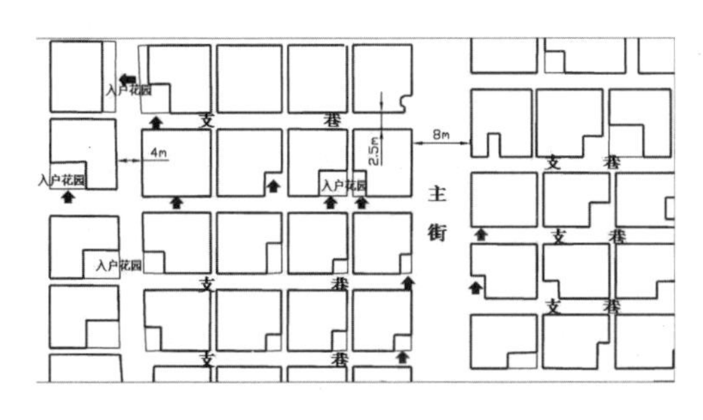

图5–6–18　北滘新城中村街巷布局

图5–6–19　城中村支巷空间

在兼具居住和商业功能的宅基地地块中，街巷的布局原则是每栋建筑都要有临街的界面，因此配置了密度较高的纵横街道。最典型的是杏坛镇在北河涌西北面建设的新区。在20米宽的主轴建设路以西的区域内，以宽度为10米左右的纵横街道划分出多个瘦长的街块。纵向街道间距约为120米，横向街道间距均约为35米（图5-6-20，图5-6-21）。

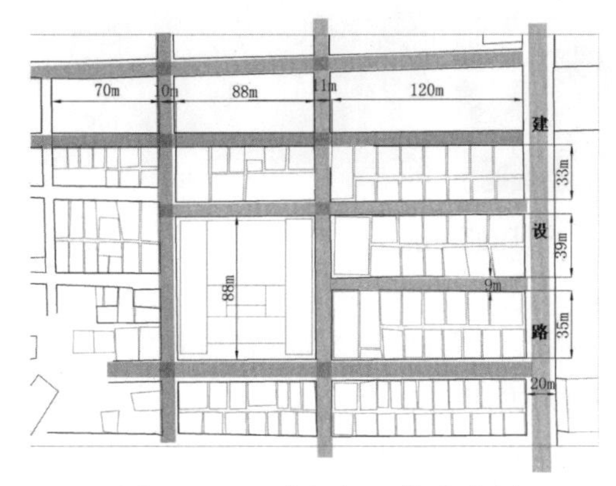

图5–6–20　杏坛新区街巷布局

图5–6–21　杏坛新区街景

3．建筑肌理与形式

城镇中新的农民住宅建筑肌理也可以分为2类。第1类是以纯居住功能的宅基地，通常处于镇区边缘带上，商业价值不高的地块。每栋建筑占地为10米×10米左右的正方形地块（图5-6-22）。建筑采取均质规则的排列，入口和主立面朝向统一，侧面的山墙彼此紧靠。考虑到需要保护住宅的隐私，建筑的临街立面倾向于封闭，主要体现在围墙或入户的处理上。每栋建筑必先经过一个10平方米左右的前院再进入户内，小院子不仅成为内外空间的过渡，且院墙高耸、院门紧闭，隔绝了街道的视线和声音干扰，另外在景观上也提供了更丰富的空间效果（图5-6-23）。

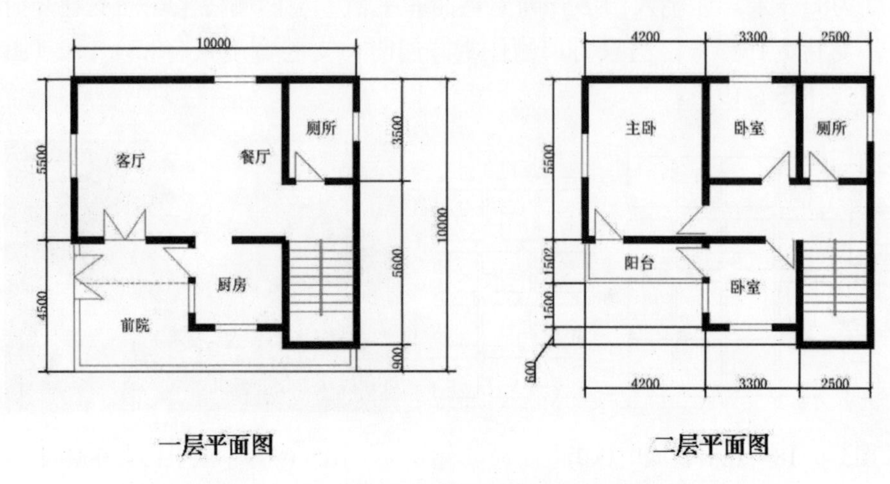

图5–6–22 新宅基地上纯居住型住宅平面图

图5–6–23 新宅基地上纯居住型住宅形式

第2类是底商上住型的混合功能住宅，建筑形式较前者更开放，尤其是首层的商业店面，以杏坛20世纪90年代末建设的镇区为代表。每栋建筑为面宽6～8米、进深15～17米的长条形（图5-6-24）。2座建筑横向间距在1米左右，相对的山墙很少开窗。前后2排建筑背靠背排列，间距亦仅有1米左右，另一面朝向街道开门。首层除了一角设置的楼梯间和卫生间外，整个作为营业店面使用。2层以上临街立面均设有阳台，凹凸的体量组合在立面上形成明暗的光影变化，加上阳台的种植，丰富了街道的景观效果（图5-6-25）。

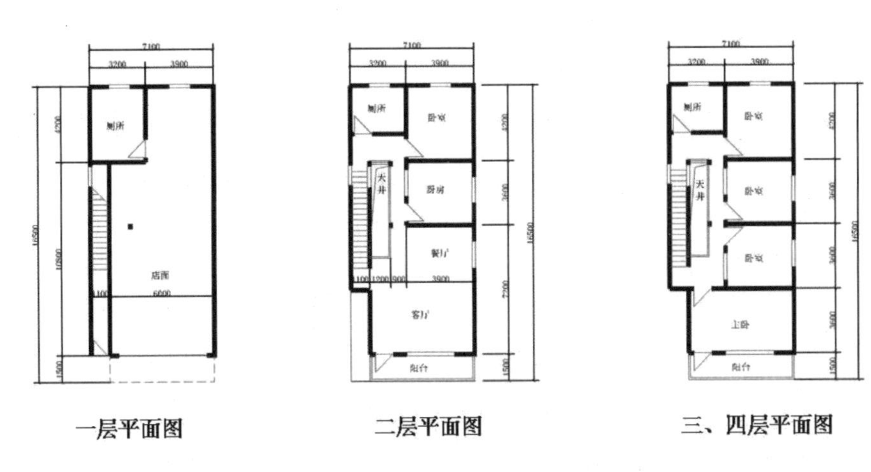

图5-6-24　新宅基地上商住混合型住宅平面图

图5-6-25　新宅基地上商住混合型住宅形式

无论是哪一种村民住宅，在同一区域内的所有建筑，外装饰材料、结构和层数上都保持着高度的统一。20世纪90年代末以来，整个珠三角的农村或小城镇地区都喜欢采用陶瓷面砖为建筑外墙装饰材料。色彩上则倾向于采用米黄、浅褐、浅棕和橘黄色等暖色系的面砖。在细部造型上受西方外来文化影响，大量采用拱券、山花、多重线脚檐口和西方古典柱式，并

图5-6-26　新城中村住宅的建筑风格

与琉璃瓦小坡屋顶、栏杆和传统雕花等中国元素混合搭配，形成自己一种独特的建筑风格（图5-6-26）。

（二）下商上居式多层住宅

20世纪90年代以前，除了城镇化程度较高的中心镇大良和建于北滘的碧桂园居住区外，顺德其他城镇中几乎没有房地产建设项目。直到1998年实行住房改革后，城镇房地产的兴旺逐渐带动多层商品房住宅的建设，居住空间的分异更加明显。但新的居住建筑形式受到传统习惯的抵制。城镇中的居民大多是“洗脚上田”的农民，习惯于祖祖辈辈居住的单栋式宅院，对多层集合住宅没有认同感。因此该类住宅在顺德的发展十分缓慢。即便是当时新建的碧桂园居住区，也是以单栋别墅形式为主的。

但低层建筑毕竟难以适应新的社会需求，尤其是面对越来越高的土地价格，多层住宅的经济效益显然更高。顺德新增的多层住宅有一项显著特征：基本采用底商上住模式。一方面，这是小城镇居民过往生活经验的延续，是城市土地混合利用的方式之一，体现出城镇生活的多样性与人文关怀。另一方面，过往的城镇建设欠债太多，尤其是对商业网点的布置明显匮乏。非公有经济的发展导致大量个体商业的繁荣，但城镇中又难以提供足够的商业用地，在住宅底层沿路开设商铺成为最经济合理的选择。因此，这些多层住宅底部的商业并非都从属于小区的“社区商业配套”，其服务的对象并不局限于所在社区，而是由开发商直接出售或出租给私人，各人再根据市场规律经营。

1．地块形状

常见的多层住宅用地形式是在镇区主要道路沿线建设单排多层建筑，其背后与低层的村民住宅毗邻。形成这一用地模式的主要原因，与镇区内大量土地仍为农村集体所有制有关。当城镇需要拓宽道路或向外扩张时，往往需要从村民手里收购集体用地并转为国有。但20世纪90年代投入城镇建设的资金有限，收购的土地面积自然被控制在一定范围内，因此形成沿道路只能建设“一层皮”多层住宅的用地模式。

例如陈村在当时拓宽入镇主干道合成路时，就征收了路两侧原来的农村集体用地，不仅用于道路建设，还在被拆除的低层住宅用地上建设了一排新的多层商住楼（图5-6-27）。由于是征地和拆除老村建筑的面积被控制在几乎最少的范围内，使得多层建筑用地与背后的村民住宅融为一体，仅留有1条4米左右的消防通道，某些部位的间距甚至只有2米（图5-6-28）。而且由于拓宽后的合成路走向与老村的街巷及建筑朝向并不平行，导致沿合成路建设的多层建筑与紧邻的老村住宅建筑之间，形成锐角相交，更使两类用地的边界显得错综复杂。

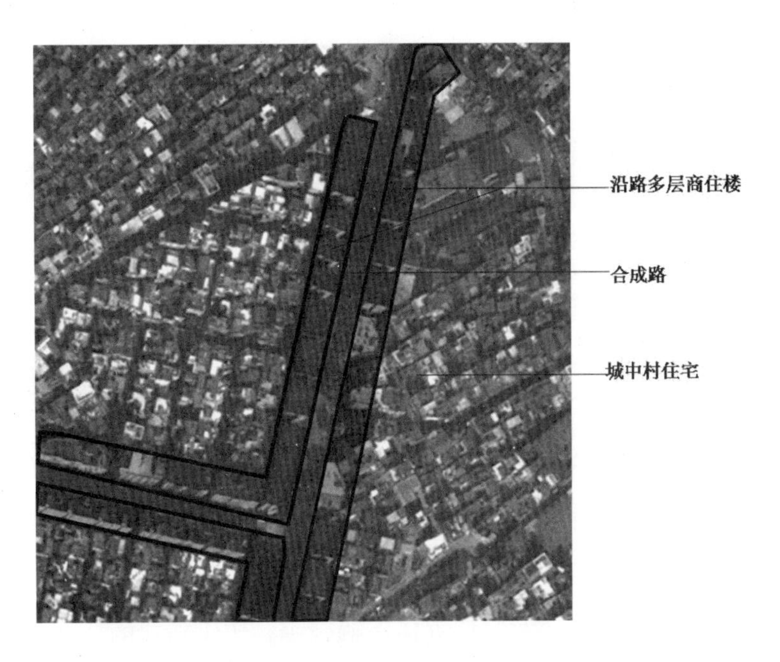

图5-6-27　陈村镇合成路沿线多层住宅
（资料来源：作者根据2008年卫星航拍改绘）

图5-6-28　多层住宅背面小巷与城中村

北滘镇在20世纪90年代向外拓宽边界时，除了建设通往105国道的主要道路——南源路，同时还在南源路两侧各建设了1排6层高的商住楼（图5-6-29）。最初这排商住楼的背后只是村集体的耕地，随着人口的增加和新区的日渐繁华，耕地被转为村宅基地。因有南源路和已建的多层商住楼为基础，在规划新宅基地及道路时尽可能地考虑了与前者平行，且留有较清晰和足够宽度的边界（图5-6-30）。

图5-6-29　北滘南源路沿线多层住宅

（资料来源：作者根据2008年卫星航拍改绘）

图5-6-30　北滘南源路街景

这种“一层皮”式的布局后来还影响到一些集中新建的住宅小区，建筑通常沿地块边界布置成“口”字形或“一”字形。例如北滘镇蓬莱工业区北面的蓬莱新村（东、西区），以及靠近东风路与南源路交界的美的新村。2个地块形状均为较方正的矩形，面积分别为31000平方米和13000平方米，住宅建筑同样选择尽可能沿用地边界布局，即使在考虑建筑朝向而不得不采取与道路方向垂直布局时，也会建设1～2层与道路平行的裙房（图5-6-31～图5-6-33）。

图5-6-31　美的新村总平面图

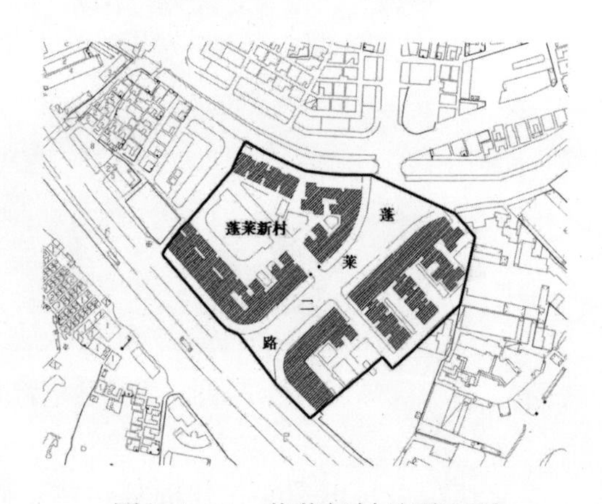

图5-6-32　蓬莱新村总平面图

2．街巷布局

“一层皮”式的建筑布局使得街巷结构可以相对简单。建筑正面直接朝向城镇道路，有利于商铺的经营。由于建筑1层通常用作商业店面，因此店铺前面的人行道预留较宽的位置。如北滘镇南源路和建设路两侧的多层商住楼，正面均临8米宽的人行道。建筑背后的小巷通常作为消防通道或停车。当沿街的建筑立面过长时，中间还会设置通道或过街楼，以满足消防及通行需求。

图5-6-33　美的新村建筑与街景

3. 建筑肌理与形式

商住混合的建筑模式一直以来在顺德，乃至大多数商业繁华的小城镇都极为普遍。古代建筑技术和资金有限，商住混合主要以前店后住的1层平房为主。随着建筑向层数越来越多的方向发展，商住混合模式便逐渐转化为底商上住。无论形式如何变化，包括后来出现的底层大型商业综合体，上部为高层住宅的形式，始终有一点不变，即用地的功能多样性。这是我国小城镇“自下而上”发展模式中长期存在的事实，体现了当地人务实、精明、灵活的作风。与强调功能划分的“自上而下”城市规划控制有着明显区别。

这一时期的底部商铺通常有2种类型：一是小开间大进深的单个商铺，沿街并排展开；二是整合成1～2个大空间作为综合百货店或商场。前者因单体空间小且灵活，因而无论是在砖混结构或是框架结构，都能与上部住宅的结构体系取得较好的协调统一。后者则常常困扰于如何协调商场大空间与住宅小柱网的矛盾。加上市场需求量不大，因而并不常见。在建筑立面造型上，上部住宅与底层商业在立面上基本平齐，很少做退台处理，造成一块板式的街道界面。加上沿路很长一段距离内的建筑高度、形式、色彩都基本一致，使得街廓整齐划一，却略显单调呆板。好在底部连续的商业界面让街道空间产生了更多的趣味。底层商业建筑层高均加高了半层，既便于店主增加辅助使用空间，又不必计算建筑面积，还可以形成高大的门面效果。可惜这些多层建筑与新开辟的宽马路所组成的街廓，空间尺度过大，难以延续传统商业街的亲切感，商业氛围减弱。

（三）镇、村两级工业用地的对比

20世纪80年代的顺德以镇为主体发展工业，虽然工业化也引发了当地农村的城镇化，但各镇镇区仍然是该时期城镇化的极化点，甚至并未出现严重的“村村点火、户户冒烟”现象。但进入20世纪90年代以后，农村集体土地制度在工业化过程中的优势凸显，加上农村经济非农化压力的作用，使得工业用地开始迅速向广大的乡村地区扩散。

1．镇级工业用地

就镇区工业用地的布局而言，这一时期更趋向于集中。通常是集中在基础设施条件较好的区域，要么是接近销售市场，要么是临近交通干线，要么就是在工厂已经较集中的区域。如80年代开始逐步成形的北滘镇蓬莱工业区，除了原有的美的集团、蚬华集团、华星集团、惠尔普家电等全国知名企业外，还吸引了越来越多的企业，甚至是一些高新技术企业。工业园区的边界也逐步向西和向南扩展。向西已跨过了细海河，并延伸至槎涌村的村界。向南则沿105国道一直延伸至三乐路，与三乐路以南的三洪奇村相对而立（图5-6-34）。整个工业园区地块东、南边以过境道路为界，北端与镇区相连，西边则以河道和村界为边界。园区内的每个厂区地块都尽量方正、规则，以便于通用式厂房的布置。1993年起，北滘在镇区东南部，即三乐路以南、105国道以东，又开辟了占地262.8公顷的对外经济开发区（工业园一期），至2000年基本开发完毕。

图5-6-34　北滘镇工业园布局

区内各地块不仅更规整，尺度上也较以往更大。路网基本以正交的方格网形式，主路间距在300～500米，道路宽度约30米（图5-6-35）。内部建筑肌理规整，以平行的行列式为主。建筑开始采用现代化的通用厂房，形式统一，给人以简洁、规范和高效的现代感（图5-6-36）。

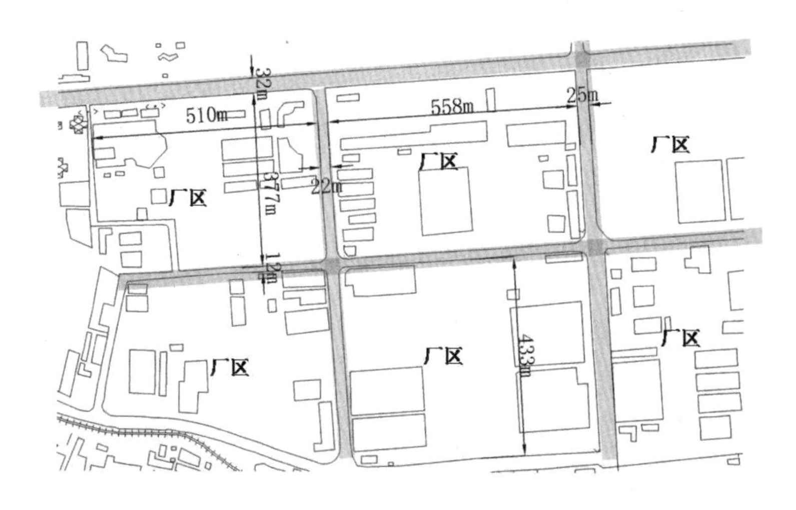

图5-6-35　北滘对外经济开发区（工业园一期）路网结构

（a）日本松下电器厂区
（摄于90年代末）

（b）华宝集团厂区
（摄于90年代末）

图5-6-36　工业园内的厂区建筑[1]

2．村级工业用地

与镇级工业区相比，村级的工业用地虽然已逐步脱离了生产与居住混合的家庭式小作坊，但从总体上看，不仅布局仍然分散化，且产业与生活空间仍处于高度重叠阶段。村级工业用地的分布主要有以下几种类型：

1）分散多片型布局。常见于人口较多、建设用地比较紧张、而且远离重要交通干道的村落。在建设土地储备匮乏之下，为了迁就原有的村落格局，工业用地只能穿插在间隙中。整个村没有明确的功能分区，发展方向模糊，用地混杂。如乐从西南角的水藤、罗沙、沙边和北街等村落密集区域，工业用地就成散片状分布在村内和周边的基塘上（图5-6-37）。这类平面布局不仅导致工业生产对居民生活及生态环境的负面影响较大，同

[1] 转引自：佛山市顺德区档案局（馆）等编. 敢为人先30年——顺德改革开放30年档案文献图片选. 2008.

时对自身工业的交通运输也形成了极大的挑战。由于工厂分散，无法处处开辟通道，只能利用村落原有的狭窄且蜿蜒曲折的街巷，但往往难以满足机动车的通行，更不可能承担大量的货运。即使有的村庄能开辟出多条机动车道满足工厂运输的需要，却又导致了村内道路系统的混乱，加上人车混行，大大降低了通行能力。

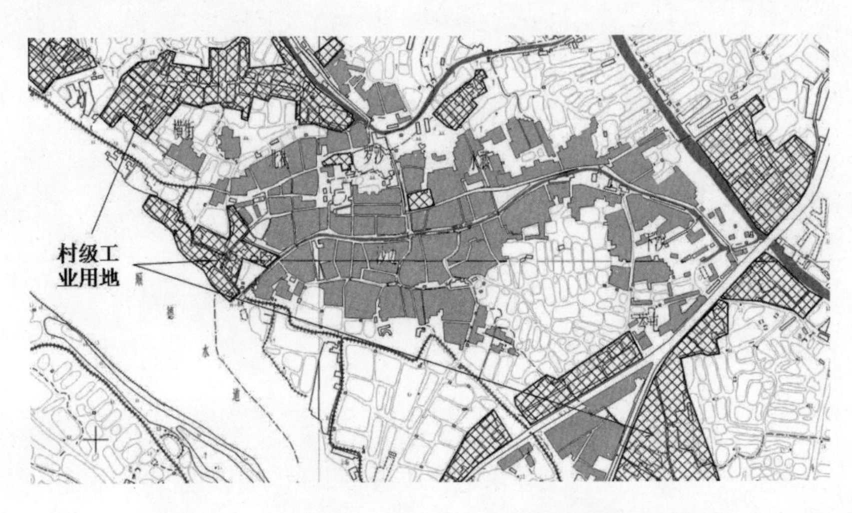

图5-6-37　乐从几个村落散片式村级工业用地布局

这种分布零散的工业用地布局一般只适合发展小规模企业，但由于小企业投资少、风险低、见效快，深受当地村民青睐，反倒刺激了这种用地模式的增加，使其成为顺德村落中数量多、分布广的工业布局方式，给规划管理带来极大的难度。

2）村外环绕型。为了节省用地，过去珠三角村落均成团状布局。内部是密集的居住空间，外部则尽可能留作耕地。这一布局为新一轮的乡村城镇化划定了形态框架，即工业用地顺势在村庄外围形成环形带，工业包围村庄并逐步以摊大饼的形式向外扩张。相对于分散多片型的发展要更集中，但对内部的生活空间仍有很大的影响。典型例子是乐从腾冲村的钢材加工厂。腾冲村南面以细海河为界，村中部和北部各有1条几乎为圆弧形的小河涌，因此村落建筑布局围绕2条小河涌成圆弧形展开，具有一定的向心性（图5-6-38）。20世纪90年代在村的西面和北面紧邻325国道处，兴起了一个有相当规模的乐从钢材市场。腾冲村边缘的用地很快便成为这个钢材市场的后勤空间，设置了大量的钢材仓库和粗加工工厂（图5-6-39）。这些工厂顺应了腾冲村原有的圆形布局，在最外围的河涌边上开始建设，并一圈一圈向外扩张。其道路系统也是接近同心圆路网。

图5-6-38　村外环绕型工业用地　　　　图5-6-39　腾冲村外围的工厂

（资料来源：作者根据2002年卫星航拍改绘）

3）沿村外交通干道型。对于那些靠近国道、省道、县道的村庄，根据“马路经济”的规律，工业用地首先选择贴近干道布置，并逐渐聚集成半产业化族群的村级工业区（图5-6-40）。在村级工业区、村落与交通干道3者的空间关系上，通常有3种布置方式。一是村落与工业区并排在公路的同一侧，进入村庄和工业区的出入口均单独设置，两者既能便于使用交通设施，同时还能减少相互的干扰；二是村与工业区隔路相望，各据道路一侧。但跨越的道路等级不可能太高，否则既容易阻隔了两者的联系，又影响干道的交通；三是工业区优先选择紧邻交通干线布置，村落居于其后。工业区最开始发展时规模有限，与村庄相隔一定距离，彼此干扰不大。当工业区逐步扩张至与村直接相连时，干扰问题则变得严峻。另外，进村的交通有时必须先经过工业区，造成工业区内的交通混杂。3种方式的最大共同点是工业区的出入口必须直接开向交通干线，以便于物资的对外交流。但对交通干线的负面影响增大。尤其是同一条干线上连续多个村纷纷在干道上设置出入口，造成车流混杂和严重堵车，大大降低了交通干线的通行能力。

村级工业区内的道路系统通常极为简单，稍大型一点的就设置1～2条垂直于过境公路的主路，然后再从主路中分叉出进入不同厂区的支路。一些主路还可以直通村庄，取代原有狭窄曲折的小路，成为新的进村通道。小规模的则只有1个等级的道路，即直接设置若干条与外部干道垂直的道路，各厂在其上设出入口（图5-6-41，图5-6-42）。

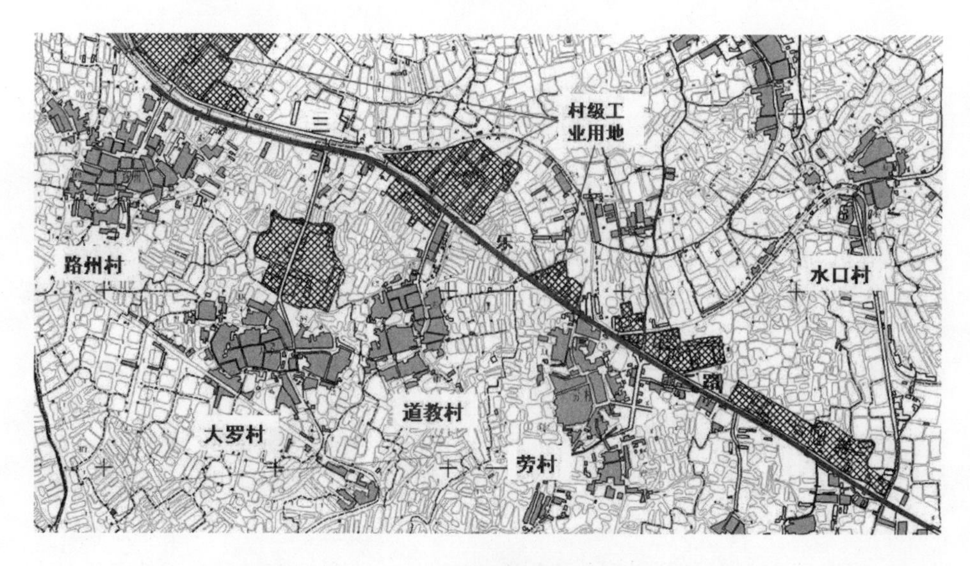

图5-6-40　沿三乐路展开的村级工业用地

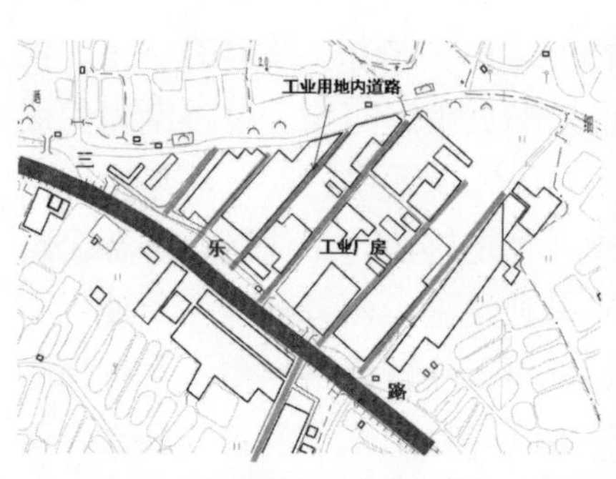

图5-6-41　道教村工业区道路结构图

图5-6-42　工业区道路与外部干道的连接点

（四）十里长街式专业市场

一般而言，商业空间是一座城市中最具活力的部分，对城镇形态的特征和演变起到关键性作用。而此阶段一种较为特殊的商业用地正在国内许多小城镇中兴起——专业批发市场。其最主要的特点是为同一大类的商品提供专业的外部共享销售平台，主要包括农副产品、日用工业品和工业生产资料三大类。这些专业市场的兴盛主要得益于三方面：一是乡镇企业的强盛，尤其是发展“一镇一品”，以特色产业带动本地工业化的模式，催生出依托于当地优势产业的专业市场；二是便捷的交通设施，这些专业市场几乎无一例外紧邻国、省道交通干线布局，以便于客流与物流的往来，使产品最大限度地辐射至全国；三是本地生产资源的丰富性与地方文化的独特性，因为许多产业的出现以及此后在行业中的垄断地位建立，往往与这两个条件紧密相关。例如某些镇具有生产某类产品所必须的土壤、气候，或者具有生产服装、家具、小商品之类的传统技艺。甚至是某个人机缘巧合地先在此开了一家工厂或交易场所，再因血缘或宗族情感的联系而引来其他人的参与，然后越做越大成了一项重要的产业。例如乐从的钢材交易市场，既不是产地也不是最终消费区，却能形成知名度高、规模巨大的专业市场。

随着专业批发市场的兴旺，小城镇的活力再次显现，其商贸功能也重新受到政府的重视，反过来以加大投入和推出优惠政策来鼓励专业市场的经营。以紧邻佛山的乐从为例。20世纪80年代初，乐从水藤一带的家具产业开始兴盛，加上国道建设的完善，沿路建立起众多的销售门店，形成前铺后厂的经营模式。20世纪90年代末顺德政府希望培育出更多知名品牌，着力打造乐从为“家具之都”，开始集中力量在原有的基础上建造规模更大的专业批发市场。2000年把乐从原来零散破旧的家具市场全部拆除，沿325国道建成全新的延绵数十里的家具销售长街，吸引了本镇及全国各地的家具生产企业。总建筑面积达180万，12排26条商业街，1400多个商场，从业人员5万，汽车日流量高达20000台次，购物的顾客逾3万多人，销售量居全国家具市场之冠，是全国乃至全世界最大规模的家具贸易集散地[1]（图5-6-43～图5-6-45）。十里长街的巨大成功，在省内乃至全国都颇具影响力。成功经验一经推广，各镇纷纷效仿建造类似的大小十里长街商贸城（表5-6-8）。乐从也继续立足于自身的区位优势，大力发展另外两种商品的专业批发市场——钢铁和塑料。其中，钢铁市场面积达200多万平方米，贸易商户2000多家，还有配套的仓储和深加工区域。经营模式已从过去的地摊式集市走向物流加工园区。后起之秀的塑料批发市场面积也达到了60万平方米，商户500多家。3大市场2009年的总销售额达到549亿，而当年乐从镇的工业总产值仅为107亿，从而打破了“无工不富”的珠三角小城镇发展模式。

2002年顺德专业市场汇总表[2]　　表5-6-8

名称	位置	投资额（亿元）	建筑面积（万平方米）	占地（万平方米）
乐从家具市场	乐从325国道	10	160	80
乐从钢铁市场	乐从325国道	3	2.4	53.36
顺德塑料城	乐从兴东商业城内	0.6	5	2
乐从环球布匹城	乐从腾冲工业区	0.15	3	4
龙江325家具城	325国道龙江路段	2.4	16.1	26
龙江豪俊家具装饰材料	325国道龙洲交汇处	0.35	8.86	18
龙山家具材料市场	325国道龙山大道交汇处	0.74	3.8	10

［1］转引自：乐从镇政府官网http://www.lecong.gov.cn/page.php?singleid=3&ClassID=5&ThirdID=3.

［2］转引自：《顺德报》2002年3月26日.

续表

名称	位置	投资额（亿元）	建筑面积（万平方米）	占地（万平方米）
北滘供销集团钢铁中心	广珠路北滘路段	0.6	0.14	1.05
陈村花卉世界	陈村佛陈路段	4.3		300
顺德市装饰材料专业街	大良环市北路	0.29	0.47	0.47
大良德昌电脑城	大良环城路	0.86	0.32	0.16
顺德国际木工机械商城	广珠路伦教路段		6	4.6

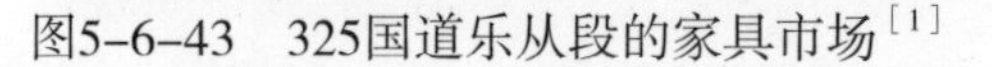
图5-6-43　325国道乐从段的家具市场[1]

图5-6-44　20世纪90年代中期的乐从家具市场[2]

图5-6-45　21世纪初的乐从家具市场

因乐从家具市场规模最大，形成较早且富有代表性，本文截取该市场其中2段用地作平面分析与对比。A段位于325国道乐从段的南端，紧邻水藤村和沙边村。B段位于325国道乐从段的中部，与沙滘社区相邻（图5-6-46）。每段用地沿国道长约500米。2段用地上的空间形态分别代表了2个不同时期的专业批发市场特征：A段代表的是早期小型自发零售模式，B段则代表了现代大型规范化的批发模式。

1．地块形状与边界

A段：地块呈细长的带状。与国道相邻的边界较平整，但退让道路红线距离不规则，约为4～20米不等。背向国道的一侧参差不齐，与下沙村

[1] 南方都市报. http://epaper.oeeee.com/A/html/2014-04/02/node_523.htm.

民房及水塘交织，边界模糊散乱。实质上，此类商业建筑背面几乎没有任何出入口和辅助通道，早期的批发市场甚至连停车位都缺乏，所有客货流、静态交通甚至广告面都集中在沿交通主干道的一侧。

B段：整个地块成较规则的块状，长宽比约为1:2～1:1之间，明显经过统一规划，尤其是国道西侧的国际家具城。沿国道一侧的边界基本平齐，退让距离整齐划一。背向国道的一侧以小河涌为界，与居民区有明显的分界线。地块内部设有纵横的货运专用通道，同时可以减轻对城市道路的交通干扰。一般采用沿路停车的方式，没有单独设置停车场。

（a）A段用地

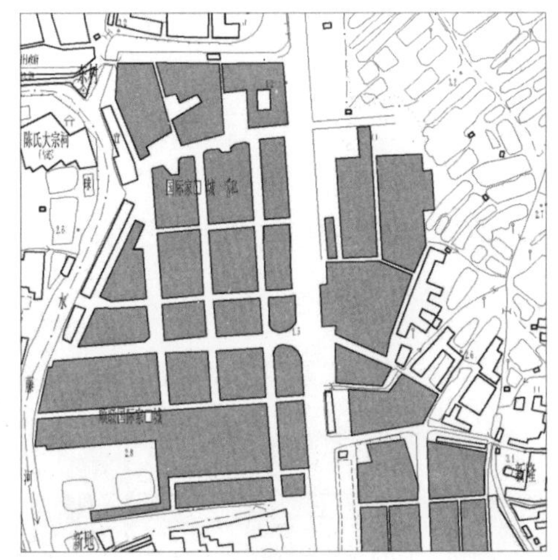

（b）B段用地

图5-6-46　两个时期的专业批发市场用地形态对比

2. 建筑及道路布局

A段：线型布局。单座建筑沿道路“一字”并列排开，与传统的自由集市结构一致，是一种自发的初级形态。在道路交叉口处，建筑会根据道路走向转为“L型”或“U型”布局。这样可保证每个铺面直接临国道，商业价值均等，客、货流线简单明了。但进深小，规模受道路长度所限难以扩大。

B段：网格型布局。以临国道的第一排建筑为基础，向进深方向平行排列。2排建筑之间设置与国道平行的主街，宽约20米。为满足消防和交通要求，建筑长方向每隔一定距离则留出垂直于国道方向的支路，宽约10米，从而形成规则正交的路网。总平面上类似阵列式的兵营，是专业市场中级阶段的形式。一些早期线型布局的市场也常用此方式向后方征地扩建。虽然扩大了经营规模，且与外部过境交通适当分离，但却使得大量处于后面的营业铺面，商业价值降低。

3. 建筑形式

A段：建筑通常为3～4层，平均层高约为4米。1～2层的展示厅层高较高，空间大，极少有隔墙，3～4楼一般为办公和仓储。因为大部分商店均是由家具生产企业开设的直销门店，因此每栋建筑的规模和风格都与相应的企业密切相关，造成彼此间的差异性较大。例如，建筑的进深大到120米，小到仅有12米，面宽则从200米到40米不等。风格上有极简洁的现代风格，也有繁复的欧式复古风格。但立面上大量广告牌几乎把所有的建筑装饰都隐蔽了起来，虽然仍显混乱，但却别具特色（图5-6-47）。

B段：由于市场经营的主体发生变化，除了由生产企业直接建造店铺外，还有民营资本加入建设大型家具城，再分租给小型的生产企业作为销售店面。这就使统一规划和建设的商业建筑不仅在建筑风格上更一致，内部功能与空间的分隔上也更规则。层数均为3层，层高6～3米。店铺的基本单元面积约为30米（面宽）×50米（进深），经营者可根据自身的需求选择租用单个或多个基本单元，机动灵活。内部纵横的道路均加了蓝色或白色塑料顶棚，形成内街的形式，便于遮阳、挡雨（图5-6-48）。

图5-6-47　A段建筑形式

图5-6-48　B段建筑形式

进入21世纪后，专业批发市场的形式又有了新的转变，最突出的特点是形成体量极其巨大的独栋式商业综合体，里面由多个内部商业街、中庭及辅助空间组合而成，停车方式趋向于室外停车场与室内多层停车库的结合（图5-6-49）。从土地利用上看更为节省，同时也大大提升了档次，给购物者更舒适的购物体验。

图5-6-49　21世纪新建大体量家具城

（五）大型居住区——碧桂园

随着房地产业的兴起，20世纪90年代初在北滘镇区东面约8千米的碧江大桥侧（105国道），开始兴建一个投资数亿的大型别墅居住区——碧桂园，总占地面积4495亩（图5-6-50）。相对于当时空间和功能均高度混合的镇区而言，这个居住区不仅用地独立、界线清晰，而且功能分区明确。另外，碧桂园的物业管理模式极为独特，引进了城市中5星级酒店的管理，把园内的每一栋别墅和公寓，都当作5星级酒店的一套客房，并以此为卖点，打出了“给你一个5星级的家”的广告口号。当时一本著名的杂志《南风窗》曾经用“乡间升起五星”为题对其进行专题报道，当中还提到：“当中国的老知青们还在品味20世纪60年代‘上山下乡’的沉重回忆时，谁也没有想到，20世纪90年代中，一场新的‘上山下乡’又在南中国悄然兴起”。

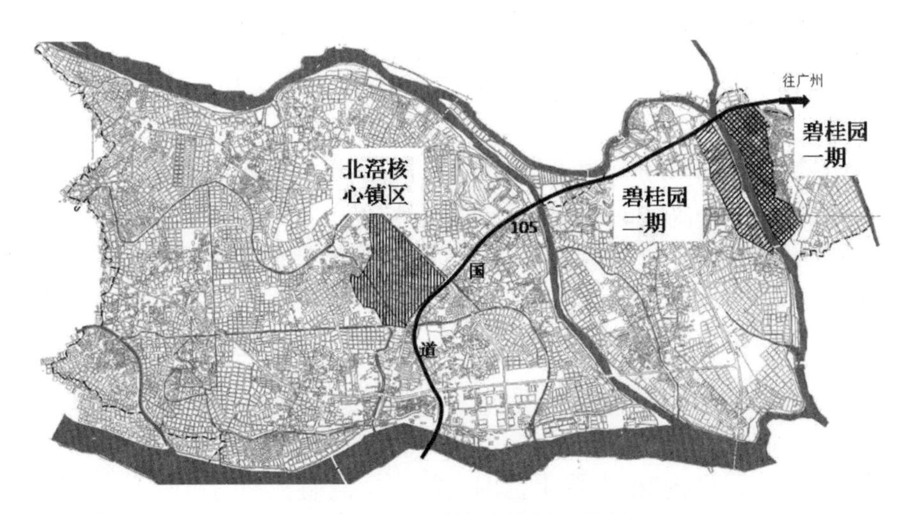

图5-6-50　顺德碧桂园区位图

顺德碧桂园的开发，带动了中国居住郊区化的潮流。几乎在同一时期，紧邻广州和北滘的番禺（当时仍是县级市）也开始了郊区大型楼盘的建设。最著名和最先发展的是位于番禺钟村镇的祈福新村，与北滘的碧桂园相隔不过6千米，征地面积达7500亩，同样以别墅类住宅为主打。这类郊区大型屋村还有几个共同的特点：一是以协议转让方式拿地，一般由政府收回集体土地，且多半是耕地或闲置土地，再以低价转让给开发商，开发成本较低。二是封闭式管理，没有城市道路穿越，形成独立割据的孤岛。三是这些独立于城镇的郊区化大型居住区，为解决公共配套设施的不足，往往在规划建设中同时配套建设大量的公共与商业服务设施，如购物、娱乐、餐饮、医院、公共交通、学校等。1994年，碧桂园开发商就在住区内开办了一所学校，开创了中国“地产教育”的先河[1]。因此，这类大型居住区建设已然超越了纯居住区的范畴，更像是一座新兴的小镇，同时也成为城镇向外扩张的先锋，其成功与否对周边土地的开发起到了关键性的作用。但另一方面，这类高档居住区的消费对象多为香港到大陆的投资者或少数国内高收入阶层，其配套设施也无法让普通镇民所享受，与周边城镇生活几乎毫无关联。

1. 用地边界与组团划分

陈村水道将碧桂园居住区的用地分割成东西两大区域，东区开发最早，西区地块则在2000年初期才开始建设。一期建设的东区是一条宽约700～600米、长2400米的沿河带状地块，地势较平坦。地块东面一连串高程约为52～32米的小山岗，成为一条自然的边界，山岗的另一侧基本为三桂村的农田和工业用地。

居住区内采用居住组团+公共设施用地的结构，根据不同的用地功能和建筑形态，可以把碧桂园东区划分为以下7类地块（图5-6-51）：

1）1类地块为入口区，是面宽约500多米、进深130米的长方形地块。建有1座牌坊和2座5层高的综合服务大楼，其余用地基本为对外交通用地，包括大型停车场和公交换乘中心，满足郊区化居住人群对出行的需求。开阔的空间与高大的建筑体量，恰好构成了整个小区的形象标志，无论是就碧桂园庞大的建设规模，还是对105国道大量、快速的车流而言，都是恰如其分的。

2）2类地块均为公建，包括1个占地4.6万平方米国际俱乐部、1座占地11.4万平方米的学校、以及2座占地5万平方米的小区级会所。地块选择居中布局，以满足最大的服务范围。国际俱乐部地块处于整个居住区中部稍靠北的位置，是区内2条主要干道的交汇点，具有强烈的空间节点作用。学校地块则偏于南端，既为了方便区内学生的上学，对别墅区的影响也能降到最低。

3）3类地块是半独立式别墅，类似于英国早期的双拼联排花园住宅（semi-detached-house pairs），是碧桂园中住宅数量最多、用地比例最大的一类。总占地面积达57万平方米，分作3个组团，其中面积最大的1处位于西北角，紧邻陈村水道，平均宽度330米，长约1250米。该地块内的大部分别墅被用作旅游渡假酒店，对外部游客开放。

4）4类地块是联排式别墅，位于国际俱乐部北面，面积约13.5万平方米，呈平行四边形。东、西、南3边均为居住区级主路，北面则紧靠一组多层公寓。

[1] 邓志奇. 现代居住社区的文化环境营造——广东碧桂园现象. 中外建筑，2005(2): 64-65.

5）5类地块是独栋式别墅，所占用地比例最少的一类，呈带状分作2个组团，每个组团用地面积均在1万平方米以下。从布局上看，这2处独栋式别墅用地仅仅担当了一个极为次要的角色，用于填充剩余的边角用地。

6）6类地块是多层公寓，总共包含了6个组团，每个组团面积均在2.5万～4.5万平方米左右。从总图上看，每块用地基本分布在区域边界上，尤其是在靠近城市道路的位置，用于阻隔外部车流噪声。

7）7类地块是多层围合式住宅（花园区）。该区建于20世纪90年代末期，虽然同样为多层住宅，但在建筑的空间布局上与第6类地块截然不同。该地块偏于最东北角，占地约26.8万平方米，与核心区域之间隔着50多米高的大坑岗和一条城市道路——三桂大道，实际上十分独立。为了迁就北面的都那岗，地块呈北细南宽型。

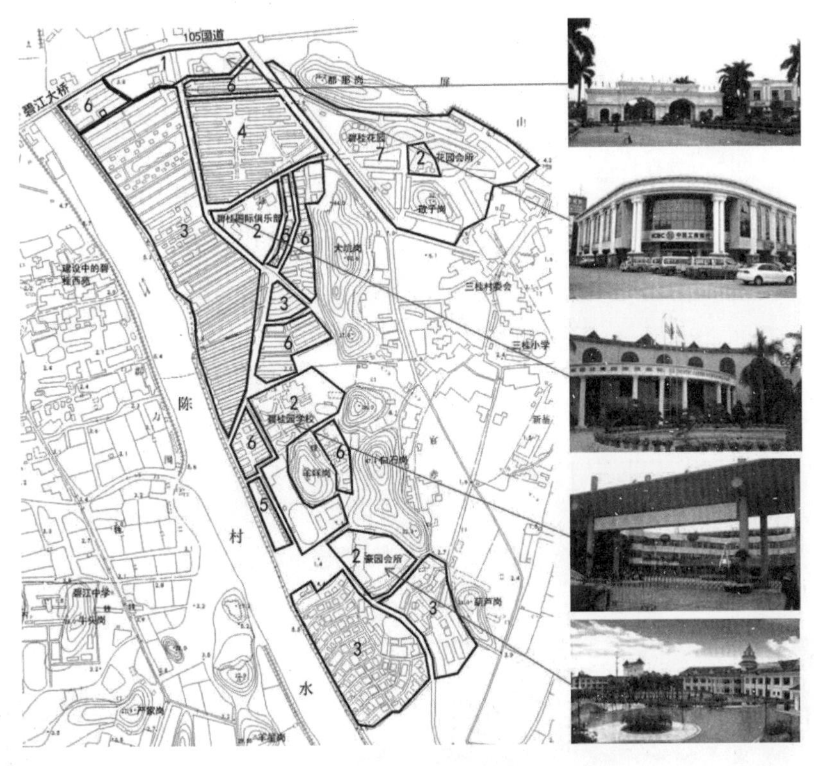

图5-6-51 顺德碧桂园分区示意图

2．街巷布局

除去后期建设的花园区外，其他区域均采用居住区级主路+组团级支路结构。主路从用地中部穿过，呈西北向东南走向，在中间的国际俱乐部节点处分支出另一路向东的主路，在国际俱乐部南端又分叉成东西2股。整条主路并未形成环形回路，而与垂直的支路形成类似“鱼骨状”（图5-6-52）。水平支路的平均长度在250米左右，没有采用通常的尽端式道路，而是在江边修建了9米宽的纵向支路，解决车辆掉头问题。所有道路均采用直线型，只在最南端的组团中加入了少量的曲线道路。放射型的道路结构有巴洛克城市的意向，和住宅风格相似，代表对欧式风情的喜好。

另外，因为范围大大超过了适宜的步行距离，且没有城市道路及城市公交系统的进入，居住在园区内的住户一般只能通过私人小汽车或少量的屋村巴士出行，机动化程度远高于同期的周边城镇。因此在道路设计上优先考虑机动车的行驶，路面较宽，路边常用作机动车停放，无法形成传统的城市街道空间与街道生活（图5-6-53）。

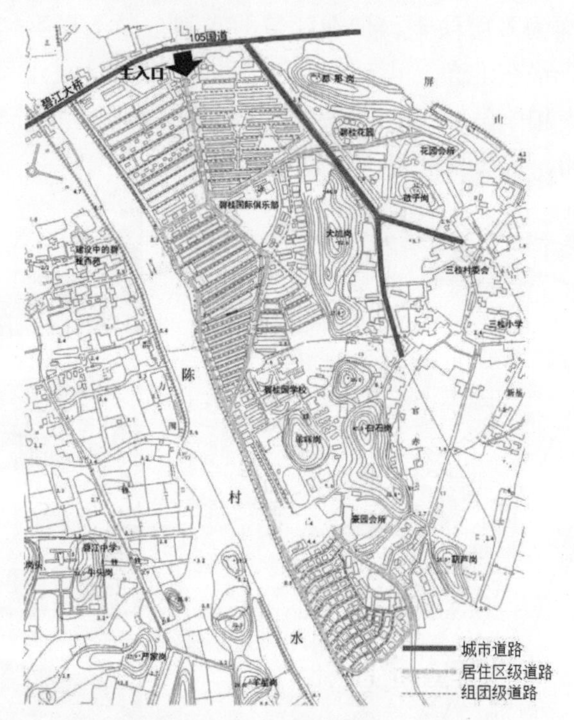

图5–6–52　碧桂园街巷布局

图5–6–53　碧桂园小区内道路景观

3．建筑肌理

全区以高密度低层建筑为主，别墅区密度达30% ~48%，第6类地块上的多层公寓密度为约35%。为实现高密度，建筑全部呈平行的行列式布局，空间形式比较单一（图5-6-54）。绿地率被尽可能地压低，绿地景观主要以房前屋后绿化、边界山地绿化和公建周边配套绿化为主，居住组团内集中绿地少且面积不大。可见绿化景观设计在这一时期的居住区建设中并未受到相当的重视。后期建设的花园区，即第7类地块，开始注重组团景观的营造，不但加大了楼距，减少建筑密度到30%，而且刻意营造了多种组团结构形式，包括半圆形的围合式，“L”形的半围合式以及长条板式等，变化更为丰富（图5-6-55）。

占据户型比例最多的是双拼联排式别墅，以4栋为1组，纵横方向两两组合，每栋别墅均有2面相邻的外墙与其他别墅贴近但并不相连，另外2面外墙临空，面向自家花园或宅间绿地（图5-6-56）。实际上4栋别墅之间并没有共用的外墙，相近的外墙上依然可以开设窗洞，从外观上看更接近独栋别墅。另一种类似联排别墅的建筑，虽然都是形式一致的建筑连续沿街并列，但侧墙同样没有相连，1层以车库彼此连接，2层以上外墙相隔1～3米（图5-6-57）。与其说这些别墅形式来源于英国低层花园式住宅，倒不如说是借鉴了珠三角村镇的传统民居格局。把碧桂园别墅与陈村老镇的住宅肌理相对比，则不难看出两者之间的相似性。

图5-6-54　行列式多层住宅组团

（资料来源：谷歌地图截图）

图5-6-55　围合式多层住宅组团

（资料来源：谷歌地图截图）

图5-6-56　双拼联排式别墅组团

（资料来源：谷歌地图截图）

图5-6-57　联排别墅组团

（资料来源：谷歌地图截图）

第六章　改革的深化与集约的发展（2003—2010年）

第一节　制度改革的深化与调整

一、第二次拉动内需政策

过去一直认为内需对GDP增长的贡献较小，因而长期存在低消费、高投资、高出口的经济结构。仅以中国政府的消费习惯为例，各级政府普遍储蓄居高，而在社会保障和福利方面的公共消费却明显不足。1998年，我国社会保障和福利的总支出只占GDP的1.5%，而西方发达国家一般都在30%左右[1]。1998年我国同时面临着通缩和失业两大压力时，国家第一次提出要通过拉动内需增长，确保8%的经济增长率。但经济增长方式转变难以推进，拉动内需政策收效甚微。

随着经济全球化趋势日益加深，以制造业向发展中国家转移为标志的世界经济结构调整正不断推进。国内产业结构中，第二产业比重持续保持高位，中国政府和企业以高储蓄、高投资的方式推动工业发展，以低廉的劳动力和资源成本为全世界生产和加工产品，成为名副其实的“世界工厂”。但这种以出口型经济为主导的发展模式却造成国内生产能力远超家庭购买力的现象，反过来迫使产品只能通过出口消化，从而形成贸易顺差。2008年美国次贷危机爆发，引发全球经济衰退，中国的对外贸易受到严重打击。中国政府为此再次通过“拉动内需”的方式，并出台4万亿元的经济刺激计划。与第一次拉动内需政策相比，此次更抓准了扩大内需的关键，投资领域从原来的出口加工工业逐步向民生、教育、医疗、交通基础设施、环境、农林等方面转变。从这个角度上说，拉动内需政策对城镇化率的提升起到了一定积极的作用。但同时也应看到，国家投放的4万亿刺激经济资金中，有相当大一部分落入央企手中，使之成为逆境中“野蛮成长”的经济巨无霸。而中小企业的经营困难甚至频频倒闭，使得那些主要依靠乡镇企业推动经济进步的小城镇同样陷入发展的困境。

对于像顺德这类经济实力雄厚、以内生型民营经济为主导的地区而言，受美国及世界经济危机的影响不大，加上拉动内需的政策影响下企业

[1] 张国锋，吕战岭. 金融危机下我国启动拉动内需政策的分析. 知识经济，2010（2）：62.

服务对象逐步转向国内，企业发展速度更加迅猛。据统计，顺德是全国首个经济总量超千亿元的县域经济体，地区生产总值近年仍然保持在15%以上的高位区间运行，2010年实现了地区生产总值比1978年翻了411倍（图6-1-1、图6-1-2）。另一方面，中小企业的经营困难反而加速了大型集团企业对下游中小型乡镇企业的吞并，形成新的产业布局，成为推动这一时期顺德产业空间走向集约化的重要因素。

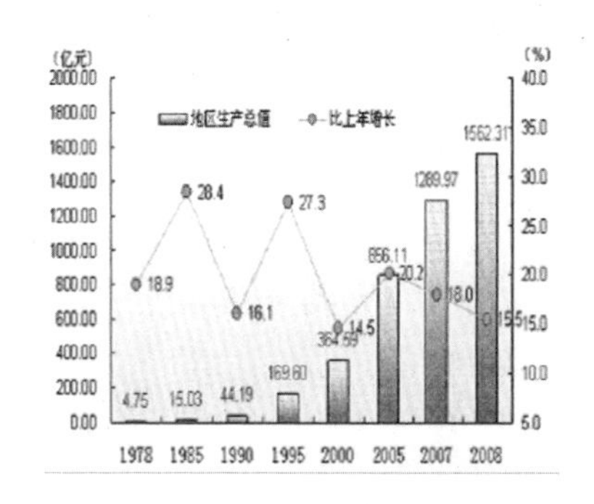

图6-1-1　1978—2010年顺德生产总值及增长速度[1]

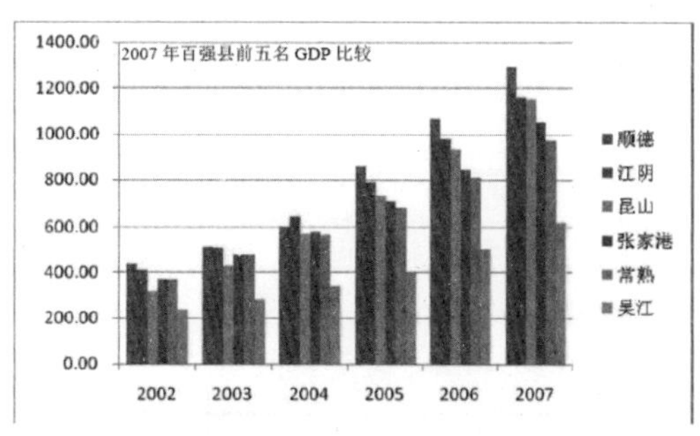

图6-1-2　2007年全国百强县前5名GDP比较[2]

二、户籍改革权限的下放与“村改居”的推行

21世纪初，国内跨区流动的农村人口已达8000多万，每年进入城市的农村人口达3000～4500万[3]，进一步放宽户籍限制已经势在必行。这一阶段，我国的户籍制度改革集中体现在改革权限向地方政府下放，即各地可根据自身的特点和需求采取相应的户籍制度改革措施。2001年，国务院批转了公安部《关于推进小城镇户籍制度改革意见》，明确提出“对办理小城镇常住户口的人员，不再实行计划指标管理”[4]。此后，一些城市开始降低农民落户城市的要求，或直接取消农业户口与非农户口的区别，实行城乡户口一体化。2009年底召开的中央经济工作会议上，再次强调“要把解决符合条件的农业转移人口逐步在城镇就业和落户作为推进城镇化的重要任务，放宽中小城市和城镇户籍限制[5]。”总体而言，户籍登记制度正逐步改革为以职业划分农业与非农人口，以居住地划分城镇与农村户口。而实现“农转非”并落户城市的控制方式正从计划指标性控制，转向以购房、学历、工作等因素决定的条件制。这些改革都大大提升了农村人

[1] 顺德区总体规划2009—2020年.
[2] 顺德区总体规划2009—2020年.
[3] 张俊. 城市化进程中小城镇几句发展研究. 上海：同济大学，2003：21.
[4] 转引自：杨宏山. 中国户籍制度改革的政策分析. 云南行政学院学报，2003（5）：19.
[5] 中国新闻网：《中央经济工作会议:放宽中小城市和城镇户籍限制》，http://www.ehlnanewseom，en/cj/cJ-gncJ /news/2009/12-07/ZO04724.shtml.

口向城镇的转移的速度，从而促进了我国的城镇化水平。

得益于户籍制度的放宽以及顺德经济的持续增长，自1998年以来顺德流动人口的增长速度始终高于户籍人口的增长。人口的自然增长率逐渐降低，而机械增长率逐渐升高（图6-1-3，图6-1-4）。根据2010 年第六次全国人口普查结果显示，顺德区常住人口约246.5 万人，其中户籍人口123.2万人，占比50.0%；流动人口占比50.0%。从人口密度分布上看，人口明显集中在沿105国道的村镇中（图6-1-5），这一区域也是顺德经济实力最强的经济发展带，是由改革开放以来的马路经济发展模式所导致的。

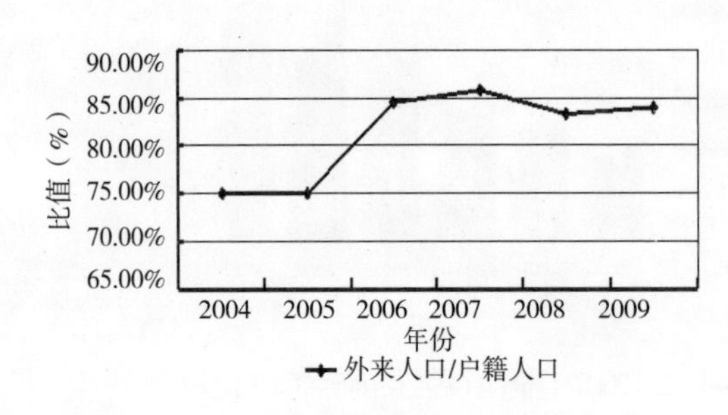

图6-1-3　2004—2009年顺德外来人口与户籍人口比重变化分析图[1]

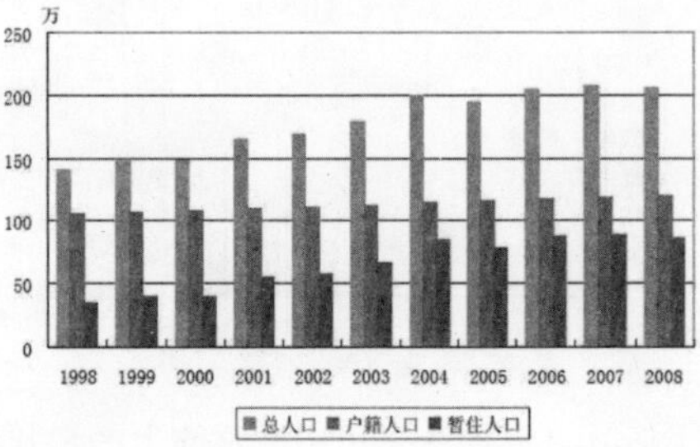

图6-1-4　1998—2008年顺德户籍和暂住人口变化分析图[2]

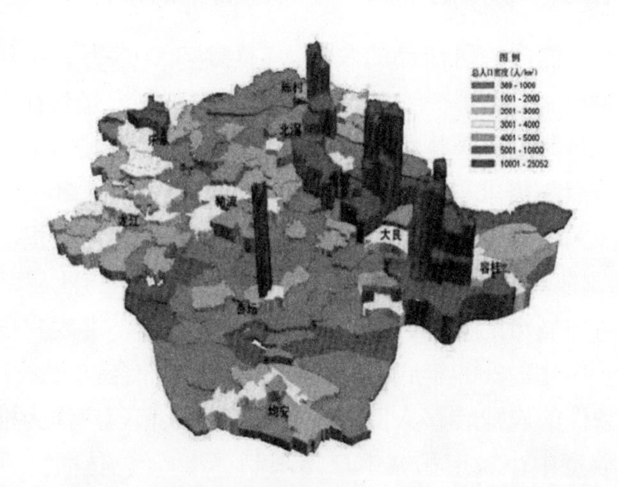

图6-1-5　2008年顺德各村居常住人口密度分布三维图[3]

另外，针对本地农村居民对户籍农转非和迁居意愿的低落，进而导致城镇化速度和水平偏低问题，顺德自2001年起开始逐步推行村改居计划。一方面，规定拥有本市农村户口，又在中心城区或镇区内有合法固定住所，有合法稳定职业或生活来源的人员及其一起居住的直系亲属，都可以

［1］ 顺德区总体规划2009—2020年.

［2］ 顺德区总体规划2009—2020年.

［3］ 顺德区总体规划2009—2020年.

申请城镇户口。另一方面，把若干个人口规模小于2000人、地域连片或位于城镇建成区内的自然村，合并更改为社区居委会。改为居委会后，原村民的农业户口将转为非农户口，享受与城镇居民同等的待遇并履行同等义务。原村集体土地，包括所有住宅和工业用地均收归国有，工业用地转国有要换证交钱，住宅用地不用交钱，从而部分解决了城中村的建设和管理问题。这一政策的实施同时还有利于人口向中心镇和中心村集聚，从而改善农村居民点过于分散的现状，使得区域的整体形态也趋于集约化。

三、土地二元制改革的深化

城乡二元制度下产生的土地“双轨制”，一直被认为是导致城乡分割、用地无序蔓延和粗放式发展的主要原因。由于不同的土地产权属性，即使在某些区域城乡空间已实质上紧密相连，但在形态、空间规划与管理、基础设施配套上，都存在着明显的差别。国家通过征收集体土地转为国有，实现对城市建设用地的供给，而在征地和供地制度之间形成巨大的差额利润激发了地方政府对“以地生财”的狂热，从而导致城镇建设用地的快速与无序蔓延。农村利用土地级差，将集体建设用地的使用权以出让或出租等形式参与工业化进程，从而实现土地的资本化收益，但也因此导致了工业空间布局的碎片化。针对这一系列问题，早在2001年10月，顺德以广东省首个农村集体土地管理制度的改革试点单位，开始了土地制度改革的尝试。

（一）征地制度改革

改革主要体现在土地补偿费和安置补助费的提高上。从2001年以前每亩1.3～3.2万元，统一调至2001年的每亩3.3～5万元。2004年再提高到每亩5.3～7万元，2007年统一补偿标准深化并且与社会保障体系链接。征地费的大幅提高在一定程度上提升了农民集体用地转国有土地的积极性，却不能让农民享受土地升值所带来的持续收益，因而只能短期内提升征地量。例如在上述2001、2004和2007年3个年份中，征地总量明显上升，城镇面积的扩张速度也因此加快[1]。

（二）提留地与合作开发政策

将农民被征收土地面积的15%作为集体发展预留用地。其中10%提留给村，5%给镇（街道）作发展留用地。在一些土地价值较高的地区，对某些物业采取集体与政府合作的开发方式，进一步保障农民的收益。如此一来，表面上看是增加了农民的收入补偿，且实现了农村集体土地的“就地城市化”。但也有学者指出，这一政策使城乡的利益交织更加复杂，加

[1] 参见：黄慧明. 城乡土地产权关系视角下的空间形态研究——以佛山顺德为例. 规划师 2010（7）：107-112.

剧了空间的割裂模式，也抑制了某些区域的城镇化进程[1]。

（三）农村居住用地整合政策

除了调整农业用地征地制度外，对农村居住类建设用地的流转方式也有了新的尝试。一是从2001年开始试行的宅基地固化，即对全区在册的农业人口按人均不超过80平方米进行宅基地指标固化。各村（居）的宅基地指标使用完后，不再审批单家独院式的住宅用地。2007年，顺德开始推进镇区的旧村改造，尤其是在城镇规划区范围内严格控制单家独户的村民住宅。二是在原有的宅基地基础上拆除旧房，由集体统一开发为农民公寓，以增加容积率，实现集约式居住。三是构建城乡住宅用地的置换机制，即农民可以将自家的宅基地置换为面积相当的城镇居住用地，鼓励农民进镇、“上楼”居住。这些政策对节约用地，解决农民“进镇不离乡”而导致的实际城镇化率滞后等问题，具有一定的效果。

（四）工业集约园区政策

分散式的农村工业化无疑给村镇空间规划带来极大的挑战。20世纪90年代中期，长三角的无锡和苏州就率先提出了“农业向规模经营集中，工业向开发区和工业集中区集中，农民居住区向城镇和农村新型社区集中”的三集中战略。2004年，江苏省政府把三集中的内涵提升为：“工业向开发区集中，人口向城镇集中，住宅向社区集中”的用地战略。各地出现大量工业园区建设，苏南地区的工业园区经济更是逐渐成为当地经济发展的主力军[2]。据2008年中国社会科学院经济研究所统计数据显示，苏锡常地区的园区经济，以不到全省1/4的用地，支撑了全省20%的工业收入、40%的出口额和17.7%的财政收入。为了实现工业集中化的目标，同时又能保证各个村的经济收益，长三角的一些乡镇采取了“化零为整”联合共建工业区的模式。例如无锡市西南市郊的胡埭镇，自2001年起全面推动工业向园区集中。2003年又由其所在的滨湖区主导，把周边乡镇的工业向胡埭镇的工业园区集中。采用的模式是：由胡埭镇提供土地和园区规划、基础设施建设、税收及物业管理等配套服务，而周边镇街则负责建设标准厂房、引进企业及经营管理。在收益分配上则本着“谁投资谁收益”原则，从而在一个工业园区内实现多方合建，共同受益的跨区域统筹体[3]。这是工业园区再次突破行政区域限制，走向更加集约发展的尝试。

为了控制工业用地的粗放式发展，广东省也于1999年颁布的《村镇规

[1] 黄慧明. 城乡土地产权关系视角下的空间形态研究——以佛山顺德为例. 规划师，2010（7）：107-112.

[2] 朱晋伟，詹正华. 论农村的集约型发展战略——苏南农村实施工业、农业、农村居民三集中战略的机理分析. 改革与战略，2008（9）：86-88.

[3] 参见：朱同丹. 科学发展观视野下发达地区农村工业化转型研究——无锡市胡埭镇为例. 无锡：江南大学，2012：42-68.

划指引》中规定："村镇工业建筑和仓储用地必须严格按照非农建设用地的地域控制范围和时序控制要求进行开发建设，自然村内不再安排新的工业开发项目，新建项目应向镇及中心村集中，但不得占用'不准建设区'的用地。…… 通过用地调整，在镇域范围内根据用地、交通、市政设施等条件统一设置若干工业小区，作为全镇各村共同使用的工业开发用地。"1998年顺德市政府曾发布《关于鼓励集约开发区的通知》（顺府发【1998】47号）。但受土地制度和利益分配等问题的制约，工业园区化往往只停留在表面，或者成为各级政府扩展建设用地的手段。当时顺德曾一度拥有过200多个工业区，多为村级开发，土地利用粗放，并没有真正起到集约的效果。2000年，顺德市政府再次提出"集中建设市、镇两级集约型工业区"，实行工业用地连片开发，并规划了17个集约型工业区，用地面积达104平方千米。同年，市政府还发布了《关于进一步提高我市现代化建设水平的意见》（顺发【2000】19号），当中规定："对村一级人均40平方米的工业留用地由各镇（区）负责按照集约工业区的要求进行规划建设。……对现有小型、分散的工业区和工业用地要重新进行布局和功能调整，严格限制其新的发展。"[1]。2001年顺德取消村级工业留用地的指标，停止审批零星的非集约工业区农用地转用。同年又提出了以"一区多园"方式，大力推进集约工业园区建设。2002年再次优化集约方案，提出工业区开发由镇为主导，每个镇只允许设置1～2个开发面积不少于2000亩的集约工业区，并以优惠政策吸引村级工业进园。与此同时，顺德政府开始更严格地限制村级工业区发展，对已有的村级工业用地，若符合集约工业园区标准则纳入镇级集约工业区管理，否则则按照相关办法迁移置换。为了保证农村的经济利益和发展要求，这些迁并至镇级甚至区级工业园区内的原村办企业，其产值和税收大部分仍归村集体所有。原村级工业区的用地若复垦为有效的耕地，还可以获取镇、区级工业区内的建设用地指标。

问题是，这种依靠政府强制性手段集中发展的方式，无法解决城乡土地二元制下的村集体利益分配问题。设在村（居）的企业产权多为集体所有，即以行政村或村民小组股份社模式存在的集体经济组织，因此必然希望将土地的级差收益留在集体内部。而且这种工业园区的建设参入了太多的行政干预，又效仿以房地产开发带动城市扩张的方式，以规划先行带动市场需求，存在一定的风险。很多园区空有一纸规划却难以建成，或建成后入驻者寥寥无几。而分散在198个村（居委）的240多个小工业点并未因大工业区的建设而撤销（图6-1-6），"村村点火，户户冒烟"的景象仍然没有得到根本的转变（图6-1-7）。到2010年止，顺德拥有的村级工业园仍

[1] 转引自：顺德市规划国土局. 顺德城市化纵横谈. 2001：7.

有211个，当中的企业多达10155家，中等规模的仅有972家（图6-1-8）。

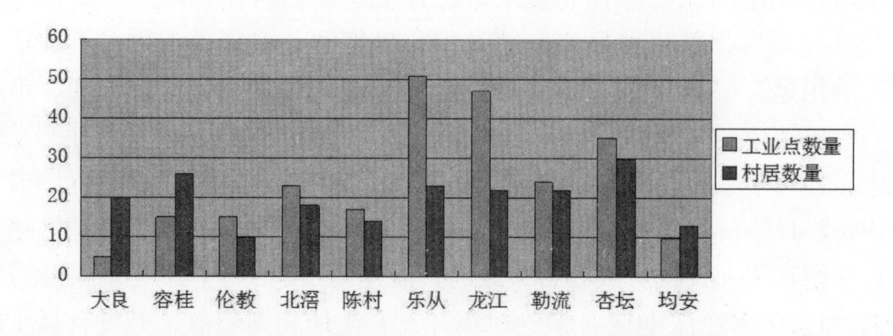

图6-1-6　各镇街工业点与村居数量对比[1]

图6-1-7　散布于各村落中的工业区/点

（资料来源：作者根据2010年谷歌航片改绘）

图6-1-8　中、小型的村级工业区景观

上述顺德的这一系列土地制度改革经验，直接催生了广东省2005年出台的《广东省集体建设用地使用权流转管理办法》。该《办法》目的是要规范集体土地使用权的交易行为，并逐步实现国有与集体土地的“同地、同价、同权”。虽然改变了过去只有政府征地才是农地进入国有土地市场的唯一方式，但依然将集体建设用地的流转限制在农村地区和本集体经济组织内部，并没有从根本上打破城乡二元分割的体制。现行土地权属不仅

［1］转引自：顺德区总体规划2009-2020年.

仍然保持着国有与集体之分，还夹杂着宅基地、村属发展用地、农保地等概念，实际权益关系极为复杂，导致空间整合面临巨大的利益调整困难。

四、服务导向的政府职能改革

伴随着市场经济改革全面推向深入，政府的行政干预反而越来越成为市场经济发展的制肘。不同行政区内代表不同利益主体的政府，彼此之间各自为政的局面，既不利于经济协作，也导致空间的割裂。1988年，全国人大七届一次会议上通过的国务院机构改革的方案，预示着中国政府决心从直接微观的经济管理中逐渐退出，转向间接的宏观调控。1993年分税制实施后，地方政府直接参与企业经济管理的情况渐弱。2005年的国务院政府工作报告中，首次从中央层面提出了构建服务型政府的目标，并指出以建设服务型政府为我国政府职能转变的基本方向[1]。2006、2007年的政府工作报告中，都突出了政府工作需“以人为本”的价值观。2007年的中共十七大代表大会上提出：“通过改革实现政府职能向创造良好发展环境、提供优质公共服务、维护社会公平正义的根本转变[2]。”

镇一级地方政府的职能转变也非常鲜明。过去是片面专注于发展地方经济，事无巨细一手包办，如今在契合村镇社会发展的实际需要基础上，更致力于创造公平、稳定和可持续的社会环境，提供公共服务和公共产品。顺德的政府改革在珠三角乃至全国都是极为突出和超前的。除了1993年和1998年进行的两次政府机构改革外，又于2009年9月开始推行“大部制”机构改革。全区41个党政机构被合并削减至16个，并实行大部门首长负责制，从而提高政府的运行和决策管理效率。创新的“网格化管理”模式也为多头管理问题提供了新的解决方法，加大了具体政策的执行力和部门间的协调[3]。

时至今日，政府 “大部制”改革的成效尚难定论，对顺德城市形态的影响机制更未清楚的显现。不过当中对城镇建设和管理上的一些负面影响开始引起关注。一是部门的整合存在不合理的地方。原本应该为同一部门职能的事项被划转到两个以上的部门。如城区的道路建设在工程准备阶段，必须向国土城建和水利局，加发展规划统计局两个部门申请工程规划设计条件以及土地证明。进入设计阶段时则向国土城建和水利局的水务建设科、市政科，以及环境运输和城市管理局的道路管理科进行审批，造成管理与建设分离。二是因上下级部门名称无法对接。例如国土城建和水利局原本叫城乡建设局，负责城市和水务建设。但在与省国土局联系时，因为没有“国土”2字而无法形成工作对接。省水利厅需要下拨到地方水利

[1] 参见：国务院研究室编写组.政府工作报告辅导读本..北京：人民出版社，2005：4.
[2] 转引自：国务院研究室编写组.政府工作报告辅导读本.北京：人民出版社，2007：7.
[3] 参见：吕璐璐.佛山顺德大部制改革的启示与思考.商业文化，2012（2）：14.

局的经费，也不可能打入城乡建设局的账号上，因此最后又在名称上分别加上了“国土”和“水利”。类似的问题反映出大部制改革还有很大的改善空间。

第二节　以集约化与信息化为核心的工业化

随着世界经济一体化格局的形成，经济发展越来越趋向于区域协助和集团化经营。而当工业化进展至后工业时代，信息与科技已逐渐代替资本和劳动力，成为推动工业化的主要力量。不仅小规模、分散式发展的传统乡镇企业面临生存危机，即便是有一定规模，甚至在国际行业份额上占有一定比重的大企业，也必须不断创新和提升产品质量，才能在激烈的国际竞争中保持发展的优势。这些工业发展的新形势同样也引起小城镇空间形态的一系列演变，不仅促使工业用地更趋集聚，也提升了城镇的建设水平。

一、产业结构调整与规模升级

（一）顺德区的产业结构与布局特征

从全国的产业结构上看，第一、二、三产业增加值占国内生产总值的比重从2004年的9.2:61.8:29，发展到2010年的10.2:46.8:43.0[1]。第三产业的比重增加极为显著，成为推动经济增长的新动力。产业结构正从以工业独大逐渐转变为三者协调发展。由于人们的消费结构从日常的吃、喝、穿转向以住房和汽车为主的消费升级，使得重工业在工业结构中的比重开始上升，重、轻工业的比例约为7:3[2]。但国内工业仍然以劳动密集型产业为主，产业同构现象严重。电子信息、汽车、新材料和生物医药不约而同成为大部分地区和城市首选的支柱型产业，地区之间竞争激烈。工业的地区结构则开始由东部向中西部转移。

与国内的相关数据进行对比，顺德区的产业结构呈现出许多相同的趋势。2010 年，顺德地区生产总值达到1951 亿元，三产比例为1.8:61.7:36.5。可见工业仍是该阶段的主导，但第三产业的发展正在加快。全区基本形成了以花卉种植、水产养殖、畜牧业为主体的农业，以家电等支柱产业为主体的工业和以批发业等传统服务业为主体的第三产业的现代产业体系（表6-2-1）。从三次产业的分布来看，第一产业生产主要集中在中部和北部地区：伦教、陈村、勒流；第二产业产值主要集中在家电制造重镇——容桂

[1] 中华人民共和国2010年国民经济和社会发展统计公报，http://www.stats.gov.cn/ tjgb/ndtjgb/qgndtjgb/t20110228 _402705692.htm.

[2] 中国社会科学院工业经济研究所课题组. “十二五”时期工业结构调整和优化升级研究. 中国工业经济，2010（1）：5-23.

和北滘；第三产业主要集中在中心组团的大良、容桂，以及商贸业发达的乐从（图6-2-1）。

2007 年顺德主要产业基本情况[1]　　表6-2-1

产业	产值（亿元）	基本情况
家电	1386.6	全国最大的空调、电冰箱、热水器、消毒碗柜生产基地之一，全球最大的电饭煲、微波炉供应基地，拥有国内最完整的白色家电产业链以及美的、海信科龙、格兰仕、万家乐、万和、东菱等一批名牌企业，是国家火炬计划家用电器产业基地。全区拥有规模以上的家电生产企业及配件类企业超过2000家，产值超过1108亿元，约占全国家电业产值的15%和顺德规模以上工业产值的1/3左右。仅美的集团即实现产值750亿元，上缴国家税收超过10亿元，成为中国白色家电龙头企业
机械装备	271	涵盖木工机械、压力机械、塑料机械、建材机械等领域，是全省三大机械装备制造基地之一，锻压、塑料成型装备约占广东市场份额超过30%；伦教是中国最大的木工机械制造基地；拥有科达、富华、顺特、震德等著名企业
电子信息	176.3	涵盖计算机、通信系统、基础元器件、嵌入式软件等领域，拥有顺达、神达、广东北电、天乐通信、泰科电子、瑞图万方等龙头企业
纺织服装	190.2	拥有“浪登”、“佑威”、“嘉意”、“佛罗伦”等知名品牌，均安镇是中国最大的牛仔服装OEM 生产基地
金属制品	159.1	是广东省火炬计划金属材料特色产业基地
精细化工	101.6	主要产品包括涂料和纺织助剂两大类，产值约占全国的10%，木器家具漆产量约占全国的1/2。拥有德美化工、华润涂料、鸿昌化工、美涂士等一批知名企业，是广东省火炬计划环保涂料特色产业基地
汽车配件	33.4	规模不断壮大，目前已聚集了丰田合成、爱三、爱信精机等一批外资汽车配件生产企业
家具	48.9	以龙江、乐从两镇为中心的家具产业已形成集家具材料贸易、家具机械生产、家具制造、家具贸易一条龙的完整产业链，产值占全国行业的10%左右，出口总额达4.5 亿美元
包装印刷	58.6	拥有顺昌、万昌、德冠、乐从彩印等知名企业
医药保健	18	拥有顺峰药业、康富来、华天宝、环球制药等一批知名企业。2007 年，广东省生物医药产业基地落户顺德

[1] 转引自：顺德区总体规划2009—2020年.

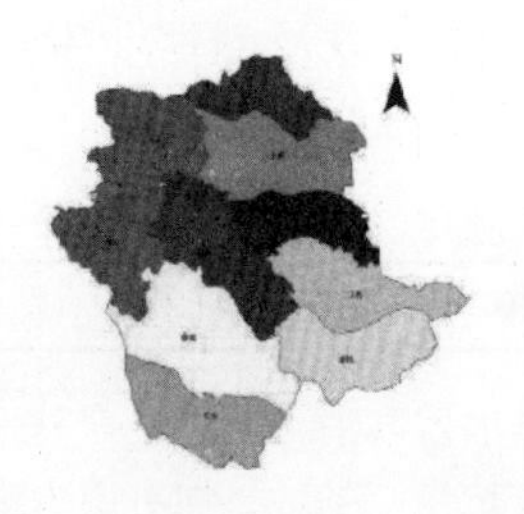

2004年顺德各镇街一产分布

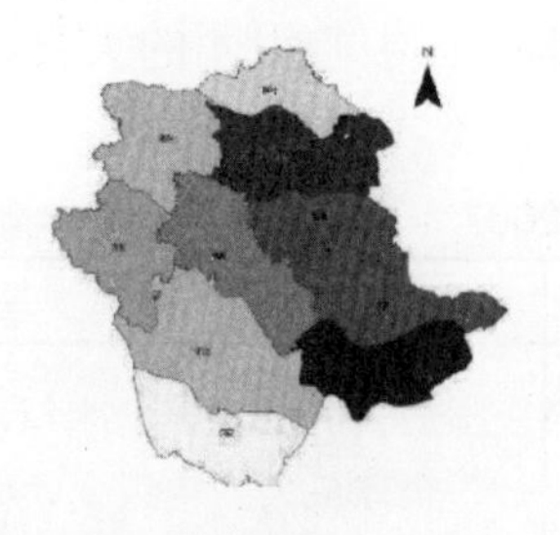

2004年顺德各镇街二产分布

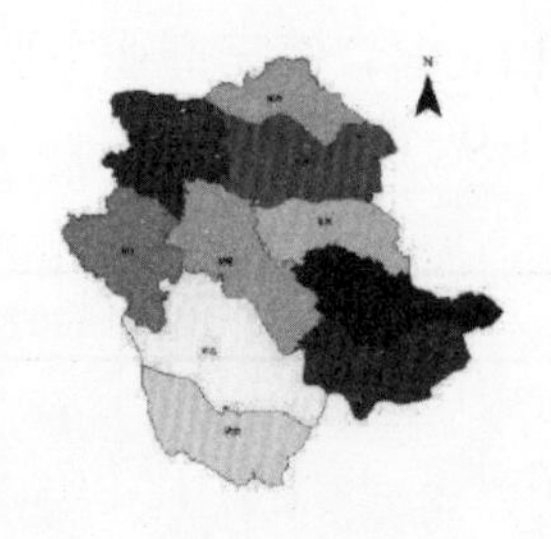

2004年顺德各镇街三产分布

图6-2-1 顺德各镇街三产分布图[1]

注：图中颜色越深，则代表该产业当年的国民生产总值数值越高。

与过往各镇独立发展单项主打产业的“一镇一品”模式有所不同，这一阶段镇与镇之间的经济竞争壁垒正在消减，进而向彼此互补、强强联合方向发展。例如龙江的家具产业集群与乐从的专业批发市场与物流产业相结合，一方着重生产，一方着重销售。杏坛、均安等工业起步较晚，区位优势较弱的镇，也开始在销售环节上与邻近的镇合作。产业向更紧密的片区式发展，也使得各镇建设用地形成向相邻的产业合作镇蔓延趋势，导致区域整体的空间形态成面域式扩张。

（二）工业规模化发展促成的集约园区式布局

以村集体工业为主的传统乡镇企业，虽然在推动中国的工业发展上具有极其重要的作用与地位，但因其规模小且分散而带来了一系列经济效益低、管理不科学和环境污染难监管等问题，越来越难以满足现代工业的发展。建立集约工业园区，一方面可以为企业本身的生产经营创造良好的条件，推动乡镇企业的集约化、规模化升级，形成区域产业特色；另一方面，还起到了节约城市建设用地和市政设施投入，促进镇区城市化建设的作用。因此正成为全国各级地方政府大力推进的产业布局方式。

顺德政府在90年代中期就开始提倡产业集约化、园区化发展。2000年颁布的《关于推行集约工业区建设的实施细则》中，还给出14条优惠政策吸引企业进园[2]。2003年以来，顺德区政府仍一直坚持“工业立区”战略，把建设集约工业园区作为经济发展的重心。2006年，顺德提出控制和整合现有低效的工业用地，严格控制村级工业用地规模，除了保留具有一定规模且土地利用较集约的村级工业区外，其他的均通过关、停、并、转的方式置换到城镇集约型工业园区中。

但受土地二元制与各利益团体之间的经济收益分配矛盾所限，顺德的

[1] 转引自：顺德区总体规划2009—2020年.

[2] 包括：园区内工业用地和生活配套设施用地免缴20元/平方米的土地开发金；免征市、镇公路建设基金；政府设立专项补贴基金用于开发建设和直接补贴给符合相应条件的企业等等。

工业点等级仍然无法摆脱村小组、村集体、镇级和区级4个等级共存的现象，产业空间碎片化依然明显。绝大部分工业点的面积在50公顷以下，平均面积20.5公顷，很多基础设施配套难以达到基本的门槛。集约园区内企业少则几家，多则也只有20几家，企业的规模仍然较小，产品结构单一。大部分镇（街）的集约工业园区与镇区的关联度不高，形态上呈各自独立发展的态势。不过随着一些大型企业把市场开发研究、产品销售以及器材维修等服务性工作独立出来，形成越来越专业和独立的企业总部、研发创新中心和会展中心，并向城镇中心区聚集，企业对镇区建设的拉动效应开始显现（图6-2-2）。如北滘的美的总部（图6-2-3）、美的制冷研究院、容桂的顺德精密模具研究院等，不仅拥有现代化的办公大楼和高素质的人才，还极大地带动了周边区域的城镇化建设。2008年，包括美的、格兰仕、海信科龙等13家企业获颁“顺德区总部企业”牌匾，是首批被认定的总部企业。

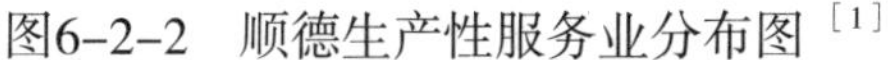
图6-2-2　顺德生产性服务业分布图[1]

图6-2-3　北滘美的总部大楼

与顺德有所不同，苏州以工业园区带动新城建设的经验值得学习。苏州的中、新（新加坡）合作国际型工业园区，自1994年开始动工建设。发展之初便提出“以制造业为先导的城市发展模式，即先发展工业用地、建设基础设施，随着工业人流的入驻而大力开发居住用地，当汇集的人流达到一定数量再发展商业配套设施”[2]（图6-2-4）。该工业区的发展强调的是对苏州新区和周边行政辖区的带动，成为苏州城市东部的增长极。经过15年的建设，整个园区的行政区划已达到288平方千米，其中80平方千

[1] 转引自：顺德区总体规划2009—2020年.

[2] 转引自：华益. 苏州工业园区规划模式研究. 苏州：苏州科技学院建筑与城规学院，2009：37.

米为中新合作区，剩下区域内分别为3个镇的行政辖区。在2007年编制新一版苏州工业园区规划时，则将该工业园区与苏州东部地区的发展整合为一体，形成职住平衡发展、配套完善的东部新城（图6-2-5）。工业园区的作用甚至把90年代苏州城市总体规划设定的城市向西发展的格局扭转为：以苏州老城为中心，东西平衡发展的城市格局。

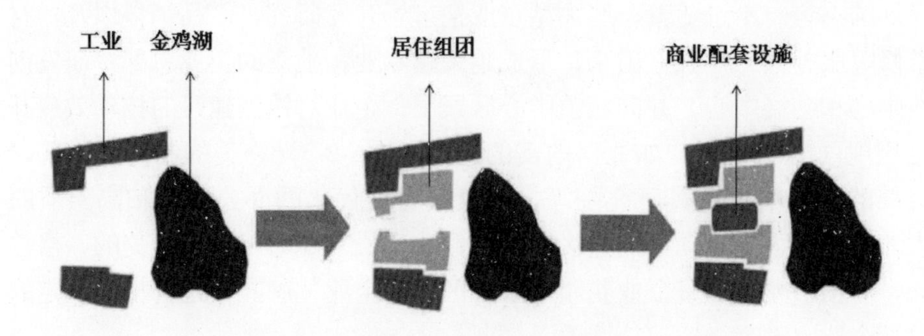

图6-2-4 苏州工业园区开发建设流程示意图[1]

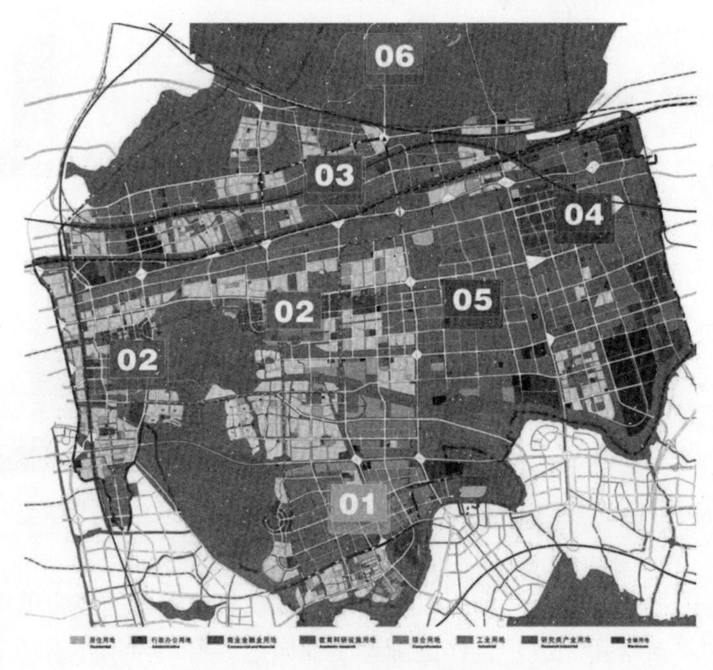

图6-2-5 苏州工业园区用地规划图[2]

当然，苏州工业园区具有国际层面的合作背景，在资源和政策的配置上具有无法比拟的优势，非一般工业园区可以复制。但事实也证明，工业

[1] 转引自：时匡等. 宜兴市经济开发区概念性总体规划. 苏州：苏州科技大学空间设计研究所，2007（7）：20.

[2] 转引自：苏州工业园区. 科学规划. http://www.sipac.gov.cn/zjyq/kxgh/201107/t20110708_103663.htm.

集约园区的作用并非仅仅为工业企业提供一个聚集的空间和配套的服务设施，还可以在某种程度上引导和优化城镇格局的发展，尤其是正处于形体快速扩张、空间格局尚未定型的小城镇。

二、工业信息化与高科技趋势

1971年美国哈佛大学教授丹尼尔·贝尔从工业化的角度，提出了人类社会的发展规律是“前工业社会——工业社会——后工业社会”，而工业社会与后工业社会的主要区别则在于，前者以商品生产为主导，后者以信息的生产和加工为主导[1]。许多欧美发达国家的实践证明，后工业时期信息对于生产的作用，并不亚于土地、资本和劳动力，甚至可以弥补这些资源不足所带来的问题，从而促进工业化的快速发展。信息化还可以促进工业从粗放型向集约化经营转变，帮助企业降低资源消耗、减少环境污染，生产与生态之间的矛盾逐步趋向协调。当然，工业化和信息化是相辅相成的，没有工业化提供的物质基础，信息化技术也难以生成[2]。作为一个工业化起步较晚的国家，要在工业化中期阶段同时推进信息化建设，需要有更高的智慧和科学的方式。自2001年十六大报告中明确提出：要“坚持以信息化带动工业化，以工业化促进信息化[3]”的方针后，经过10多年的实践，信息技术已渗透至国民经济的各个领域。但与发达国家相比还存在较大差距，核心技术需要从国外引入，信息流通渠道不畅，信息产业与其他产业之间缺少互动。

面对这样一场社会生产力的重大变革，以科技含量少、质量要求低起家的乡镇企业受到了更大的生存威胁。一些小规模的企业因无法适应而倒闭；即使规模大的集团公司也因科技研发能力不足而陷入困境。以世界最大微波炉生产商——格兰仕为例，虽然在2005年时其微波炉产量已占全球市场的50%，但核心的部件磁控管仍然依赖进口，企业利润较低。还有一些乡镇企业顺应潮流，发挥自身制造优势，转型为生产各种电子设备、光纤、感测仪器、软件等的制造厂，为信息化提供了必要的物资。

这一阶段顺德的工业企业，一方面国际化程度不断提高。以美的为例，与全球知名的空调制造商东芝签订合作协议，建立4家合资公司分别从事空调的研发、制造、销售和服务。引入国外跨国公司的资金、技术和管理，既加速自身的国际化步伐，同时还能保持自身的品牌和制造优势。另一方面，大型家电企业开始从OEM（代工生产或贴牌生产）模式转向

[1] 丹尼尔·贝尔. 后工业社会的来临——对社会预测的一项探索. 北京：新华出版社，1997.

[2] 参见：阿尔温·托夫勒. 第三次浪潮. 北京：中信出版社，2006.

[3] 转引自：新华网. 江泽民同志在党的十六大上所作报告全文. http://news.xinhuanet.com/ziliao/2002-11/17/content_693542.htm.

ODM/OBM（原始设计制造/原始品牌制造）模式，即通过提升自身技术能力和生产水平，实现自主品牌的生产，但比例很少。从图6-2-6中也可明显看到，此阶段顺德的产业类型仍然以劳动密集型为主，技术密集型产业寥寥无几。

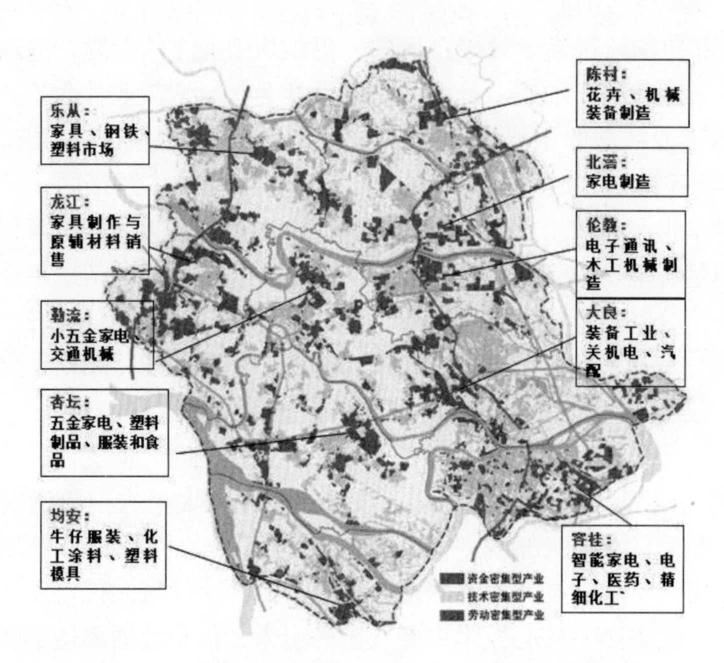

图6-2-6　2008年顺德不同类型产业的空间分布图

信息化对城镇形态的作用通常有2种截然不同的观点：一是由于网络通信、多媒体、数字化处理等技术的运用，使得空间距离将不再是大城市发展的约束，空间极化趋势将更加明显，城市、人口和经济活动更趋集中，小城镇发展可能受到抑制；另一方则认为，结合了高度信息化的现代工业，生产要素集聚所带来的规模效应优势将逐渐减弱，即产业的空间聚集趋势将减弱，因此那些规模巨大的超级城市将走向分裂，并被一系列小型智能城市所取代[1]。后者的结果对小城镇而言当然是最有利的，必然能使更多以信息网络相互连接的现代化小城镇得以兴盛。但即使是以发展超级城市为主导的城市体系，小城镇也不可能就此消亡。事实上，信息化的发展可以部分解决小城镇资源短缺、技术落后、信息闭塞等问题，使小城镇的企业在产业竞争中不会被边缘化；同时提升城市在规划、基础设施、交通、环境、安全应急等方面的智能管理水平，从而减少小城镇与大城市之间的差距。

[1] 参见：陈秀芳. 论城市化与信息化. 经济管理者，2009（8）：185.

第三节　重大交通基础设施建设

这一时期，大型、高速、直达的交通方式成为了城镇交通设施建设的主要发展方向。虽然社会发展已进入到信息化时代，但城市间的交通往来却随着经济总量的增长而更加频繁。我国在这10多年间大力建设全国高速公路网络，缩短了城市间的距离，降低交通成本。新兴的轨道交通则以超大运量、准时和快速等特点，受到越来越多的欢迎。珠三角、长三角等经济发达地区不断完善城际间的快速交通网络，把那些规模小但数量多、密度高的小城镇逐渐串联成多条城镇带，实现30分钟到1小时的生活圈。高速路和城际轻轨的建设，正在带动沿线城市的产业结构升级，推动产业分工的深化，同时也开始改变了沿线城镇的空间发展和土地利用模式。

一、新增快速路与城际轨道

公路运输在顺德乃至整个珠三角的综合运输体系中，均呈现一股独大现象。公路客运总量占总客运量的94%左右，而公路货运总量占总运量的69%左右。在2000—2009年的10年间，珠三角高速公路网络日渐成形。除此之外，其他交通设施也在同步建设中。根据《珠江三角洲城镇群协调发展规划（2004—2020）》提出的发展目标，未来珠三角将会在现有广州、深圳两大中心城市的基础上，形成佛山、珠海、东莞、惠州、中山、江门、肇庆—高要等多个区域性中心城市，并通过整合区域高速公路、铁路、城际快速轨道和机场、海港、内河航运等交通通道和交通枢纽，构筑水陆空集疏成网的综合交通体系（图6-3-1）。其中由广州和佛山组成城市群体，内部经济联系密切，大中小城市结合，已初步形成一个块状城市集聚区。《广佛同城化城市规划》中更是提出要通过加强广佛两市高快速路和轨道交通的协调规划，实现一小时都市圈计划下的广佛区域交通协调发展战略。佛山市在其总体规划中也提出要按照现代化建设的要求，构筑“网络化、高速化”的干线公路网（图6-3-2）。

在此大背景下，顺德的道路交通基础设施也不再局限于以105国道和325国道构成的简单骨架中，而是通过积极争取更大的区域性交通设施建设投资，开始了全方位多层次的路网建设。在内部公路网建设上，根据顺德2000年版的总体规划，将把新325国道（禅西大道）、登东路（佛山纵四）、佛山纵五路、伦桂路、碧桂公路和荷岳路及其东延线（佛山横五）、佛山一环、三乐路（佛山横六）、龙洲路（佛山横七）、顺番公路（佛山横八）、红旗路（佛山横九）等道路组成全区的快速路网。又建立联系各镇的全区主干道，包括：西部城镇带的全区干道为325国道顺德段、百安路；东部城镇带的全区干道为105国道、伦桂路及北延线；联系东、西部城镇带以及南部城镇的全区干道有佛陈路、规划水藤—三洲路、良勒路、龙洲路（佛山横七）、华阳路，从而满足镇与镇之间日趋紧密的往来需要（图6-3-3）。此外，未来广珠高速公路与广州外环路将在北滘碧江设置互通式立交，不仅北滘与广州取得了直接的联系，而且通过广州外环及相交的高速公路将取得与外围地区更便利的交通联系。2008年4月2日，顺德区举行了佛山市“一环”南拓工程暨顺德快速干线动工仪式。同日又举行了顺德区快速干线BT项目签约仪式，与中国中铁股份有限公司合作，由中铁公司以BT形式负责融资建设顺德碧桂路快速化改造工程。在省内高速公路规划建设上，广州南环高速经过北滘，广珠西线又为顺德提供了通往广州和东莞虎门的快速路。随着西岸多项大型交通基础设施的建设，目前规划经过顺德境内的高快速路多达7 条且都在施工建设中（部分已建成通车），包括广珠西线（太澳）高速公路、珠二环高速公路、东新高速公路、广明高速公路、江番高速公路以及佛开高速公路扩建等（表6-3-1）。

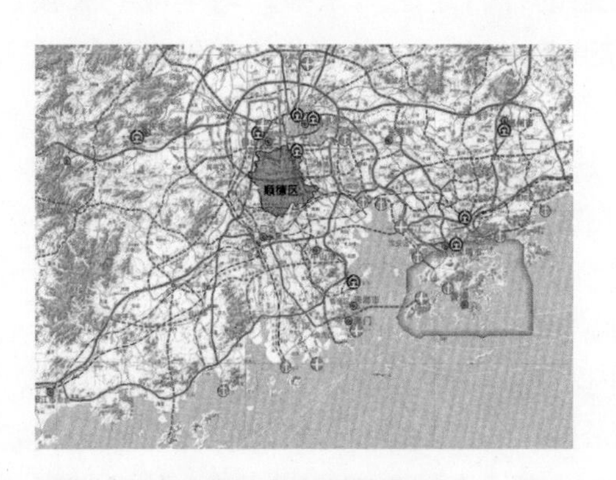

图6-3-1　珠三角区域内的重大交通基础规划建设图[1]

图6-3-2　佛山市公路网规划示意图[2]

在与周边城市的道路连接方面，针对顺德与广州相接的边界长但道路联系少的问题，2010年的顺德区总体规划控制预留63个城市主干道及以上等级衔接通道（表6-3-2）。但现阶段全区现有对外通道只有20个左右，当中为快速路的仅4条，很多对接道路在两个城市之间的道路等级不匹配，通道受过江桥梁宽度的限制形成瓶颈，交通流量受到限制。

[1] 转引自：顺德区总体规划2009—2020年.

[2] 转引自：顺德区总体规划2009—2020年.

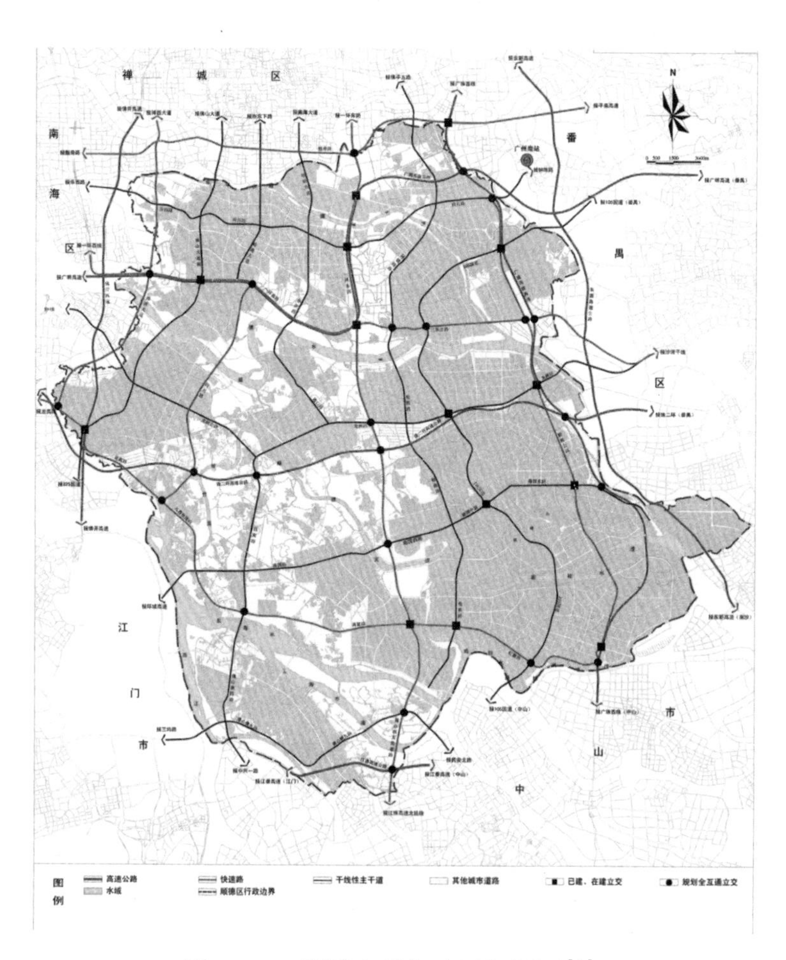

图6-3-3　顺德主骨架路网规划图[1]

截止至2010年已建、在建和规划中的途经顺德的高速路一览表[2]　　**表6-3-1**

名称	起终点	功能定位	建设状况
佛开高速	佛山——开平	承担南北向客货运	现状
珠二环高速	广佛环线	承担广佛客货运	在建
广珠高速	广州——珠海	承担南北向客货运	现状
东新高速	东沙——新联	承担南北向客货运	规划中
广明高速	番禺——高明	承担东西向客货运	规划中
番顺高速	番禺——顺德	承担东西向客货运	规划中

[1] 转引自：顺德区总体规划2009—2020年.
[2] 转引自：顺德区总体规划2009—2020年

顺德对外衔接通道一览表[1] 表6-3-2

序号	顺德		周边城市		衔接城市	备注
	道路名称	道路等级	衔接道路	道路等级		
1	横五路	干线性主干道	钟陈路	主干道	广州番禺	已预留
2	佛陈公路	主干道	新桂路	主干道		已预留
3	105国道	干线性主干道	105国道	主干道		现状
4	三乐公路	快速路	沙湾干线	快速路		已预留
5	龙洲路	干线性主干道	沙湾干线	快速路		已预留
6	新市良路	主干道	甘南路	次干道		新规划
7	珠二环	高速公路	珠二环	高速公路		在建
8	东乐东路	主干道	大生路	主干道		新规划
9	龙盘北路	主干道	民兴大道	主干道		新规划
10	五沙纵一路	主干道	潭东大道	主干道		已预留
11	红棉路	主干道	黄榄干线	快速路		已预留
12	五沙横一路	主干道	豪岗大道	主干道		现状
13	东新高速	高速公路	东新高速	高速公路		已预留
14	容桂横十四路	主干道	东新高速	高速公路		新规划
1	朝晖路	主干道	中山纵四线	主干道	中山市	已预留
2	桂洲大道	主干道	成业大道	主干道		现状
3	广珠西线	高速公路	广珠西线	高速公路		在建
4	桂林路	主干道	南头大道西	主干道		现状
5	105国道	干线性主干道	105国道	干线性主干道		现状
6	杏东路	主干道	中山横二线	主干道		已预留
7	佛山横九路	干线性主干道	民安北路	主干道		新规划
8	江番高速	高速公路	江番高速	高速公路		新规划
9	佛一环南延线	快速路	江珠高速北延线	高速公路		已预留
10	百安公路	主干道	东岸北路	主干道		现状
11	均安横十路	主干道	西岸北路	主干道		新规划
1	江番高	高速公路	江番高速	高速公路	江门市	新规划
2	佛山纵四路	干线性主干道	中兴一路	主干道		现状
3	佛山横九路	干线性主干道	三均路	快速路		已预留
4	百安公路	主干道	江门环城高速	高速公路		新规划
5	南国路	干线性主干道	江门环城高速	高速公路		新规划

[1] 转引自：顺德区总体规划2009—2020年。

续表

序号	顺德		周边城市		衔接城市	备注
	道路名称	道路等级	衔接道路	道路等级		
1	丰华南路	主干道	新堤路	主干道	佛山南海	新规划
2	珠二环	高速公路	珠二环	高速公路		已预留
3	佛开高速	高速公路	佛开高速	高速公路		现状
4	佛山大道南	干线性主干道	佛山大道南	干线性主干道		现状
5	佛山大道南	干线性主干道	洛浦路	主干道		现状
6	佛山大道南	干线性主干道	九江大道	主干道		现状
7	龙高路	快速路	龙高公路	干线性主干道		现状
8	沙九路	主干道	庄尾路	主干道		新规划
9	龙铁路	主干道	石樵路	主干道		现状
10	龙洲公路	干线性主干道	沙龙路	主干道		现状
11	北华路	主干道	定太路	主干道		新规划
12	一环南路	快速路	一环西路	快速路		现状
13	广明高速	高速公路	广明高速	高速公路		新规划
14	乐一路	主干道	杨柳路	次干道		新规划
15	吉利大道东	主干道	吉利大道西	主干道		现状
16	荷岳路	干线性主干道	乐西路	干线性主干道		新规划
17	禅西大道	快速路	禅西大道	快速路		已预留
18	一环东路	快速路	一环东路	快速路		现状
19	花卉大道	主干道	吉胜路	主干道		新规划
20	环镇西路	干线性主干道	佛平五路	主干道		新规划
21	陈村大道	主干道	永安路	主干道		新规划
22	广珠西线	高速公路	广珠西线	高速公路		现状
23	魁奇路	快速路	平南高速	高速公路		已预留
24	文登路	主干道	林岳大道	主干道		已预留
25	广明高速	高速公路	广明高速	高速公路		已预留
26	陈村工业大道	主干道	石壁南路	主干道		新规划
1	环镇西路	主干道	槎湾路	主干道	佛山禅城	新规划
2	佛山大道南	干线性主干道	佛山大道	主干道		现状
3	汾江南路	主干道	汾江北路	主干道		新规划
4	华康路	主干道	魁奇路	快速路		新规划
5	岭南大道	干线性主干道	市东下路	主干道		现状
6	文华南路	主干道	文华北路	主干道		新规划
7	华阳南路	干线性主干道	南海大道	干线性主干道		新规划

城际轨道交通规划建设方面，顺德区共规划有4条轨道经过：广珠城际轨道、广佛珠城际轨道、肇顺南城际轨道、广佛环线，总长约117千米，共在顺德区内设置车站18座。其中广珠城际轨道已于2011年1月7日正式通车，主线为广州至珠海，途经广州市番禺区、佛山市顺德区、中山市以及珠海市拱北口岸，另外还有中山小榄至江门的支线。全线总长143千米，项目总投资182亿元。广珠城际在顺德设有5站，分别为碧江、北滘、顺德、顺德学院、容桂站。另外3条轨道尚在规划中，广佛珠城际轨道是广佛都市圈南向至珠海客运主轴线，联系广州中心区、佛山新城，并经江门、中山至珠海。线路在顺德境内经乐从、龙江两镇。肇顺南城际轨道在佛山境内经过顺德（大良、杏坛、龙江）、高明两区，可实现顺德、高明与珠三角其他城市（肇庆及珠江东岸深圳、东莞虎门）之间的快速联系。同时，加强佛山市外围组团之间的快速轨道交通联系（大良容桂组团－九江龙江组团－西江组团）。广佛环线则属于广佛都市圈环线，连接广州机场、广州南站、佛山西站及佛山机场等广佛都市圈内的区域交通设施以及佛山新中心区—佛山新城。在顺德境内经乐从、陈村和北滘三镇。随着这些城际轨道的建设与不断完善，顺德将与广州、珠海、深圳、东莞、中山、江门、惠州、肇庆等城市的时空距离将大幅缩短，而广州对于顺德的辐射作用也将通过轻轨、铁路形成如“蟹钳”的形态。预计在未来5到30年的时间内，还将有南沙疏港铁路、佛山轨道1号线、2号线、3号线、6号线、7号线等多条轨道线经过顺德境内，构成了立体交叉的轨道交通网络，并与周边的番禺、南沙、九江等地区实现轨道线网的一体化衔接，顺德正成为西岸的重要交通枢纽（图6-3-4）。

二、从单一的“马路经济”到多维交通引导的城镇形态

很多人把普遍存在于农村和小城镇地区的“马路经济”现象，仅仅归咎于缺乏规划管控。但从经营个体到政府，甚至是许多规划工作者，实际上都把产业的布局放在已有的交通干线上，已说明其经济上具有一定的合理性。问题是，过去在一个镇或者相当大一片区域中仅有1条交通干线，且只有占据这条干线两侧的空间，才能获得较高的经济收益。这也是为什么大家宁愿拥挤地沿线无限拉长排布建筑，也不愿意多开些与干道垂直的支路并在其上经营的原因。过多的功能被压在1条干线上，必然导致干线交通受阻，效率降低，各种基础设施配套也极不经济。因此，要改变过去的“马路经济”乱象，不是要把原有的道旁经营者统统赶走，而是要规划建设更多更完善的区域干道网络。交通设施的建设反过来不仅能降低企业运输成本，从而促进区域间的产业聚集与扩散，同时也能促进城镇规模的扩大。而且通过规划先行，依托原有的国、省道干线向外预设好新的路网结构，还能充分发挥道路对城镇形态的引导作用。

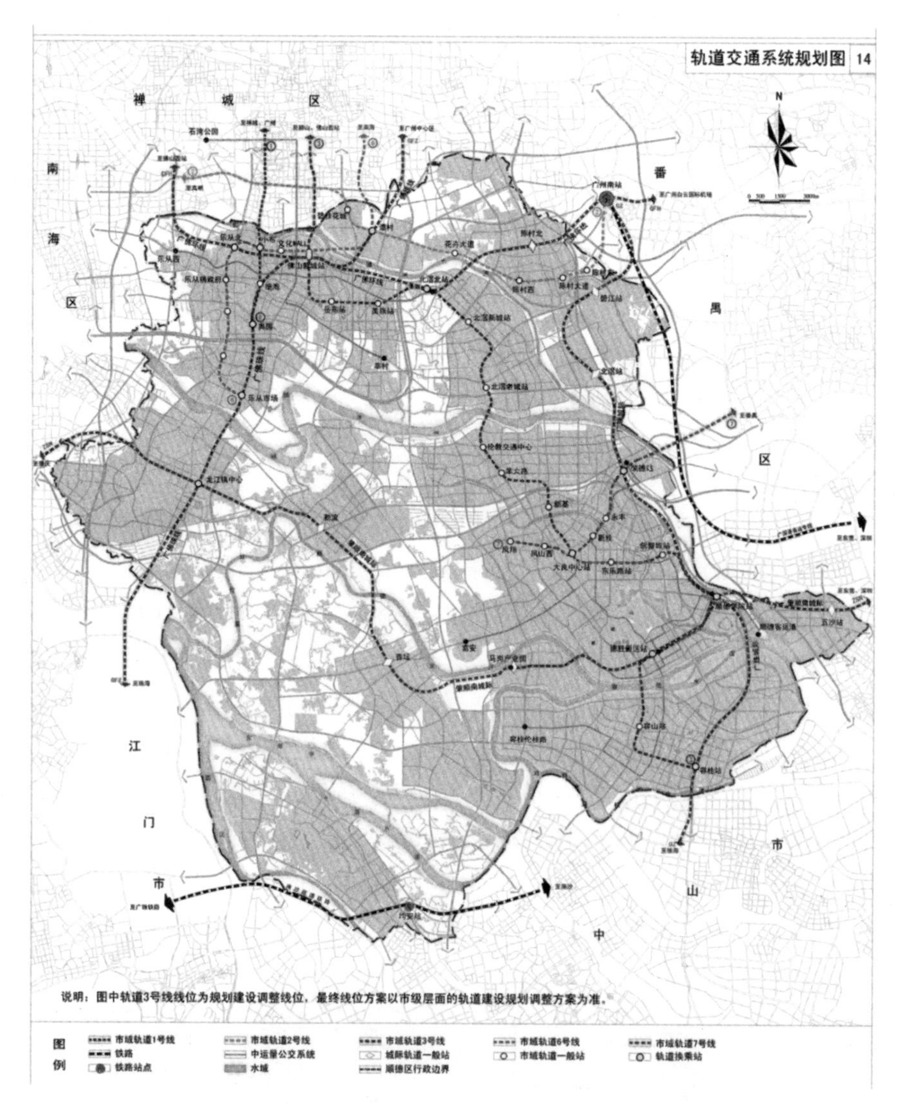

图6-3-4　顺德轨道交通系统规划图[1]

从顺德整个区域的交通基础设施建设来看，通过东部的105国道、广珠高速和碧桂路，西部的325国道，以及中部顺德水道的勒流港、北滘港和珠二环高速，使各镇与中心大都市之间的交通联系越来越紧密。过去强调的是从镇（街）—中心城区大良—广州的交通结构模式，虽然各城镇与大良之间已修筑了快速路，但从镇到达广州的高速路却一直不完善。新的交通路网结构更强调从各镇镇区或工业区，能够更便捷直接的到达省城，呈现中心大都市+小城镇的经济圈和空间结构特征（图6-3-5）。

除了公路网络建设外，新兴的轨道交通将成为未来影响城市空间结构因素中最为重要的一项。首先，轨道的建设能促进中心区的发展，在推高

[1] 转引自：顺德区总体规划2009—2020年.

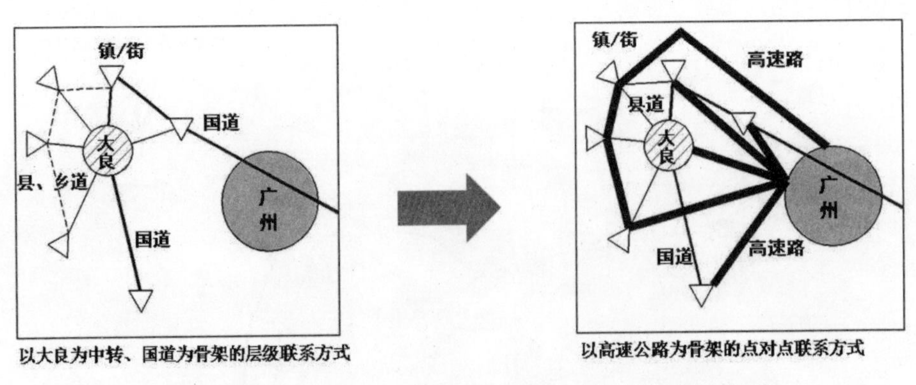

图6-3-5 镇（街）与广州的交通联系模式变化示意图

中心区开发强度的同时又不会为中心区造成过大的交通压力；其次，轨道交通可以推动城市更高效、持续的扩张，促进城市发展轴的形成；第三，通过鼓励环绕站点的用地采用多元化的利用方式，在站点周边将出现空间聚集，城镇形态将从过去沿干道蔓延转为围绕站点紧凑集成。以轨道站点为圆心、步行合理距离（500米左右）为半径的环形土地高强度开发模式，鼓励从站点到目的地之间形成良好的步行或自行车环境，绿色出行。例如城轨顺德站的西南侧被规划为一个商务办公区和服务于10～20万人的镇街级公共中心——顺德国际社区公共中心。顺德学院站的西北侧规划了以科技研发办公为主的创智中心。广珠城际轨道容桂站周边地区则重点发展总部经济。陈村镇则依托广州南站，在广佛环线与佛山轨道二号线换乘

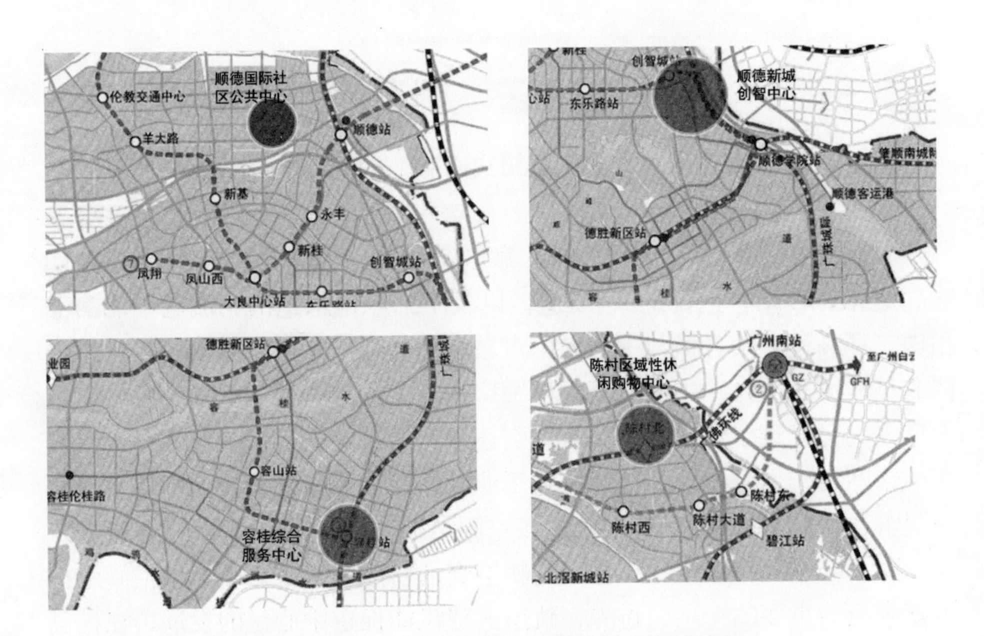

图6-3-6 与轨道交通相结合的新城规划

（资料来源：作者根据《顺德区总体规划（2009—2020年）》中的公共中心体系规划绘制）

站点周边建设广佛的区域性商贸MALL（图6-3-6）。可见轨道建设已成为顺德城镇扩张新的推动力，对促进土地的集约发展，优化土地功能布局方面开始发挥作用。

但顺德对这一新兴事物的发展速度以及其促进城市化发展的作用力上明显预计不足。加上市域轨道线建设周期长，建设计划具有不确定性，难以期望在短期内建成大运量的客运走廊和城镇发展轴。现在已建成的广珠城际轨道来看，5个站点周边的用地多为工业用地和少量居住用地，商业用地偏低，土地开发强度更是远远低于一般TOD模式，容积率只在0.5～1.5之间。虽然轨道沿线均预留了足够的用地供以后建设城市新的中心区，但抵不住工业发展的压力和诱惑，大部分已被工业用地优先占领，且土地权属复杂，为今后的空间整合和新城区开发带来极大的困难。

事实上，这些新建的快速交通线两侧也不再可能复制之前的十里长街式的“马路经济”模式，因为快速路、城际轨道与其沿线用地之间的关系远不如普通国道紧密，只有在有限的几个出入口或站点处才能与用地产生关联。出行的机动化与轨道交通模式，将导致商业从沿路模式向中心化聚集方式转变。如今靠近高速路和轨道的用地多用作现代制造业的大型工业园区或物流业配套发展基地，靠近节点和站点的用地开发大型生活区和各类生活配套设施用地。与之前的“马路经济”相比，现在的顺德不再仅仅依靠单一的国道，形成沿路一层皮的城镇空间形态，而是多种交通方式相结合的多维交通系统下，向纵深发展为具有网络式结构空间布局。

第四节　该时期小城镇发展策略与城镇化水平

一、总体发展水平与城镇化程度

此阶段我国的城镇化程度主要呈现3个特征：1. 随着农民工的大量流入，长三角、珠三角、京津唐以及其他东部沿海大城市的城镇化率有了较大的提升。北京、天津、上海、浙江、江苏、广东、福建和云南8个地区的农民工净流入人数在100万以上。其中，珠三角的外来人口占总人口的1/3以上，广东省的城镇化率在2007年时已超过60%[1]。但问题是，这些流入的农民工绝大部分为流动性就业，没有在城镇中实际落户和定居，在户籍上仍属于农业户籍，即并没有实现真正的城镇化。2. 小城镇的增长数量明显。2007年全国共有19249个小城镇，是1978年的7.9倍。小城镇镇

[1] 发改委城市与小城镇改革发展中心课题组. 我国城镇化的现状、障碍与推进策略（上）. 中国党政干部论坛，2010（1）：32-34.

区人口达1.3亿，占城镇总人口的22.1%[1]。3．城镇建设水平仍然滞后于经济发展水平。就城镇公共基础设施的投入上，2007年为6422亿元，仅占当年GDP的2.6%，远低于发达国家甚至其他同为发展中国家的水平。即使在珠三角地区，人口和建设规模甚至已经达到中等城市的小城镇来说，由于财政权利和建设权利受上级政府的多方管束，导致区域基础设施分布不均，服务水平落后等问题。

要实现健康的城镇化，对于像顺德这样一个区域一体化发展、城乡高度混合的地区而言，仅仅通过提高城镇非农户籍数量来提升城镇化率，实际意义不大，只会使人陷入城镇化水平的数字计算中。顺德的城镇化重点在于城镇发展质量和城市现代化水平。2000年，在顺德市委九届五次全体会议上，就曾通过《关于加快城市建设，提高城市化水平的决议》，明确要在未来10年中以城市化建设为发展目标，包括完善基础设施和服务设施配套、建设优美的城市环境，将顺德建设成为“现代化花园式河港城市”。因此，这一阶段的顺德通过集约利用土地、能源、淡水等重要资源，科学合理地制定与实施城市规划，优化城市空间结构，形成相对紧凑的城市形态和发展格局；注重城市现代功能的发展、现代化设施的服务和生态城市的环境质量，提高城乡生态环境和基础设施改善。

二、中心大都市+小城镇模式

随着产业结构的调整，大城市的核心作用被不断强化，并与周边小城镇组合成一个个经济共同体，形成大小城市连绵发展的空间形态。有学者将这种城市群现象称为城市的“集合体”[2]。2003年的中国城市发展报告中也提出了“组团式城市群”[3]的概念。2004年中国社会科学院发布的《中国城市竞争力报告NO.2》中，曾预测中国将会形成9大经济区域：大香港都市区、大上海都市区、大北京都市区、沈大都市区、青济都市区、大武汉都市区、成渝都市区、关中都市区和大台北都市区[4]，目前均已或正在形成自己的城市连绵区。如果从局部的空间区域上统计，在这些大都市区内部还包含了不同层级的都市圈结构，如大香港都市区内还可以细分出“珠三角城市群”、“广佛都市圈”等等。受各自自然条件和经济发展状况的影响，这些都市区的空间形态主要呈现为圈层、带状和多核心3种结构形式（图6-4-1）。

[1] 发改委城市与小城镇改革发展中心课题组. 我国城镇化的现状、障碍与推进策略（上）. 中国党政干部论坛，2010（1）：32-34.
[2] 姚士谋. 中国城市群. 合肥：中国科学技术大学出版社，1992：7-10.
[3] 中国市长协会《中国城市发展报告》编委会. 中国城市发展报告(2003—2004). 北京：电子工业出版社，2005.
[4] 倪鹏飞等. 中国城市竞争力报告NO2. 北京：社会科学文献出版社，2004.

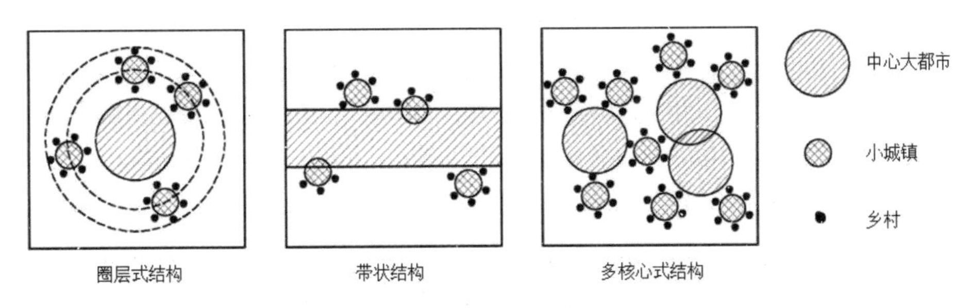

图6-4-1　都市区内城—镇—村的空间结构模式

中心大都市的产业不断向外围小城镇扩散，小城镇则利用其农村地区的土地和人力资源优势，积极承接中心城市转移出来的产业，同时吸收大城市的技术和资金，并依靠中心城市完善的流通网络和信息渠道，为产品打开销路[1]。一些小城镇还成为大都市的人口接收地，大力发展面向大城市居民的房地产业。例如上海周边的一城九镇，就是以房地产为核心，打造风格各异的居住型卫星城镇，消费的对象基本为上海的市民。部分大都市和小城镇互助互补，彼此形成紧密的区域合作与区域一体化，甚至出现了多个地方的城市行政区域合并现象。以2002年区划调整后的大佛山市来看，其本身就是一个包含了5个中等城市的城市群组合（原佛山市、顺德、南海、高明、三水）。虽然合并的方式和内容都受到很多争议，但大都市圈的组合模式无疑已成为当前及未来中国城市发展的一大特色。又因为社会分工的不断加深，且受成本因素控制，使得同一个产业链条上的不同生产部门在根据自身需求寻找适宜的区位时，倾向于就近原则，使得空间上本就靠拢的小城镇之间形成巨大的分工网络，彼此间的关系比以往其他时候都要紧密。

在这一发展模式下，整个区域的城镇化水平可以得到迅速的提高，空间上会逐渐靠拢并连接成一片连绵的都市区，彼此间的界线越来越模糊。城市群中将形成越来越完善和细化的分工网络，人们的居住和工作空间将随着便捷交通体系的完善，呈现更多样的选择和自由地切换。针对顺德来说，中心大都市+小城镇模式将有可能改变顺德一直以来的镇街群发展模式。从过往的以村镇经济为主导，“一镇一品”的块状族群经济，转向各镇之间专业化分工与网络合作的城市专业化经济；空间上除了强调面域的扩张外，还可能形成梯度有序的开发模式。

[1] 参见：彭震伟．大都市地区小城镇发展的职能演变及其展望——上海地区小城镇发展的思考.城市规划汇刊，1995（2）：32-36.

三、从城乡一体化到城乡统筹

90年代提倡的“城乡一体化”战略，最初目的是协调发展两个处于完全不同的社会经济体制下的独立单元，以减少彼此间越来越大的差距。但其核心推动力却逐渐变成农村工业化，继而以农村的经济发展和规划建设带动整体城市化进程。代价是城镇规划区内城镇化的滞后，以及农村工业建设项目的遍地开花。有学者提出：真正的城乡一体化应该是使两者高度的融合与统一，实现人口、资源、信息和文化等在城、乡之间的自由流动。因此，“城乡一体化其实应该是人类社会发展的最终目标，也是城市化发展的最终目标”[1]。而无数中国城镇的发展案例证明，本末倒置地在城镇化初级阶段就推行城乡一体化，注定难以成功。

新一轮的城乡关系改革吸收了过往的经验教训，并不仅仅要消除“城”与“乡”之间的差异，更要把工业与农业、城市与乡村、城镇居民与农村居民融为一体，而且更强调要通过何种的治理方式来实现这一理想状态，包括如何实现工业对农业的反哺、城市对农村的带动等。2002年党的十六大报告中就明确指出：统筹城乡经济社会发展，建设现代农业，发展农村经济，增加农民收入，是全面建设小康社会的重大任务[2]。

因为中国地域辽阔、国情复杂，不同区域所处的发展阶段差异较大，对城乡统筹的理解也各不相同。例如在经济发展水平较落后的中、西部地区，还处在“以乡育城”的后期，城乡统筹的重点往往被放在解决“三农”问题以及加强中心城市职能上。在珠三角这类经济发达地区，不仅城市，甚至许多乡村都已处于高度工业化和城镇化的阶段。城乡统筹的关键问题是，如何解决城乡间实际的融合与城乡分治体制之间的矛盾。

以顺德为例，人均GDP已经超过1万美元，全区第一产业在GDP中的比重少于2%，且农业生产已基本实现规模化和专业化。农村的三产结构和就业结构均以第二、三产业为主导。城乡的教育、文化、医疗和社保等公共服务已基本实现均等化，乡村的生活方式和价值观也逐渐向城市型转变。空间形态结构上也趋于相同，甚至很多地方已分不清城与乡的明确界线。但是在管理体制上，两者还是截然分开。尤其是在农村地区，仍然延续过去农业时代的管理方式来管理现代工业、土地利用以及社区关系。针对这些矛盾，顺德提出要以城乡统筹作为城镇化发展的支撑和保障，由“以工促农，以城带乡”转向以市场机制为基础的“城乡互助”。一方面要尊重和保障各经济主体原有的利益，另一方面又要重构城乡间原有的利

[1] 周加来. 城市化、城镇化、农村城市化、城乡一体化. 中国农村经济，2001(5)：41-42.
[2] 百度文库. 全面建设小康社会，开创中国特色社会主义事业新局面. http://wenku.baidu.com/link?url=1InUUqSQeFhkZ5ywa-Kl1O0qs-hx8j_g07Xi9PhqhofmsrlMq-nqW8BJlW0Qk5mir69hSGII2XQo6lc03MSlSisO4lfnyH0OpYLejuwR4i.

益格局、空间格局和服务体系，实现两者的和谐发展。核心在于平等地思考城市与农村的基本特征，以一种市场的观念——即建立在比较优势基础上的公平交易概念来致力于城乡统筹的实践。

与空间形态关系最密切的城乡统筹措施，是农村的土地整理。过去顺德的农村经济主要以农业用地、工业用地和物业“三出租”形式为盈利方式，虽然为农村快速地创造了大量财富，却是建立在大量消耗土地资源的前提下，而且产出效益低，越来越难以适应现代工业的需求。城乡统筹的发展则要求深化集体用地的股份制改革，走出村域，转为以镇域或更大的区域经济为主导，实现更大范围的土地集约化经营。包括尝试突破村的行政壁垒，在镇街甚至区级层面按功能区边界进行各类用地指标空间集中，从而实现“工业进园，居住上楼，村民进城”的集中发展模式。在此过程中还要保障村民的利益，如让村民个人拥有的股份可以在更大范围内自由流转，获得按自身意愿从事各类生产活动的资金，不再被捆绑在小规模的固定用地上。

四、行政区划调整

行政区划调整不仅要考虑人口规模和乡镇面积达到相应的标准，更主要的是综合考虑调整对象现已形成的经济实力、产业优势和区位条件。调整的主要目的是为了促进区域经济协调发展，促使人口、建设资金和土地资源等向中心城区或镇区聚集发展，避免重复建设，从而加快城镇化速度。中国的许多大城市在近几十年中都经历了多番的区划调整。北京、上海分别把多个小的城区逐渐合并成大区，番禺、南沙、增城并入广州，安徽的巢湖市被分解成三份，划归合肥、芜湖和马鞍山，佛山也“吞并”了南海、顺德、高明和三水，一跃成为广东第三大地级市。城市合并扩张的行为逻辑是：政府把城市看作是一家大型公司，公司在经营到一定程度必然遇到发展的瓶颈，需要“做大”才能为自己扩展生存和发展的空间。但事实上，不是所有的扩张都是高效、科学的。尤其是以传统产业向外溢出所带来的扩张。因为传统产业的特性：技术含量低、规模小、污染大、建设标准低，导致新扩张区域城市化水平参差不齐，也是造成城镇面貌“城不城乡不乡”的原因之一。另外，通过区划调整扩充城市空间的思维模式落脚点是：政府就是城市经济的发起者和主导力量，政府往往代替市场进行各种投资决策。在市场发育成熟的欧美国家，这种现象几乎不存在。

行政区划的多次调整，对顺德整体形态上的影响主要集中在中心城区的变化上，例如对德胜新城和东平新城南片的规划定位与开发建设上。而对下面的镇，却没有产生太大的改变，这是因为顺德的经济发展源于内在社会资源动力，尤其是从本土生长出来的企业，政府在经济发展中的作用反而是次要的。而且各镇的行政边界早已因产业的相对独立性而形成隐形的隔阂，难以实现完全以政府为导向的聚合发展形态。

第五节 生产观念的创新与生活观念的改变

一、依靠创新与科技进步的生产观念

内生的技术进步，在20世纪80年代初被经济学家认定为是保证长期、持续的经济增长的关键点，即自身知识的外溢和技术创新才是经济长期增长的源泉，而不是来源于外部力量的推动。面对国际化竞争的日趋激烈和产业升级的压力，顺德的民营企业开始意识到，过去以生产制造进口替代型产品的工业化模式，导致企业始终处于全球生产价值链条中的低端，而创新能力的提高才是企业未来生存和发展的关键。一些大型企业率先设立了研发中心，构筑高水平的产业基地，引入高素质人才，逐步建立起自身的品牌与核心技术优势。

这些举措不仅促进了工业区形态的升级改造，同时也提升了城镇人口的文化水平，为小城镇带来更多元的文化和观念。企业注重创新的精神也开始影响到人们日常生活，小城镇居民的思想观念更加开放，更愿意接受新生的事物，消费模式、生活品质更向城市靠拢。比如说这一时期的中心区建设，不但邀请了国内外知名的规划设计事务所参与设计，从中吸取国际先进的规划理念和方法。同时在新区的功能定位上，也要求将其定位在能与顺德企业对接的技术创新服务中心，能为珠三角乃至国际市场服务的设计创意产业中心，专业化产品的现代展销基地等。大量高素质人口的加入不仅让企业获得发展，还刺激了第三产业尤其是商业和房地产业的发展，直接影响了城镇的居住空间形态。

二、从生活方式的城市化到思想的城市化

顺德经济的繁荣为其奠定了良好的国民财富基础，带来了较高的生活水平。2007年顺德城市居民的恩格尔系数已达到0.28，即达到了富裕的标准[1]。2010 年城镇居民人均可支配收入3.06 万元，农民人均纯收入1.25万元，分别比1978 年增长67 倍和57 倍，国民财富在广东省内仅次于广州和深圳。人均居住面积超过了40平方米，每百户拥有私家车的数量为44辆，拥有电脑99台，空调机237台，均超过了广东省的平均水平。科教文卫发展水平已达到国内先进水平，全区有省级工程技术研究中心23 家，

[1] 顺德年鉴编纂委员会，佛山市顺德区地方志办公室. 顺德统计年鉴2008. 广州：广东经济出版社，2009：84-85.

区级工程技术中心81 家，全区基本普及九年义务教育，高中毕业升学率88.9%，适龄青年高等教育入学率达65.0%[1]。

生活质量的整体提升，促使小城镇的居民在思想观念上向大城市靠拢。例如，受大城市居住模式的影响，小城镇居民从过去喜欢沿路的单体楼，或是单家独户的低层住宅，转变为喜欢环境宜人、旺中带静的市内高尚住宅小区。小城镇高层住宅的爆发式增长，有时也并不完全出于对土地的节约化使用，还反映了小城镇居民对新生活方式的憧憬。与小城镇传统独户式居住形式相比，高层住宅显然在建筑实用率、空间自由度，甚至采光通风等方面，都具有明显的弱势，但它却给人一种国际化大都市生活方式的象征，对乡镇中新一代的居民有着强烈的吸引力。这些观念的变化促进了新型居住小区的发展。另外，根据公众调查，目前居民关注的焦点正朝生活环境方面转变，渴望使小城镇的环境保护、社会治安、生活配套设施、医疗卫生等方面向大城市看齐。这些观念也不断推动着小城镇各类公共配套服务设施的建设和完善。

在商品意识的冲击下，80、90后的新生代农民工不再像祖辈那样对土地难舍难离，尤其是在他们更清楚地看到第一产业的经济增长远远落后于第二、三产业时。相反，他们渴望摆脱家乡和土地的束缚，进入城市生活甚至定居。从穿着打扮到生活习惯，甚至是某些思想观念上，他们已逐渐成为完全的“城市人”。同时，他们也将成为推进中国城镇化进程的主力军。当下的城市规划已不可能再忽略这部分人群的需求，包括在用地规模和分配上，在公共服务设施的配套指标上，以及在社区环境建设和住宅开发上，都应充分考虑到他们的需求。

第六节　2003—2010年的顺德城镇形态

2003年1月广东省对佛山市行政区划进行调整时，将顺德撤市建区，与禅城、南海、高明和三水一同成为大佛山市下辖的区。此后，顺德经济保持着高速发展势头，并于2006年成为首个国民生产总值突破1000亿的县域经济体，人均GDP超过1万美元。2009年广东省又赋予了顺德区行使地级市管理权限，下辖4个街道办（大良、容桂、伦教、勒流）和6个镇（北滘、陈村、杏坛、龙江、乐从、均安）[2]。此阶段城镇化率有了显著的提升，尤其是在空间的优化和集约化发展上，城镇的扩张开始更具前瞻性

[1] 佛山是顺德区发展规划和统计局. 2010年佛山顺德区国民经济和社会发展统计公报. http://sg.shunde.gov.cn/data/main.php?id=1756-7200125.

[2] 佛山是顺德区发展规划和统计局. 2010年佛山顺德区国民经济和社会发展统计公报. http://sg.shunde.gov.cn/data/main.php?id=1756-7200125.

和规划性，注重科学合理的统筹安排。

一、区域整体形态

（一）从分散走向集约的土地利用方式

受过往粗放、分散式的土地发展方式影响，加上工业化与城镇化推动下城镇用地快速增长，此阶段顺德的土地利用整体密度已经很高，但按人口密度计算却偏低，建设用地高度分散。根据2009年的数据统计，顺德建设用地面积约31500公顷，加上3500公顷的施工、平整和闲置土地，合计约35000公顷，占全区总面积达43.4%，已逐步趋近地区生态承载底线（图6-6-1）。按当年常住人口220万人计算，人均建设用地达160平方米，如除去外来流动人口，按120万的户籍人口计算，则高达人均282平方米，远远超出了国家规定的第IV 级指标105.1~120.0平方米的上限指标。与2005年相比，建设用地总量增加了5551公顷，人均建设用地增幅也达到了8.7%。与此同时，顺德土地的产出效率显然偏低，地均产值甚至只有深圳的一半（图6-6-2）。

2007年遥感影像

2013年遥感影像

图6-6-1 顺德近10年来建设用地增长情况[1]

居住、工业、道路广场和绿地四大类用地总和占建设用地的比例高达80%，超出了国家《城市用地分类与规划建设用地标准》中规定的60%~75%的上限指标。其中，居住用地占城镇建设用地比例为37.1%(国家规定上限指标为20%~32%）；人均居住用地面积52.6平方米（国家上限指标为18.0~28.0平方米/人）；工业用地所占比例为29.4%（国家上限指标为15%~25%）；人均工业用地面积41.7平方米（国家上限指标为10.0~25.0平

[1] 转引自：广东省区域与城市发展公共数据研究平台http://116.57.69.88/silvermapweb/default.aspx.

方米/人）；道路广场用地所占比例为8.1%（国家下限规定为8%~15%）；人均道路广场用地面积11.5平方米（国家标准是7.0~15.0平方米/人）；绿地所占比例为5.7%（国家规定为8%~15%）；人均绿地面积8.1平方米（国家规定≥9.0平方米/人）；人均公共绿地面积5.9平方米（国家标准≥7.0平方米/人）。

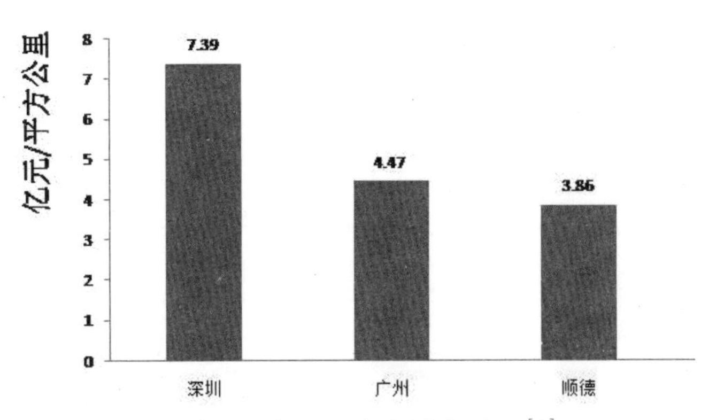

图6-6-2　三市2007年土地产出效率对比[1]

在增加的建设用地中，独立工矿用地所占比重较高，其中最主要的原因是村级工业用地的快速扩张，这也使得顺德建设用地的分散化特性仍然明显，呈现出一种向四面开花的蔓延式空间形态。2010年，全区198个村（居）中共有240个工业点（图6-6-3），且大部分工业点用地权属为集体所有，形成了明显的村域经济发展模式。以勒流街道为例，2001年起在各村原有的工业点基础上不断扩大为村级工业区，至2006年工业用地面积已翻到2001年时的2倍。

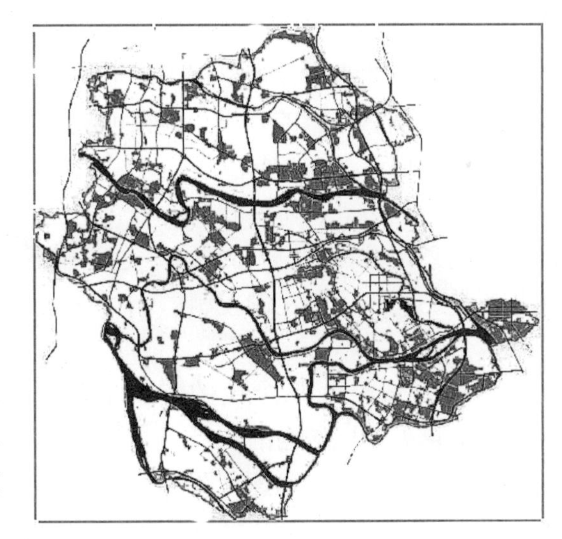

图6-6-3　顺德工业用地分布现状

（资料来源：作者改绘自顺德区总体规划2009—2020年）

另一方面，人们越来越意识到，有限的资源条件与环境安全要求将成为这一地区按原有模式扩大增长的“掣肘”。因此，这一阶段的顺德城镇

[1] 转引自：顺德区总体规划2009—2020年.

规划开始更强调集约化的发展模式，其中最主要的是推动工业向集约园区的发展。实质上，从1999—2006年顺德建设用地与GDP的增长关系中，也能看到这一转变的发生（图6-6-4）。1999—2004年，GDP每增加1亿元需要消耗0.17 平方千米的土地。而在2004—2006年时，GDP每增加1亿元所消耗的建设用地下降到了0.06 平方千米，可见土地的利用率正在逐步提高。当然，土地的分散和粗放式利用是长期形成的历史问题，要扭转这一局面需要更长的时间。

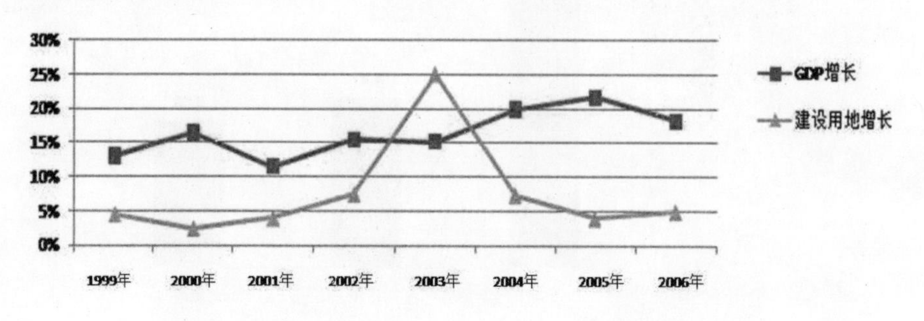

图6-6-4 顺德区建设用地总量与GDP增长比较[1]

（二）面域扩张式空间布局

除基本农田和无法建设的用地外，此阶段大部分土地已经被或正在进行开发建设，原来的发展格局因用地的逐渐铺满而模糊。若不是几条大河道的天然阻隔，各镇的建设用地很可能已连成一体。再次证明了河网水系对顺德的区域形态框架起到了关键性作用。另外，基本农田保护区的划定同样对空间的无限扩张冲动起到了一定的控制作用。

两条国道沿线几个镇的经济发展仍处于区域内的强势地带，镇区面积扩张迅速（图6-6-5）。北面接受大城市广州和佛山的辐射和吸引，东面又依托于南沙港的建设，镇域空间明显开始向这2个方向延伸。南面是同类型城市中山，因相互间以竞争关系为主，反而抑制了向南的发展。西面是

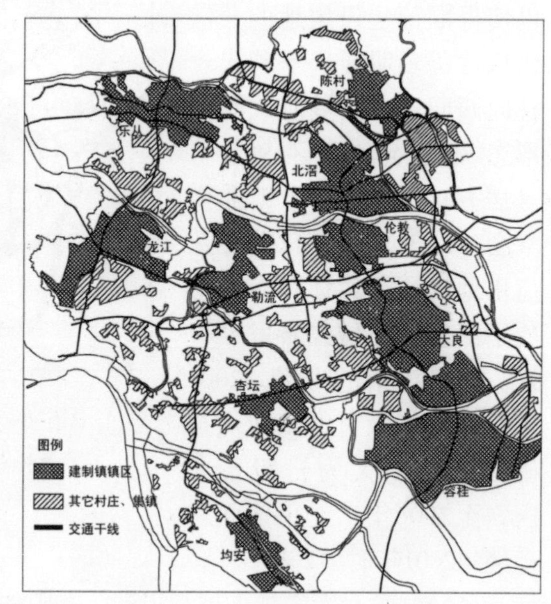

图6-6-5 面域扩张式格局

[1] 转引自：顺德区总体规划2009—2020年.

经济实力稍弱的江门，龙江镇开始有意识地向其靠拢，扩大自己的经济腹地，带动荷塘一带的产业。综上所述，此阶段的顺德城镇形态主要向北、西扩张，而东面较弱，中、南部则几乎停滞发展的状况（图6-6-6）。

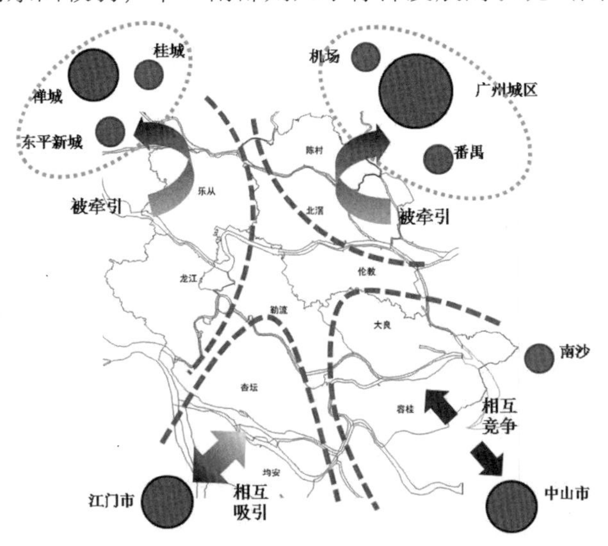

图6-6-6　顺德空间发展趋势示意图

顺应这一发展特点，在2008年的《顺德城乡发展战略研究》中曾提出“一城三片”的发展规划：即以大良、容桂和伦教组成顺德百万人口的中心城区；北滘和陈村组成东部片区；乐从、龙江以及勒流北部等地组成北部片区；杏坛、均安、勒流南部等地组成中南片区。2009—2010年，顺德政府2次调整了三大片区发展规划（图6-6-7），其分区方式与定位主要包括：

图6-6-7　顺德三大片区划分[1]

［1］转引自：顺德区总体规划2009—2020年.

1．东部片区：包括大良、容桂、伦教三个街道以及勒流街道和杏坛镇的佛一环南延线以东部分，总面积约255平方千米。2008年，中心城区常住人口约87万人，实现GDP约727亿元，城乡总建设用地约119平方千米。该功能片区将充分利用产业、区位、交通等优势，主动与广州和港澳对接。

2．北部片区：包括陈村、北滘、乐从和龙江四镇，总面积294平方千米，2008年常住人口约72万人，城乡总建设用地约129平方千米。该功能片区要主动融入禅桂新中心组团。

3．中南片区：包括勒流和杏坛佛一环以西地区以及均安镇，总面积约257平方千米，2008年常住人口约47万人，城乡总建设用地约67平方千米。该功能片区为城乡协调发展片区，除了大力发展现代制造业，还要处理好工业发展与生态保护之间的关系，将成为顺德未来工业拓展的重点区。

从区政府的规划举措到各镇建设用地扩张特征上看，都显示出顺德的区域形态正在从单个分散的镇街格局走向多镇街联合发展的片区式格局。虽然全区的统筹发展尚未真正实现，但镇街之间的相互联系和协作关系比过去任何时候都更为紧密。

（三）中心城区的“难产”

改革开放之前，县城大良是全县政治、经济和文化的中心，城镇规模和等级明显高于其他镇。但随着工业化推动下的各镇经济腾飞和城镇化水平提高，大良的中心城区聚集和辐射效应迅速减弱。针对这一现象，早在1989年的顺德县域规划中就提出了由大良、德胜和容桂3镇组成复合式的中心城市设想，其余各镇则视为镇域中心或副中心。1992年撤县建市后，顺德市政府本着“高起点规划，高标准建设”的原则，不仅决定建立德胜新区，且把1989年所确定的“中心城市”扩大至德胜、大良、容桂、伦教和勒流5个镇（图6-6-8），面积为311平方千米，其中城市建设用地为96平方千米。5个镇各有侧重：大良是文体康乐中心；德胜因政府机构和大型商场功能的加入而成为行政、金融、信息、商贸和交通中心；容桂则依然依托容奇港和其强大的工业基础，成为市级经济重心和对外贸易出口基地；但伦教和勒流的定位并不清晰，与另外3个镇关联也很少。直至1994年编制的《顺德市城乡一体化总体规划》中，继续提出了5镇合一的概念，意在强化中心城区的集聚效应，但执行的效果仍不明显。2000年《顺德可持续发展研究》中认为，顺德的“一中心、两带”空间格局已基本形成。“一中心”指的仅仅是由大良、德胜和容桂所组成的218平方千米用地（图6-6-9），勒流和伦教并未真正融入其中，即中心城区范围再次回归至1989年的设想。但实质上大良和容桂在产业和生活服务上的联系仍不够紧密，所谓的空间融合一直仅停留在规划层面上。2005年佛山市牵头编制的《佛山市总体规划》，把大良、容桂、伦教组团定义为佛山市“2+5”组团结构中的2个核心组团之一（图6-6-10），并将其定义为未来“区域内地区性次中心，区域性交通枢纽与物流中心，高新技术为主导的制造业基地，顺德区政治、文化、教育与信息中心；具有岭南滨水特色和较高品质生活环境的城市生活区。”这为顺德的中心城区未来的发展打入了一剂强心剂。

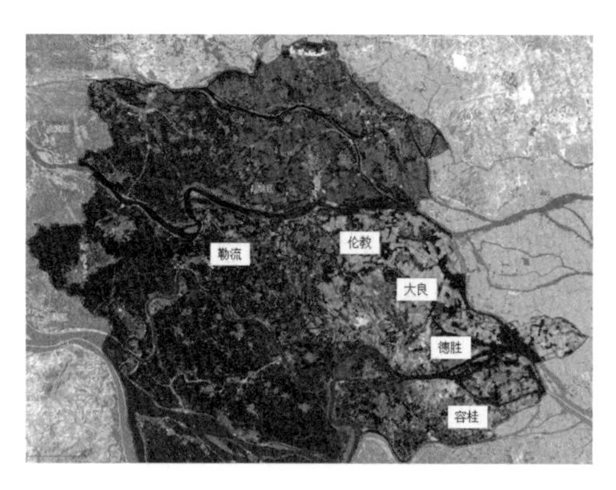

图6-6-8　1992年规划的中心城区范围

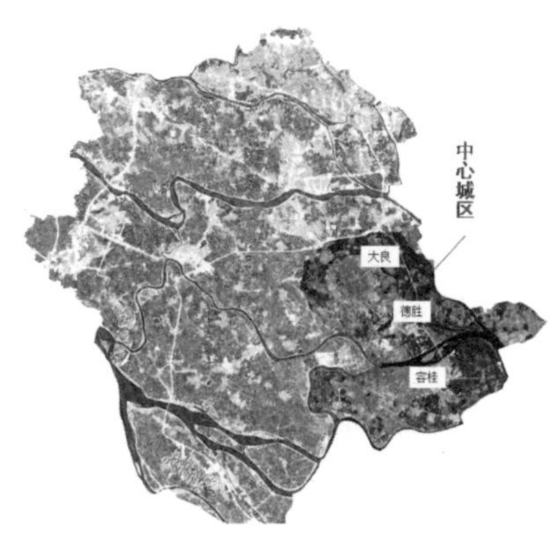

图6-6-9　2000年规划的中心城区范围

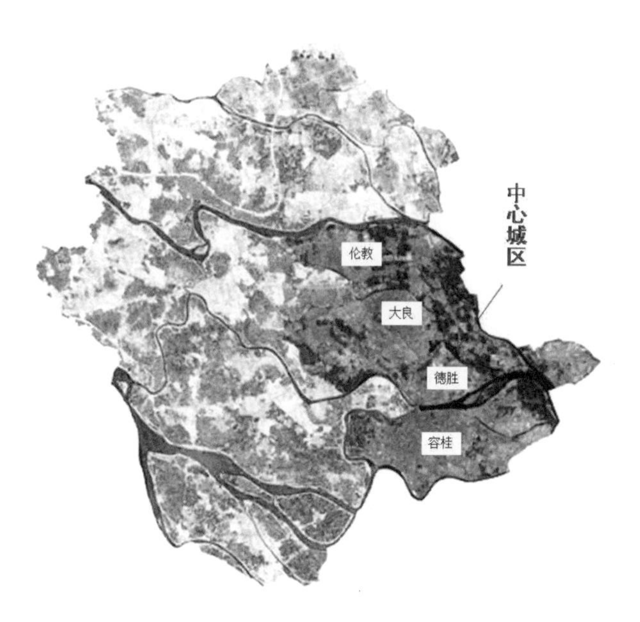

图6-6-10　2005年规划的中心城区范围

在中心城区范围反复调整的过程中，德胜新区的建设一直是亮点。1999年底，顺德市政府正式成立德胜新区管理委员会，以信贷方式开始进行基础设施建设，并在政策、资金和项目安排上都实行了重点扶持，甚至优先把市委、市政府以及几套班子陆续搬迁至新城区。其目的是要与大良一起形成辐射全市、带动周边的新核心区域，继续增强中心城区的影响力。2000年由顺德市委市政府发布的《关于进一步提高我市城市现代化建设水平的意见》中还提出："今后2-3年内，凡是由市政府投资或政府各部门建设的非紧急项目不予审批，集中财力加强新城区建设。在新城区16平方千米的建设范围内，所有规划、征地、拆迁全部放权给新城区开发建设管理委员会，有关部门负责协调办理有关手续[1]。"2001年，顺德市政府把新城面积扩大至31.8平方千米。2004年撤市建区后，计划将德胜建设为百万人口的中心城区，因而又把面积扩充到70平方千米。但此时各镇街基本实现职住平衡，内部的基础设施和商业配套也逐步完善，又或是依托更大的服务中心——广州、佛山等地。这个建设刚刚起步且偏于一隅的德胜新城，对各镇人流的吸引力明显不足。就拿与新城最靠近的容桂来说，虽然只一河之隔，但容桂居民却极少到新城来消费。另外，对于引导人口向中心城区聚集的作用也尚未体现。

新城的建设与其说是想走以核心带动边缘发展的模式，倒不如说只是为顺德树立了一个地标式的城市新形象。因为从德胜建设一开始，顺德政府就已为其制定了一整套规范、严格的城市设计指引，对新城乃至整个顺德的城镇建设水平产生了巨大的影响。2000年11月3日，顺德市委市政府发布了《关于加快新城区建设的意见》，其中对新城区未来的规划建设提出几个要求：1．严格控制建筑密度，新城区的70公顷范围内原则上不准开发建设单家独户住宅；2．建筑物高度以多、高层为主，其中住宅不低于8层；3．不准沿街建商铺，商铺只允许在商业中心区及社区中心的会所内建设；4．对建设大型社区中心的房地产连片开发项目给予政策优惠，包括在土地出让上采取灵活方式以吸引投资[2]。这些要求在当时的认识上来说，是体现城市现代化、建设高标准的关键所在。

无论是从大良与容桂的融合还是德胜新区的建设进程上看，顺德的中心城区核心至今仍未能突出。这种强镇弱中心的现象在珠三角地区也极为普遍。同时也说明，要成为城镇的中心并不一定要体现在庞大的规模和空间尺度上，而在于它是否能为整个区域提供更高端和现代的服务功能，能否满足都市化的生活与工作需求。

二、镇区空间形态

（一）内部的改造与优化

顺德在经历了20世纪90年代低密度、粗放式的无序蔓延后，城镇建设质量粗糙，工业与生活空间及城镇与乡村空间高度混合，城镇面貌有待提

[1] 转引自：顺德市规划国土局. 顺德城市化纵横谈. 2001：4.

[2] 顺德市规划国土局. 顺德城市化纵横谈. 2001：24-26.

高（图6-6-11、图6-6-12）。新的城镇化目标，不再是简单的城镇规模扩张，更重要的是在整合和统筹城乡资源的基础上，全面提高城镇的建设质量，进入内涵优化的发展阶段。

图6-6-11　容桂镇区内的城乡混合面貌

图6-6-12　龙江镇区内工业与居住的混合

对于老镇区而言，内涵的优化主要包括3方面：

1．适当提高镇区建设强度。镇区内原有的人均居住用地指标过高，主要原因是居住用地集约度较低，居住区的建设高密度但低容积率。因此，顺德各镇借助“三旧改造”的机会，拆除部分旧平房和废弃的厂区，改为容积率和商业价值较高的多层或高层住宅。例如乐从镇镇中心的几栋商业大楼周边，就拆除了大片旧平房，重新建设了新辉、金威名苑和新苑邨等多个高层住宅小区，并增加了大型购物商场、餐饮、银行和写字楼等配套设施（图6-6-13）。

2．填充镇区内荒废的空地，盘活存量土地，采取存量为主、增量为辅的用地思路。这是土地价值的体现，也是因规划管理起到了一定的作用。但随着新的道路建设，包括城际轻轨、高铁和更多高速公路，在空间依托于道路发展的惯性作用下，新的城镇发展轴又即将形成，建设用地的又一次向外快速扩张在所难免。

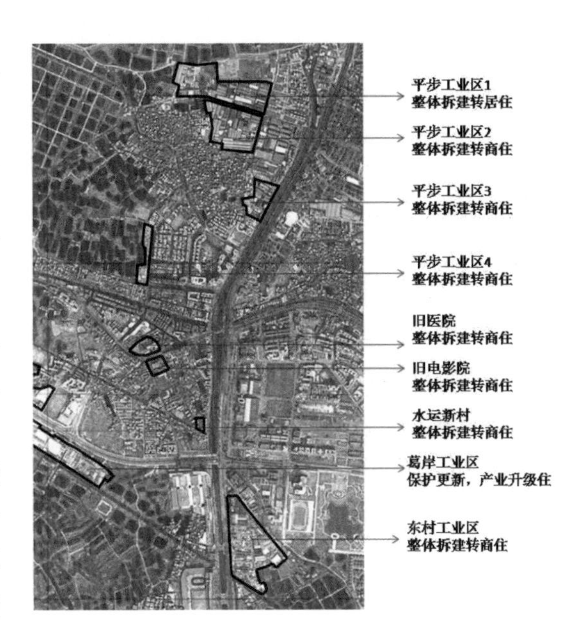

图6-6-13　乐从镇三旧改造规划意向图

3．改善生活环境，美化城镇景观。由于居住过于分散，且以高密度低容积率为主，所以居住区中绿地和开敞空间不足，公共配套设施不完善。为此，各镇不仅开始大力推动公园和城市广场的建设，还对镇区内的河涌两岸景观进行改造。大良的顺峰山公园、北滘公园和人民广场、乐从文化公园、容桂的文塔公园、伦教公园、陈村公园、杏坛广场、乐从英雄河景观改造、北滘的林西河两岸景观改造等，都是这一时期较典型的城市美化工程。另外，针对镇区内的“城中村”，采取局部或整体拆的改造方式，同时鼓励和引导村集体建设集约式的农民公寓，对保留的村民住宅也提供了整治的指引。

（二）镇区的跳跃式扩张

从顺德目前的情况来看，30 年来形成的空间结构已经既成事实，大规模调整的余地不大。只能通过中观结构的调整来优化空间形态，特别是以部分增量的空间来实现片区资源的整合。在2001年前后，顺德各镇分别进行了新一轮的总体规划，在镇区边缘设立新的发展区是此轮规划中最突出的特征。包括北滘、陈村、乐从和龙江等镇，都规划了新区。对于经济总量位居全国县域经济前位的顺德而言，开发建设新区并非难事，更何况新区的建设不仅能让城镇建设档次更上一个台阶，提升原有的基础设施建设规模和效益，还能因此吸引更多的外来投资，带来后期显著的收益。相比于困难重重的老镇区改造，新区开发显然还是个避重就轻的选择。

一般而言，新旧镇区的关系有2种：1．紧靠旧镇区，小规模地“四处开花”式蔓延。通常以商业和居住用地为主，有时夹杂了小量工业用地，与旧镇区之间没用明显的边界。因为可以尽可能依托原有的市政设施系统，投入少，所以此类方式最为常见。弊端是镇区格局容易散乱，新的中心难以突出。如乐从镇，三乐路和325国道成十字交叉穿越镇区，将镇区划分成4个象限。原有的镇区中心位于西南象限，但由于沿325国道形成了大规模的专业批发市场，并带动了沿线纵深方向的土地开发，导致新的镇区在另外3个象限中各有增长，反而削弱了原镇区中心的核心地位，又没有形成新的发展核心（图6-6-14）。新区的规划路网同样采用了大街区、宽马路的规则正交网格模式，而且这种路网模式还反过来影响到了旧镇区的道路系统。城市管理者和规划师们正通过土地整合、旧城改造和城市美化等途径，企图以一种自上而下的方式对镇区原有的曲折、狭窄和不规则路网进行大刀阔斧的改造，最终与新区规划的路网取得协调和衔接（图6-6-15）。这样做对于改善镇区交通出行环境，联通旧镇与新镇区2套道路网络，甚至在城市面貌上，都起到了一定积极的作用。但在旧镇区传统历史风貌的保护上却几乎是毁灭性的。

（a）1999年乐从镇区用地形态

（b）规划至2020年的乐从镇区用地形态

图6-6-14　四面蔓延式扩张的乐从镇

（a）1999年乐从镇区路网现状

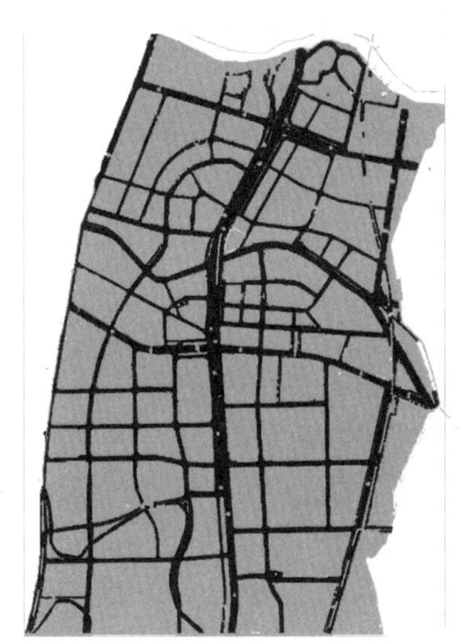

（b）乐从镇区规划路网结构

图6-6-15　乐从镇镇区路网规划前后对比

2．跳开旧镇区建设独立新城。这一做法往往是经济实力比较强的镇，并由大型项目为基础启动新区的开发。最典型的是北滘镇在林西河东北面建设的新区。与老镇之间以林西河为明显的分界线。规划面积约2平方千米，集政府办公区、医院、文化娱乐、商业金融和高级居住小区于一体，是功能独立且齐全的新城区（图6-6-16）。至2010年，该新区已建设完成了所有规划道路、医院、城市公园与广场和3个居住小区。但新区规划路网尺度偏大，道路间距大多在250～350米之间，最大间距达到450米，道路红线约为36米。对于一个不到20万人口的小城镇而言，尺度稍微偏大。又如杏坛镇，在20世纪90年代建设的新镇区以东，以建设路为界，建设了约0.6平方千米的小规模新区（图6-6-17）。里面包含了一个中学、多个高层和多层楼盘、超市、办公楼以及一座商务酒店。

（a）1999年北滘镇区用地形态

（b）规划至2020年的北滘镇区用地形态

图6-6-16　跳跃式建设新区的北滘镇

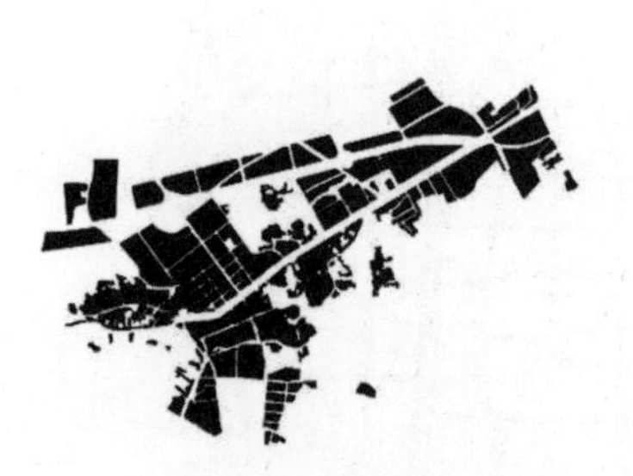

（a）1999年杏坛镇区用地形态

（b）规划至2020年的杏坛镇区用地形态

图6-6-17　小规模跳跃式扩建的杏坛镇

（三）工业用地的外迁与聚集

自2001年起，顺德按照“一区多园”的思路，大力推进集约工业园区建设，大量分布在镇区内的零散工业企业逐步从镇区内被迁移至外围的集约工业园区中（表6-6-1）。从城市规划的角度出发，工业用地的这一布局变化，还起到了节约城市建设用地和市政设施投入，同时促进镇区城市化的作用。因此，自2003年以来，顺德区就一直坚持把集约工业园区作为经济发展的主战场，不断整合与扩大各镇街的集约工业园区，使之成为各镇、街和村工业企业的聚集地。至2010年止，全区共有集约工业园区17 个（图6-6-18、表6-6-2），规划面积1.1万多公顷。但各工业区差别很大，平均产值从200万元到2.2亿元，各园区每亩用地产值从5万元到296万元，发展较好的是陈村岗北、广隆工业区、北滘工业区、世龙工业区、伦教工业区和龙江大坝工业区。

2002年集约工业区用地[1]　表6-6-1

区镇	集约工业区名称	面积（公顷）	位置
大良	凤翔集约工业区	341.2	凤翔路两侧
	万家乐工业区	55.97	容奇大桥北桥头西侧
容桂	顺德高新科技产业园区	1246.5	容桂区现状105国道以东
	格兰仕工业区	165.36	容桂区细滘
伦教	伦教第一集约工业区	410.9	三洪奇大桥东南侧
	伦教第二集约工业区	227.7	羊额西南
	三洲工业区	78.1	
北滘	北滘集约工业区	638.7	三乐路镇区段两侧
	碧江集约工业区	189.7	北滘碧江大桥西北
陈村	陈村镇北工业区	262.1	陈村镇北
	岗北工业区	97.9	陈村镇石洲
	西淋工业区	41.2	西淋山北侧
乐从	第二集约工业区	258.3	三乐路路洲段以北
	北围集约工业区	193	乐从镇南部325国道西侧
龙江	大坝工业区	332	龙江大桥南
	三联工业区	217.4	龙峰山风景区南
勒流	黄连工业区	334.2	勒流镇黄连
	富安集约工业区	737.9	勒流镇南部南国路以北
杏坛	杏坛工业区	629.4	新涌大桥以南
	杏坛七滘工业区	335.8	七滘大桥以北
均安	东南集约工业区	448.3	均安镇仓门以南
	西江集约工业区	110.3	白藤大桥以北
合计		7351.93	

[1] 转引自：顺德市市域城镇体系规划（2002—2020年）.

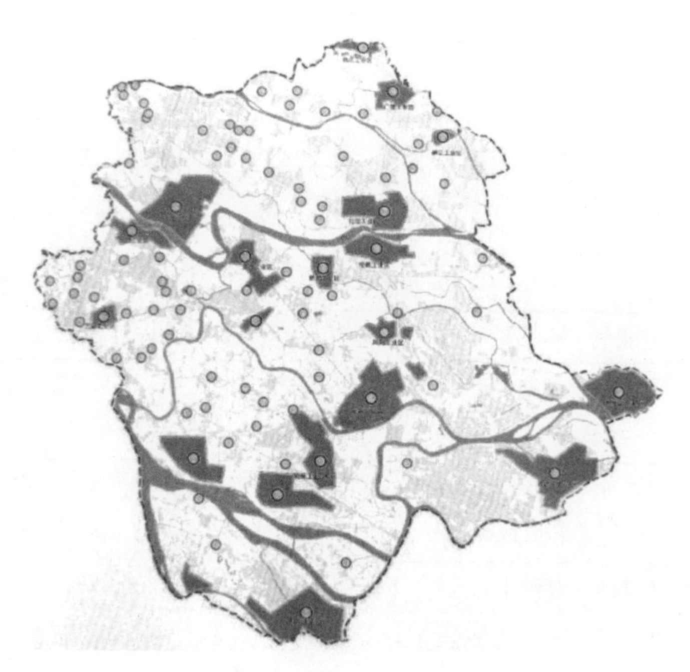

图6-6-18　2010年全区17个集约工业园区分布图[1]

2009年顺德集约工业园区统计[2]　　**表6-6-2**

序号	工业区名称	用地面积（亩）	总产值（万元）	企业个数	主要企业类型
1	陈村岗北 广隆工业区	7087.95	1011674	45	金属材料加工、机械装备、纺织服装
2	大良凤翔工业区	3750	285552	100	塑料制品、机械装备、家用电器
3	龙江大坝 三联工业区	11250	476342	207	家具、纺织服装、塑料制品
4	乐从北围工业区	5987	30816	141	家具
5	乐从细海工业区	6923.4	231341	332	家具、金属材料加工、纺织服装
6	北滘工业区	22050	6545833	545	家电、金属材料加工与制品、塑料制品
7	勒流富安工业区	6147	147580	51	塑料制品、家用电器、家具
8	勒流港集约工业开发区	9959	417705	110	金属材料加工与制品、家电、塑料制品
9	伦教世龙工业区 伦教工业区	10590	2147347	153	机械装备、纺织服装、建材

[1] 转引自：顺德区总体规划2009—2020年.

[2] 转引自：顺德区总体规划2009—2020年.

续表

序号	工业区名称	用地面积（亩）	总产值（万元）	企业个数	主要企业类型
10	大良顺德工业区	16950	487217	78	汽配、家用电器
11	杏坛工业区	10454.1	891205	231	塑料制品、纺织服装、金属材料加工与制品
12	容桂开发区	45210	3966722	144	家电、石油化工与医药行业、塑料制品
13	均安畅兴工业区	6500	338814	60	纺织服装、金属材料加工与制品

注：陈村、龙江、北滘、伦教工业区为合并报数。

三、典型平面类型单元

（一）封闭式高层住宅小区

20世纪90年代末，随着城市化进程的加速，城市的人地矛盾进一步激化，高层建筑成为解决这一矛盾最直接有效的办法。尤其是在取消福利分房和实行土地有偿使用之后，实现高容积率的高层住宅恰恰能体现出单位土地的开发价值，人们更是对高层居住小区趋之若鹜。

在经济发展较快的珠三角小城镇中，高层住宅的出现也不过10年左右的时间。因镇区用地紧张，开辟用地建设居住区意味着大量的拆迁成本。而新区不仅征地价格相对低廉，土地存量也较为宽松，使得新的高层居住区集中涌现在城郊和新开发区里。但在分布上出现明显的随机性，常常可见到在一片农田环绕中，生出一簇一簇规模不大的高层建筑群，既不靠近镇区，又彼此相隔甚远，导致很多基本生活配套无法提供，甚至很难找到进入楼盘的市政道路。出现这样的现象，一方面是由于规划控制的缺失，城镇建设水平的滞后；另一方面则体现出当地房地产业的不成熟。随着近年来房地产行业利润的高速增长，加上土地价格的扭曲，短期的楼价暴涨给开发商发出了错误的信号，使得开发商一窝蜂的抢占土地并进行高强度的开发，哪怕所开发的用地尚不具备完善的建设和使用条件。但是当市场需求出现回落，或因其他因素导致楼价上涨趋势改变，这些粗放式开发的楼盘便会陷入销售困境，郊区楼盘出现大量空置。事实证明，要实现利润最大化的开发强度，并非容积率越高越好，市场的需求与区位的选择更为重要。

从居住区形态上看，这一时期建设的高层居住小区开始注重空间品质和形象的塑造，在规划设计上有了很大的进步。以乐从镇“乐添威斯”居住区为例。该小区位于旧镇区最西端的乐德路与环镇西路之间，距离乐从镇政府直线距离仅800米，紧邻乐从镇内的商业中心——跃进路。开发商是具有集体经济背景的乐从供销集团乐添房产经营有限公司，项目总投资超过15个亿。2006年开始动工建设，2009年落成出售。

1．地块边界与形状

用地原本是镇区边缘的一片鱼塘。20世纪90年代时还只有在新马路沿线建起的几栋零星村民住宅和小厂房。2006年楼盘开始建设时，地块西面是几组标准化建设的工业厂房，南面是沙滘中学，北面是道路与河涌，东面则紧靠旧镇区较破败的街区。建设完成后，整个地块基本为矩形，长约330米，宽约220米。建筑肌理与周边地块有着显著的区别。除北面与另一住宅小区毗邻外，另外3边均有道路环绕，与其它地块之间有明确的分隔（图6-6-19）。这与过去紧靠城镇道路“一层皮”式的开发建设模式相比，不仅在规模上有了突破，而且地块更具完整性和独立性。

（a）2006年

（b）2008年

（c）2013年

图6-6-19　乐添威斯居住区建设过程

（资料来源：谷歌航片截图）

2．居住区道路布局

地块西面是镇区内最主要道路之一——环镇西路，道路红线为45米。南面和东面则是较次要的2条城镇道路，北面与其他用地之间还设有更小的支路。严格来说，乐添威斯小区并非完全封闭式管理的居住区。底层大量的商业空间，以及集居住、休闲、娱乐和购物于一体的规划构思，都使得整个社区在道路布局设计上更具开放性。居住区对周边的3条城镇道路都设置了出入口，且都没有设置严格的门禁系统。内部除了设有供住户使用

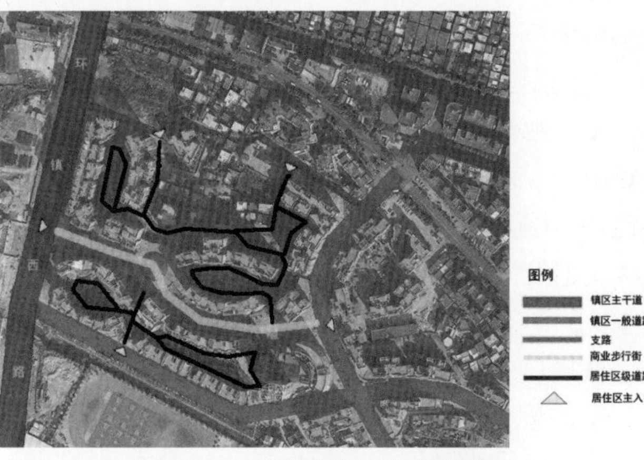

图6-6-20　乐添威斯居住区道路布局

的小区级道路与组团道路外，还设置了一条东西贯通的镇级商业步行街（图6-6-20）。居住区道路的线型也跟随建筑布局，采取弧线形设计，吻合“通而不畅”的居住区道路设计理念。另外，机动车基本在地下车库或在外围道路沿线停放，使得内部道路实现了人车分行，为居民和购物者提供了一个较安全舒适的步行环境。

3. 建筑肌理

整个小区被分成5个相对独立的组团：西北角组团含10栋高层，成“口”字形布局；东北角的5栋建筑组成倒“L”形组团；其余组团均以南北2排略带弧形的建筑围合出3个椭圆形空间（图6-6-21）。建筑围合出的内部空间作为组团绿地，布置有各种景观设施。

图6-6-21　乐添威斯居住组团结构分析

小区总建筑面积约为60万平方米，建筑密度约为32.8%。根据顺德2000年发布的《关于进一步提高我市现代化建设水平的意见》（顺发【2000】19号）中，关于“今后新建住宅小区绿化率不得低于30%”的规定，该小区在满足商业步行街功能的同时，也将绿化率控制在35%左右。

居住部分的建筑单体采用标准化、模式化的设计方式，平面形式基本为蝶形、“T”形和“十字”形。户型种类较多，除了常规的90～100平方米户型外，小到一房的商务公寓，大到近200平方米的空中别墅都能找到。建筑底部均设置了1～3层的商业裙房，地块内总的商用面积超过10万平方米，底商上住的建筑布局传统在此仍然得到了延续。事实上，底商上住模式在高层小区出现后已开始走向式微。这一时期除了在镇区内小规模开发的临街高层建筑外，大多数大型、独立的高层居住小区已放弃底商上住，即使有少量的商业面积，也仅仅是为本住区的居民日常使用，很少对外开放。一方面是由于规划上对土地使用性质的严格限定，只得放弃土地的多功能混合利用方式。另一方面是考虑到日常管理的方便和安全，或是为了体现小区的档次，大多倾向于实行全封闭式管理，设立围墙和各种门禁系统，如德胜新城内的几个高层居住小区（图6-6-22）。与底商上住的住宅小区相比，全封闭式的小区在为居民提供更安全、安静的居住环境同时，却给城市创造了一道冷漠的界面。加上逐渐加宽的城市道路，让行走在小区围墙与马路车流之间的人感到枯燥乏味，难觅小城镇过去那种亲切的空间尺度和热闹的商业氛围。

图6-6-22　德胜新区中高层住宅小区临街面

（二）集中式大型购物中心

除了在住宅楼底层设置小规模的商业网点外，独立用地的综合性商业建筑也开始进入顺德人的生活中。这类商业建筑不仅规模庞大，而且功能齐全，除了购物外，还结合各类休闲、娱乐服务，如食街、电影院、歌舞厅、酒店，甚至室内运动场馆等。这些综合商业体最初出现在城镇边缘带而非原有的商业核心中。一方面是因为其占地面积大，老镇区中很难找到适合的用地。另一方面则与郊区建设的大型居住小区有关。这些小区人口密集，消费需求旺盛，但因实行封闭式管理，与原有的底商上住模式难以协调，甚至出现严格的商住分离。住区内大量商业只能向外转移，从而促成了大型购物中心的产生。加上小汽车在家庭中的普及，使得停车更便捷的郊区化购物中心受到越来越多的欢迎。

2004年顺德才出现第一家大型商业中心——位于105国道大良客运站旁的大润发超市（图6-6-23）。新的商业形态迅速获得当地居民的追捧，并慢慢取代小型的街头杂货店。此后，各镇也开始建设大型的商业购物中心。如陈村镇在镇区东南角的新区内，佛陈路与陈村大道交界处建设的顺联广场，占地近5万平方米（图6-6-24）。容桂镇在桂洲大道与振华路2条主干道交界处建设的天佑城购物中心，占地也近5.3万平方米（图6-6-25，图6-6-26）。德胜新城的嘉信城市广场则被定位为区域性购物中心，占地2万平方米，总建筑面积7万平方米。内部包含集中式购物中心、食街、影视娱乐、四星级酒店和高级办公空间等。

这些大型购物中心所在的地块都拥有良好的交通条件，通常毗邻1～2

条过境公路或城市主干道，其余边界均环绕以一般城市道路，并设有多个出入口。与邻近地块之间有明显的区分。建筑庞大的体量不仅仅是为了容纳更多的功能空间，还起到了重要的广告地标作用。建筑内部通常仿照传统的步行商业街模式布局，即把户外商业街内置，既满足了人们体验传统购物方式的需求，并有利于商业店面的布局，同时还能解决广东地区夏天炎热，不适于户外活动的问题。

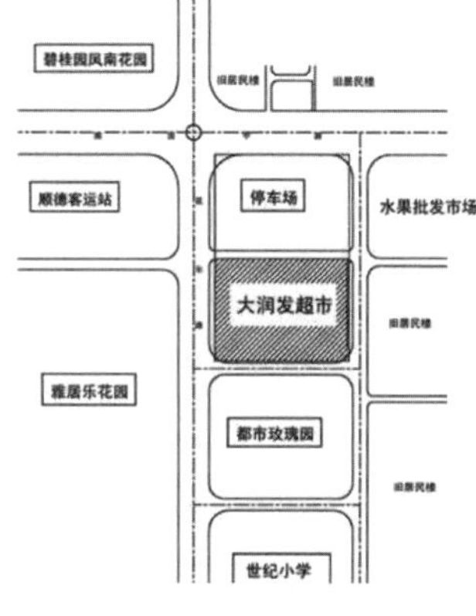

图6-6-23　顺德第一个大润发超市[1]

图6-6-24　陈村镇顺联广场

图6-6-25　容桂天佑城平面

图6-6-26　容桂天佑城鸟瞰[2]

[1] 转引自：邱蓉. 顺德城区不同类型社区商业规划设计研究. 广州：华南理工大学，2009：22.
[2] 转引自：佛山市顺德区档案局（馆）等编. 敢为人先30年——顺德改革开放30年档案文献图片选. 2008：128.

（三）集约工业园区

集约工业园区和以往的工业开发区最大的不同，是对入园企业的选择上，往往倾向于彼此具有一定关联性的，在产品或产业链上均可产生合作的企业。例如容桂的工业园主要引进家电、生物医药和精细化工类的企业，乐从工业园区主要引进钢材加工业，而龙江则以家具生产为主。过去是“一镇一品”，如今则推进到以园区为产业聚集地，从而为企业本身及整个产业的生产经营创造了良好的条件，推动乡镇企业集约化、规模化升级，形成区域产业特色。此外，整个园区从前期规划开始，到后期的建设和运营管理，都有统一的项目法人负责，具有较强的整体性。有别于过往的许多开发区，一般只是由政府划地规划，在完成招商引资后，由不同企业分别建设和管理。这样做的优点是提升园区品质，为企业提供更完善的配套服务设施。例如园区内除了一般的工业厂房外，还统一设置了员工生活服务区。龙江的工业区内就设有20多座员工村，居住人口可达2万人，并引入了市场化的管理运作方式。在集中的污水处理、供水、供热方面，集约型工业区的优势也是相当明显的，可以为企业大大降低经营成本，还可更好的保护环境（图6-6-27）。

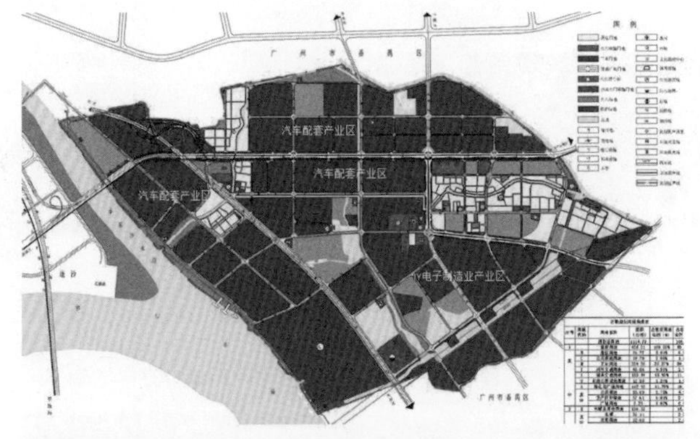

图6-6-27　顺德工业园（五沙）发展规划[1]

［1］转引自：佛山市顺德区发展规划和统计局. 公布公示. http://sg.shunde.gov.cn/.

以位于105国道与三乐公路交汇处的北滘工业园为例。2000年，北滘镇政府在原蓬莱路工业区和北滘工业区一期的东面，新建北滘工业园第二期及陈大滘工业区。2001年镇政府将这片工业成片发展的连绵区认定为集约工业园，规划总面积为14020亩。2002年又按照集约发展镇级工业园思路，根据集约工业区发展的实际需要，将三洪奇、槎涌、黄龙、广教及西海工业区纳入北滘工业园的规划范围，面积达21750亩。2003年成为顺德区政府认定的全区17个集约工业区之一（图6-6-28）。政府历年用于该园区的基础设施建设资金投入超过8亿元。现园内共有企业480家，包括著名的美的集团、美国惠而浦、日清食品、韩国浦项制铁、上海宝钢、金型重工、蚬华电器等，一座省级二类口岸——北滘港。园内还设有企业服务中心，为投资者提供全程式、全方位、一站式的专业化无偿服务。

图6-6-28　2010年北滘集约工业区卫星航片

（资料来源：谷歌航片截图）

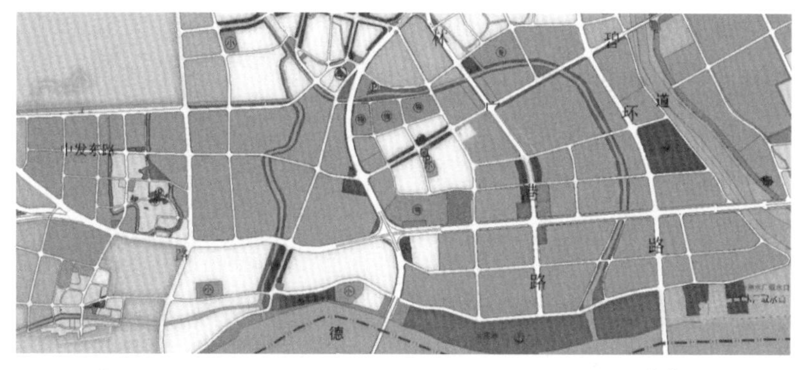

图6-6-29　2005年版北滘镇近期总体规划截图[1]

[1] 转引自：佛山市顺德区北滘镇总体规划2005—2020年.

1．地块形状

对比2010年北滘集约工业区航拍（图6-6-28）与2005年所做的近期规划（图6-6-29），可见该工业园区基本落实了规划意图，且规划建设用地已基本建设完成。整个区域被2条过境公路——南北向的105国道与东西向的三乐路，切分出大小不等的4个象限。除左下角的象限为居住用地外，其余3个象限中绝大部分用地为工业用地。

由3个级别的道路构成网格，将工业区切分出多种面积大小的矩形地块，以适应不同规模的企业用地需求。最大的地块长约700米，宽约620米，面积为41万平方米，现为美的第五工业区的一部分。最小的地块面积约为5.8万平方米。大型企业如美的、日清食品、威灵电机等，一般占据完整的一块或多块用地，地块内部再根据生产流程需求划分厂区内部道路。中、小型企业则在同一地块内部又切分出几个小厂区。如图6-6-30所示，在4条支路围合出的一块250米×200米用地上，划分出较规则的9个厂区，每个厂区的平均面积约为5000平方米。小厂区的3条边通常与其他厂区直接相邻，剩余的1条边则面向城市道路，设置厂区出入口。

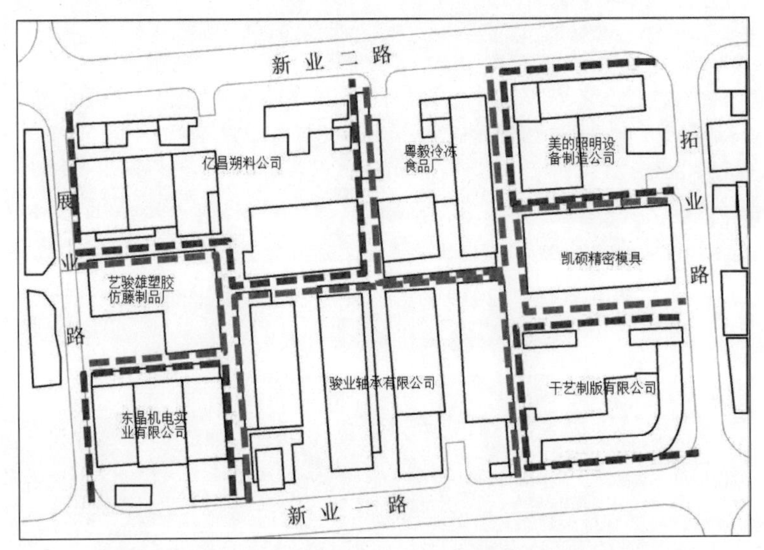

图6-6-30　北滘工业区内小地块的布局方式

值得注意的是，由于历史的原因，工业园区内还包含了几个规模较大的农村型社区：中部的广教村，西部的槎涌村、黄龙村，以及东部的桃村和西海村（图6-6-31）。这些村落被一圈新开辟的工业区道路所环绕，成为一个形态特异的“孤岛”。最初村庄与工业用地之间还以耕地、防护绿地或河涌水体分隔。但随着工业区的快速发展，大量人口，尤其是外来人口的涌入，村庄内部大量村民自宅被改造为出租屋，村外围的耕地和绿地也被逐渐侵蚀用于开发建房。这一做法一方面推动的农村的城镇化，另一方面却固化了村落的边界，未来村庄的改造将更加困难。

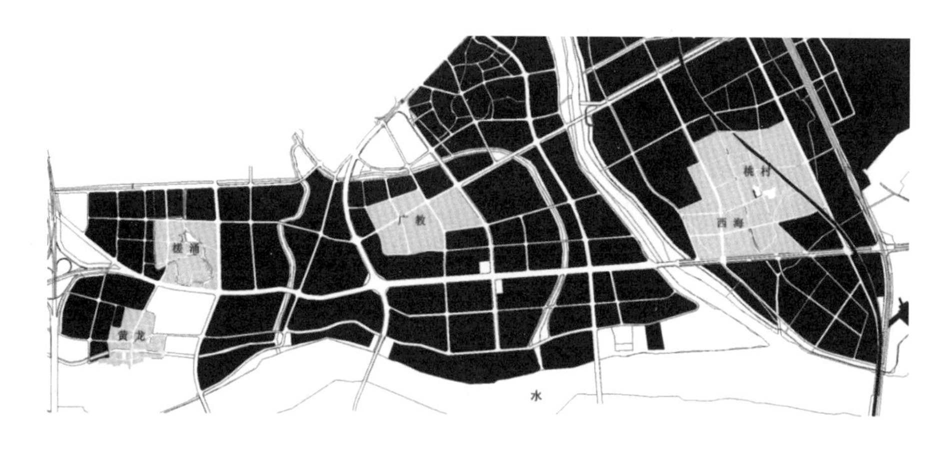

图6-6-31　被工业区包围的村落

2．道路系统布局

除了纵横2条过境公路外，内部道路还分作3级。第一级主干道由“三纵一横”组成。横向的是广碧路，与碧江工业园区相连；纵向的从西到东分别是西环路、林港路和东环路，其中东、西环路均向南预留了跨越顺德水道的大桥位置，而林港路则是直通北滘港的重要干道（图6-6-32）。3条纵向主干道均与三乐路成90度垂直，又与横向主干道及过境公路组成工业园区的道路骨架。第二、三级的道路则采取基本与主干道平行的方式布置。

图6-6-32　北滘工业区“三纵一横”路网结构

3．建筑肌理

大型企业一般需要按照严格的生产流程布置建筑物，建筑采用通用式厂房，建筑与建筑之间采用连廊或带顶棚的通道相互连接，形成一体。

厂区入口通常设有绿化广场，体现现代企业风貌（图6-6-33）。再除去道路、停车场和必要的室外堆场，总的建筑密度约为60%～75%。中小企业因用地紧张，建筑密度可达到80%以上，单体建筑的朝向、大小同样与生产流程有关。

从工业园区的空间布局上看，北滘工业园区虽然已经具有了现代集约式工业园的雏形：有规则的道路系统，完善的市政设施。但从产业布局上看，除了在北滘土生土长且已经形成了相当规模的美的集团公司以及与其配套的上游企业外，大部分园内企业的关联度不高，并非处于同一产业链条上。政府在入园企业的选择上虽然有规则在先，但实际操作上基本是来者不拒，使得园区的产业布局较混乱。加上园区内还夹杂着村庄、一类、二类居住用地等，功能上有冲突。离真正的集约化工业园区还有相当的距离。

图6–6–33　北滘集约工业区内的工业建筑与厂区面貌

（四）大型市政广场

城镇建设水平低，建设速度滞后于经济发展，这些都是顺德在过去城镇化进程中一直被人诟病的现象。而其中一个最具体的表现则是城镇公共空间的缺失。最近10年，政府有意识地不断加大城镇基础设施建设资金，升级改造城镇面貌，建设更多更丰富的城市公共空间，市政广场的建设热潮也因此兴起。

城市广场往往被比作城市的“客厅”，它不仅仅被用作市民休闲娱乐的场所，还能体现一座城市的个性和文化形象。城市管理者倾向于在政府办公大楼前建大广场，其根源甚至可以追溯到中国古代的殿堂广场，那是皇帝举行朝会、祭祀活动的场所，也是彰显皇权的工具。类似的空间在古代的顺德也不少见，如各村的祠堂前总会建有规模与之相当的广场。而此翻在小城镇中兴起的广场热，虽然在景观性和休闲性上有了更多的关注，但同从选址布局到空间形态上仍反映出明显的集权色彩。

1．选址与地块形状

这些市政广场几乎无一例外地布置在行政建筑前方，并且与建筑构成严格的中轴对称形式。例如位于大良的原顺德县政府大楼前广场，是顺德20世纪90年代最典型的市政广场（图6-6-34），与政府大楼仅一路之隔。

其轴线方向与政府大楼中轴重合，并且在广场的中轴位置设计了一条宽阔的步行大道，可用作举行仪式和各种公共活动（图6-6-35）。2001年，顺德在德胜新城内新建了一栋更雄伟的市政府大楼，大楼正前方相似的位置也同样布置了一个规模巨大的德胜广场（图6-6-36）。广场位于政府大楼的东南方，其中轴线是大楼轴线的延续，形成北起龙盘西路，南至碧水路，长约970米的轴线。广场分为健身休闲区、行政服务区、文化娱乐区三大区，总占地面积达35.4万平方米。与北京天安门广场相比，也仅少了不到10万平方米。这么大规模的广场在当时国内的小城镇来说算是首屈一指的。事实上，新政府大楼的建筑规模之大、风格之奢华，在当年也是倍受关注和争议的。

图6-6-34　建设中的大良旧市政广场[1]

图6-6-35　大良旧市政广场鸟瞰[2]

图6-6-36　德胜新区新市政广场[3]

随后，各镇也以相似的手法，陆续建设了新的行政大楼和市政广场（表6-6-3）。选址除了考虑与政府大楼的关系外，通常还设于重要交通干道一侧，有利于让进入城镇的人看到，成为城镇的一个门面和象征。但这

[1] 顺德区档案馆馆藏.
[2] 转引自：南方都市报.数字报. http://epaper. oeeee.com/A/html/2014-03/25/node_523.htm.
[3] 转引自：南方都市报.数字报. http://epaper. oeeee.com/A/html/2014-03/25/node_523.htm.

些位置往往远离人口密集的老镇区，不利于本地居民的使用。所以除了在重要的节日和庆典外，平日里人较少。对于小城镇而言，这些广场的面积也普遍偏大。虽然并没有公认的城市等级、规模与广场大小的合适比例，但过于巨大的市政广场显然会导致用地和资金浪费，同时造成城镇中其他区域缺乏广场建设用地和资金，包括社区内的小型广场数量大减。

各镇街广场概况 表6-6-3

镇街名	位置	广场特征	卫星航拍
北滘	北滘广场：北滘新城区人昌路，未来的北滘镇镇政府大楼西南面	边长：350米×160米 中轴对称式布局，中轴与办公楼中轴重合。以硬质景观设施为主	北滘镇政府新址 北滘广场
陈村	镇西广场：佛陈路北侧，陈村镇政府西面	边长：150米×120米 非轴线对称式，与办公楼的空间关系不紧密，以水面和绿化为主，设有小广场与体育设施	镇西广场 陈村镇政府 佛陈路
龙江	龙江文化健身广场：龙洲路与东华路交界处，龙江镇政府东面	边长：260米×150米 中轴对称式布局。政府办公楼偏于西南角的道路交叉口处，因而与广场没有轴线关系。以硬质景观为主	龙江文化健身广场 龙江镇政府
勒流	勒流广场：位于龙洲路与政和路交汇处，勒流街道办事处正南面	边长：280米×120米 呈扇形，中轴对称式布局，中轴与办公楼中轴重合。以绿化为主。两侧还设有树林公园和水上乐园	勒流街道办事处 树林公园 勒流广场 龙洲路
杏坛	杏坛广场：位于杏龙路与建设路交汇处，镇政府大楼东南面	边长：210米×180米 呈不规则多变形。主体部分为中轴对称式，但与政府大楼的中轴没有重合。以硬质铺装和为主	杏坛镇政府 建设路 杏龙路 杏坛广场

2．平面形式与功能

由于这一时期的市政广场建设往往与城市管理者的执政业绩挂钩，因此除了追求大面积，还十分强调平面形式的奢华、辉煌。最常见的手法是大量运用硬质铺装和规则的大草坪，以形成华丽的平面构图。但大量广场砖和花岗岩材质反射阳光强烈（图6-6-37），在顺德这种气候炎热的地区更容易造成地面温度升高，而且硬质铺装通常阻碍雨水回渗到地下。人工大草坪对生态环境的破坏在近些年中已经被广泛讨论。总体而言这类广场材料的运用都不能符合现代生态设计要求。另外，广场的风格偏向古典的欧陆风，例如加入了各种西方柱式、雕塑和喷泉等元素，与城镇的其他区域风格格格不入（图6-6-38）。这种崇洋媚外的心理其实不止体现在广场设计上，上至顺德区的行政大楼，下至村镇新建的住宅，都能看到各种西方古典建筑元素的影子。空间过大，缺乏考虑地域文化和环境生态，无法满足居民的使用要求，都是这一时期广场建设的主要问题（图6-6-39）。只有把“以人为本”作为市政广场设计的主要原则，以满足市民行为心理和使用要求为目标，才能真正成为吸引市民活动，体现服务型政府新形象的公共空间。

（a）勒流街道政府办公楼前广场

（b）杏坛镇政府办公楼前广场

图6-6-37　大量采用硬质铺装的市政广场

图6-6-38　杏坛广场上的西式柱廊

图6-6-39　偏现代风格的龙江文化广场设计[1]

[1] 顺德区人民政府网，龙江政府政务网http://authorb.shunde.gov.cn//data/2005/11/11/1131675550.jpg.

第七章　顺德城镇形态演变的一般规律与机制

第一节　区域整体空间形态发展的总体规律

一、“散点圈层——轴向蔓延——面域连接”的加速扩张

从顺德各时期的土地利用图上可以直观且清晰地看到，建设用地规模正呈现逐年加速度递增的态势，并逐步联合成片（图7-1-1）。从建设用地的比重上判断，正从过去各聚落较均衡的散点式布局，转为以东部城镇带为主导，西部紧随其后，而中部较弱的布局特征。但随着建设用地的不断扩大，各城镇建成区逐渐连成一片，原有的东、中、西3纵列格局正在渐渐消失。

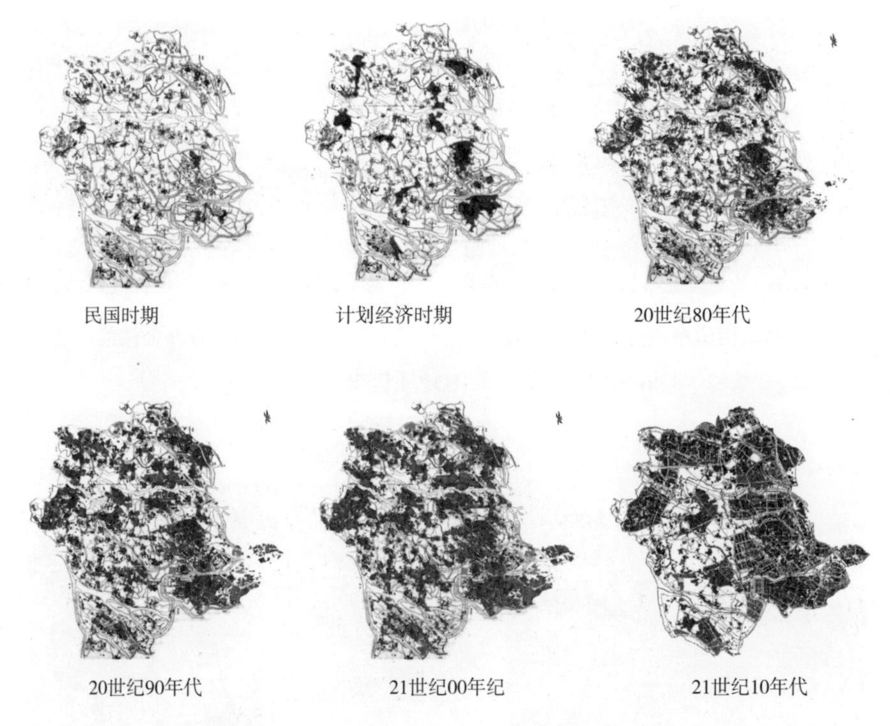

图7-1-1　顺德县域建设用地的扩张过程

传统村落布局受小规模农业生产特性和出行距离的限制，只能选择分散式的布局。人地矛盾自古便十分突出的顺德，更是形成了一种均质的散点式结构。又因为彼此的交往并不十分密切，除了利用主干河道或小河涌进行有限的联络外，彼此之间几乎处于一种独立、游离的状态。改革开放

后，农村与小城镇经济在各种政策和制度的鼓励下得到较快发展。随着人口规模和建设用地的不断扩张，人们必然优先选择依托原有的集镇或农村居民点向外蔓延，进而形成周边几个小村庄依附中心1个大集镇的圈层式结构。之后的交通方式转变和公路干道系统建设的完善，使得城镇的扩张有了新轴线，在东部105国道和西部325国道两侧形成了2条新的城镇轴，各村镇沿着交通轴向外蔓延，最终彼此连接。但由于资金有限，各项基础配套设施建设难以同步跟进，这种沿路式的开发往往纵深较浅。当经济发展持续保持高增长率的顺德再次面临建设用地扩容问题时，向交通干道两侧的纵深方向发展成为必然选择。同步建设的各类市政基础设施，尤其是新的城镇交通网络建设，更加促城镇扩张向面域发展的趋势。

这一系列的扩张过程在珠三角城镇发展中极为普遍，而且正是最终的面域式扩张方式导致珠三角城镇群间的关系越来越紧密，边界也越来越模糊。从而催生出多个城市的同城化发展。如2009年广州和佛山两市签署的《广佛同城化建设合作框架协议》，就是为了适应两市间的经济关系极为紧密，边界日渐弱化的趋势，而进行的突破行政区划的新尝试。可见城镇扩张到彼此相连时，必然要从区划分割走向融合，打破传统城市之间的行政分割和保护主义限制，才能让要素和资源在更大的范围内流动和优化配置。珠三角其他城市正在以广佛同城化为突破口，推进更大范围的联合，计划于2020年实现珠三角地区经济一体化和基本公共服务均等化。但同时也应看到，大部分小城镇的用地长期以低效、粗放的方式向外扩张，存在建成区内容积率普遍偏低，土地空置率高或利用不充分，人均占地面积偏高，生态环境质量较差等问题。必须通过转变发展思路，加大城乡规划力度和加强规划管理，才能逐步优化和完善小城镇以及整个都市连绵区内的城镇形态。

二、村建设用地扩张主导的空间发展模式

在顺德的区域整体形态变化的过程中，乡村的建设用地扩张程度较之于镇区有过之而无不及，成为区域空间扩张的主力军。这与乡镇企业的发展和空间布局有着最直接的因果关系。以传统农业为主导产业的村庄，内部主要以居住功能为主，伴有极少量的商业用地。传统手工业生产也大多与居住空间相结合，规模较小。为了节省用地用于农业耕作，加上本村的人口数量有限，各村建设用地规模都被控制在较小的范围内。改革开放后，乡镇企业的兴起不但为乡村的经济注入了新的活力，同时又以农村的工业化推动了其快速的城镇化。

虽然在改革之初，顺德走的是以镇办企业为主导的工业发展模式。但随着政府逐步把权力下放到各村，允许村在自己的范围内兴办工业。第二产业与第一产业之间经济效益的悬殊，激起了农民扩大工业生产的热

情。恰逢家庭联产承包责任制和农业现代化的推进，大量农村剩余劳动力需要从第一产业中转移出来。在本村就地转业更是满足了农民“离土不离乡”的观念，即在实现产业转移的同时并未同步实现地域的转移。自此，农村的工业用地数量持续增长，从零散的几个工厂到有一定规模的村级工业区，一些村甚至拥有多个工业区。这些村办工厂虽然技术含量低，规模小，产品质量不高，但却能迎合当时国内市场对轻工业制品的渴求。即便在后来的产业升级中，很多村级小企业都转为更大产业链条中的下游企业，为镇级大型工业集团提供零件生产等配套服务，从而继续保持旺盛的活力。

但以村为单位的空间增长模式使区域整体空间处于过份分散和无序的状态，不仅浪费了大量的土地资源，而且不利于城镇化率的提升。从珠三角各镇的经济发展模式来看，无论是“以下促上，遍地开花”的东莞模式，还是“以上带下、一镇一品”的中山模式，又或是“六轮齐转，各显神通”的南海模式，以及“中间突破，带动两头”的顺德模式，最终都难逃因农村工业化所带来的种种空间问题。

三、从河网水系到陆上交通网络为基本骨架的转换

珠三角河网密布的自然环境特征，加上人类生存对水资源的依赖，使得城镇自生成之初就与河网有着密不可分的关联。倘若离开了纵横交错的水网，明清时期的顺德很可能无法拥有如此发达的社会与经济基础，同时也不会催生出顺德独特的“水堡”形态。200多个村落和集镇组合出40多个“水堡”，就像被线性的河涌串起的珍珠，散布在沙田和基塘构成的大地基质上。外江与一道道河堤成为“水堡”之间的边界与“城墙”，聚落的形态非常清晰。

随着交通工具的更新与城市道路的建设，城镇的经济发展和规划重点转向“马路经济”模式。随之而来的是宽敞的大马路代替纵横的河道，以及马路两侧迅速铺开的工业用地与批发市场。自此，“组团+交通轴”成为顺德最突出的形态结构特征。人们用“两带三点”形容新的城镇结构特征：即105国道和325国道构成的2个城镇带，中部是勒流、杏坛和均安组成的3个点。105国道串联了北滘和容桂两大工业聚集地，还有陈村的花卉与钢材交易市场、伦教的木工机械交易市场、大良的汽车城。325国道串联的是乐从与龙江的家具“十里长街”交易市场（图7-1-2）。中间的3个镇虽然表现为点状，但已经出现沿交通干道两侧向外扩展的态势。20世纪90年代起，产业空间沿国道聚集的现象也是珠三角城镇的一大特色。除了顺德，还有105国道沿线的番禺、中山和珠海，325串联的南海、鹤山、开平等等。

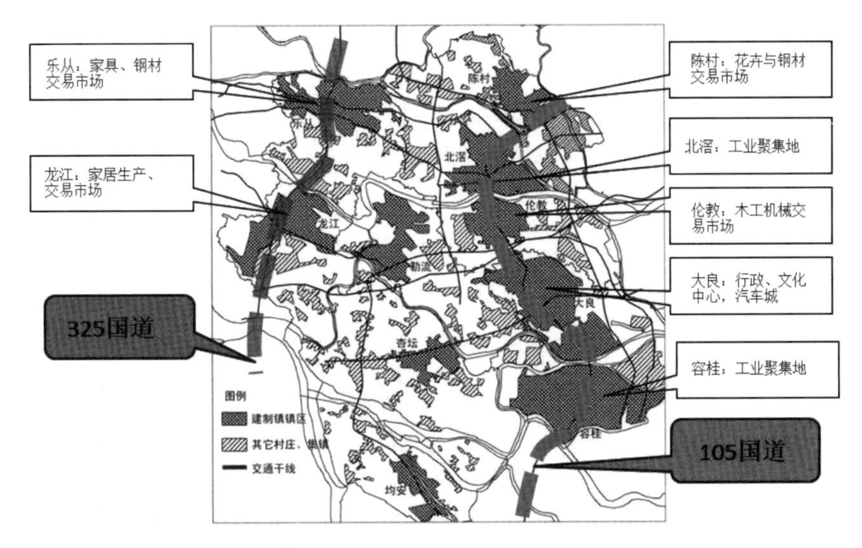

图7-1-2 沿国道分布的两条城镇带

“马路经济”的初级阶段，沿线用地进深小，而且聚集性和连贯性差，国道两边的建筑常常是一段有一段无；一段密度与容积率极高，下一段又是极其稀疏。国道在承担过境交通的同时，还要承担城镇内部的交通，在专业市场的地段还要承担更多的商贸功能，从而导致国道的通行能力大大降低，甚至影响到更大区域的交通运输。对单一交通干线的依赖，也反过来约束了城镇向更深广的空间发展。最近10多年来，以快速路为主导的各项交通基础设施建设在顺德和整个珠三角地区全面推进，建设量超越了往常的任何时期。不仅是高速公路和城市快速路的建设，地铁、高铁和城际轻轨等新型交通工具也逐渐融入人们的生活。整个珠三角城镇群正在从依赖单一的国道发展，逐步过渡到以多维、网络化的现代交通系统为骨架，重构区域与城镇空间发展格局的阶段。

四、“干道+细胞体”的组合型结构

在顺德城镇形态的整个变化过程中，有一项要素的作用始终没变——河道，尤其是宽阔的外江主航道。与公路的“连”正好相反，这些外江河网在顺德的城镇结构中始终扮演着“分”的作用。顺德从40个堡逐渐合并为今天的10个镇（街），组合中考虑的一个关键因素就是河道。过去的40个堡大多以大河或内涌为界进行分割，如今的镇与镇之间基本为宽阔的外江，成为彼此间难以跨越的边界。

正是有了河道的环绕，10个镇分别形成了10个独立的细胞结构：细胞核是镇的中心区，主要以居住和商业类用地为主；核外围的村落和工业区构成了形态各异的细胞器，并散布在基塘、农田构成的细胞质基质中；河道与堤岸则成为了保护细胞的细胞壁；在紧贴细胞壁的内侧上，通常还会散布了以工业用地为主的一层细胞膜（图7-1-3）。细胞体结构的优点是：每个镇的内部结构和功能布局极为清晰。河道的阻隔让各镇建设用地的蔓延受到约束，规模上可控，空间上也呈现出疏密有致的特点。但缺点是："细胞"之间形成"背靠背"的结构，再加上"一镇一品"的发展模式，镇与镇之间长期存在的竞争关系，加剧了各自为政的发展格局。没有统一的规划和统筹的建设，造成土地利用、市政设施上的巨大浪费，公共设施的共享性差。河道的分隔甚至还影响到顺德与广州、佛山、中山等临近城市的连接，使得城镇空间向这些城市的蔓延趋势远不如没有河道分隔的南海明显。

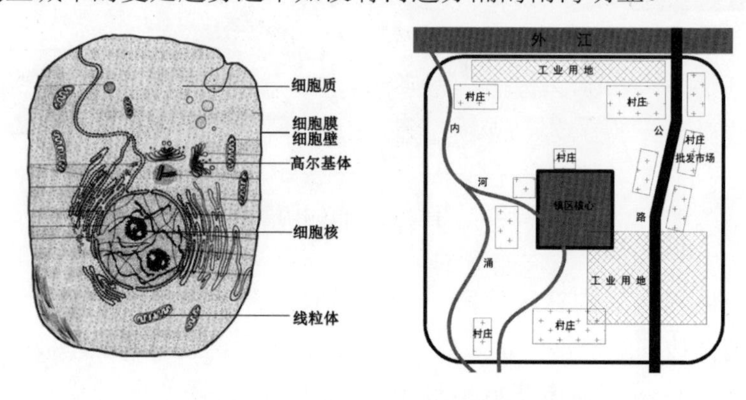

图7-1-3　类似于生物细胞体的城镇结构

连接这10个细胞体的是各个方向上的城镇干道（图7-1-4），包括早期建设的105国道、325国道和部分省道，后期建设的广珠高速公路、珠二环高速、碧桂路和佛一环等快速路，以及在建的多条城际轨道交通。越来越密集的陆上干道系统不仅让各小城镇细胞体之间的联系更密切，还使顺德与邻近大都市之间建立起更便捷的通达性，逐步构成中心大都市+小城镇的经济圈模式。

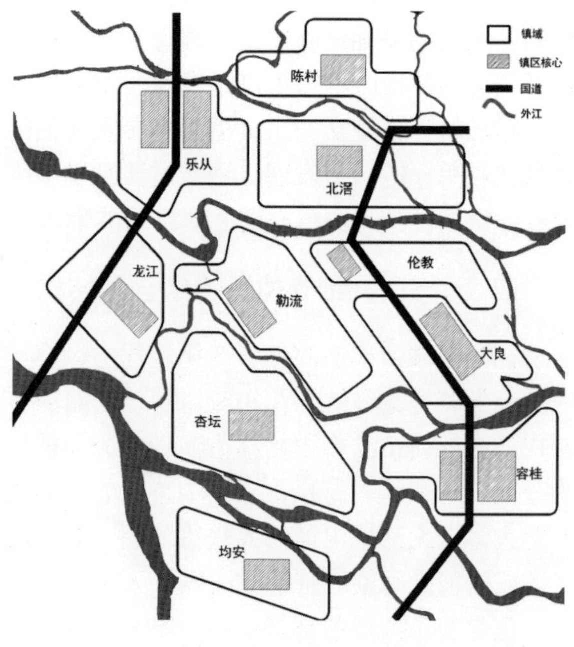

图7-1-4　干道+细胞体的组合型结构示意图

第二节　镇核心区空间变化与机制分析

一、注重外向扩张到内部优化提升

为了满足经济发展和人口增长，小城镇镇区建设用地自改革开放后便一直处在急速增长的过程。国内外城镇化的经验也证明，在城镇化的初级阶段，建设用地的扩张反过来也能推动社会、经济的发展。阻力最小、经济效益最明显的空间自然成为城镇蔓延的首选，主要是建成区周边的村集体农业用地。在城乡土地二元制下，这就意味着集体土地转变为国有土地的权属变更。地方政府则利用征地和供地制度之间形成的巨大差额获取高额回报，更激发了政府在分税制实施后对“以地生财”的狂热。因此，土地的征收速度往往超越城镇应有的规模和建设需求，而且呈现无序、粗放的发展趋势。许多镇区的空间结构因此变得松散，市政设施建设也并未同步跟进，建设质量不佳。顺德城镇用地形态的扩张方式主要表现为4类（图7-2-1）。

1．沿路扩张式——对于那些临近交通干线的小城镇而言，交通干线两侧的用地开发具有明显的经济效益和社会效益，这与水运时代沿河道开发的模式道理相同。交通干线通常延伸较远，便于铺设各类市政设施，且两侧用地规模较大，便于设置大规模的工业或商业设施。因此，沿路开发是小城镇最重要的扩张方式，甚至作为新的发展轴引领整个镇区的空间结构。但这种交通干线仅限于国道或省道，对于全程封闭的高速公路或铁路则几乎没有利用价值。也正因如此，干线两侧的用地开发对过境交通的负面影响较大，发展不可持续。

2．四周蔓延式——在缺乏交通干线这种强烈的空间发展控制因素影响下，一些小城镇呈现出以镇区为圆心，低密度向四周环绕式蔓延的现象。但与大城市同心圆式的连续扩张方式不同，小城镇在外扩蔓延时往往采取一种见缝插针式的填充方式，而且充满了随机性。一方面是由于小城镇边缘的城乡结合部土地属性复杂，财力有限的镇政府又很难一下子大面积地征收城边村的农民集体土地，只能哪里好征先征哪里。另一方面则是缺乏统一规划的思想和规划管理水平不高。进而形成这种杂乱、无序的蔓延状态。

3．跳跃式——即不连贯的扩张方式，与原有的镇区相距一定的距离。通常以工业区或新兴的镇区为主。前者是为了避免工业生产对城镇居民生活的干扰；而后者则是以形成新的城镇核心带动整个城镇规模更快更大的增长，同时还可以起到保护老城镇的作用。二者均对老镇区的依赖性较低，并以便捷的内部交通与老镇区联系。

4．综合式——即包括了上述的3种模式。任何小城镇都是一个极为复杂的个案，其发展都不可能单纯以某一种形式出现，而是以某种形式为主导，同时又是多种模式的综合。

（a）沿路扩张式

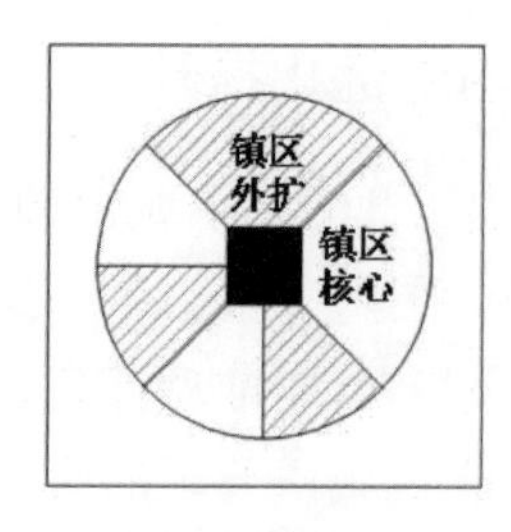

（b）四周蔓延式

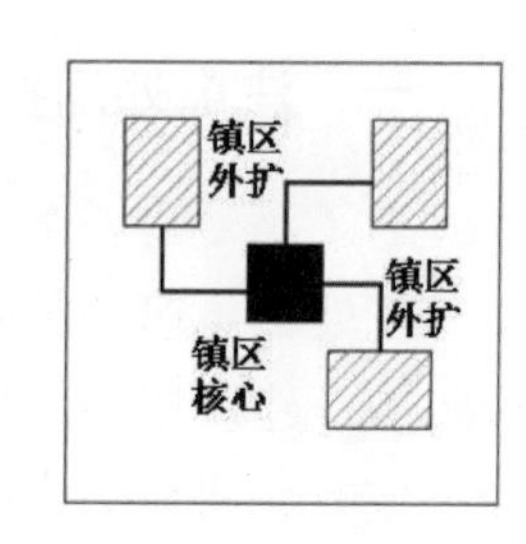

（c）跳跃式

图7-2-1　城镇用地扩张方式示意图

用地的扩张确实带动了城镇化的发展，但土地资源毕竟有限，保住全国18亿亩的耕地红线成为未来中国城镇化过程中极为关键的控制因素。而且当城镇规模扩张到一定程度时，再往外扩所增加的基础设施建设成本将会加倍提高，以至于超过了经济合理的范围。城镇建设必然要转向在已搭好的大框架内不断优化调整和填充。早就接近无地可用的顺德不得不转换发展思路，从向外扩张转为通过重构和优化内部空间，实现提升效率、促进发展的目标。首先就是要通过对旧城镇的“三旧改造”，挖掘和盘活城镇中的存量建设用地。例如搬迁镇区内的工业企业，对原有的工业用地进行功能调整与重新建设，实现“退二进三”。其次是要改变城镇中城乡混杂的面貌，解决公共空间与配套设施不足、交通混乱等问题，提升城市空间品质和整体形象。另外还要加强规划控制力度，对镇区内需要改造区域的地块设定科学合理的建设指标。当然，这些措施的实施才刚刚开始，成效虽尚未明显，但从粗放扩张到集约优化的转变却是未来发展的必然选择。

二、城乡空间界线从清晰到模糊

传统的集镇中，虽然在建筑形式或街区的局部形态上与乡村并无差异，但从整体结构上看，因其更偏重于商业空间的布局，如有沿河密集布置的商业街，小型、聚合的商业中心等，另外还配有各种行政、文化、教育类用地，所以更具开放性和多样性。计划经济时期实行的严格城乡分离制度，使得城乡之间从有形的空间界线到无形的行政边界都得到了强化。顺德城乡空间体系的基本结构是：农村均质分布在镇区核心的周围，彼此间等级清晰。

改革开放后，尤其是市场经济在经济体制中的核心地位被进一步确立后，生产资源的配置以市场规律为主导，城乡之间的物资、人口、信息和资金也越来越趋向于更自由地流通。一方面，当顺德城镇向外不断扩张时，大量城边村被不断纳入城镇建设区范围内。但由于原来设定的城乡二元制度仍然没有被解除，这些农村土地的集体属性一时难以改变。这类农村的空间形态，尤其是居住空间仍保持着传统的农村居民点形态。即使是在户籍制度不断放宽，城乡户籍壁垒已失去存在意义的今天，农民实现农转非的意愿也相当低。毕竟拥有一块自己的宅基地，在经济价值上要比拥有一个城镇户口高得多。相反，城镇为了更快地推进城镇化，提出了一系列包括“村改居”、城中村改造、集体土地流转等主动式消除城乡差别的政策。但在改变城乡空间高度混杂的现状上收效不大。另一方面，顺德的农村工业化促使农村中的非农建设用地规模迅速增加，城镇化水平也得到了较大的提升，新的空间分异和现代建筑不断在农村中呈现，极大地改变了农村传统的风貌。一些规模稍大的农村居民点从外观上几乎和小城镇没有太多区别。20世纪90年代起大力推行的“城乡一体化”战略，更使得顺德城乡面貌上的差异进一步缩小。种种因素造成了顺德城乡实际的空间边界越来越模糊。

第三节　产业空间的形态变化与机制分析

一、混合——游离——聚集的变化过程

顺德乡镇企业的发展经历了从无到有、从小到大、从分散到集约的过程，反映在产业空间布局上与镇区核心的关系上，则是一个从混合到游离再到聚集的演变（图7-3-1）。由于在建国之初，选择了效仿前苏联的优先发展国家重工业模式，几乎所有生产资源都被投入到大城市的重工业企业中。小城镇除了有一两家镇办重点企业外，几乎很难有其他工业的存在。即使在改革开放的初期，也只有少量的社队企业，生产简单的日用品或工业零配件。因此企业规模小，多设在狭小的街巷内，并与居住建筑混合，

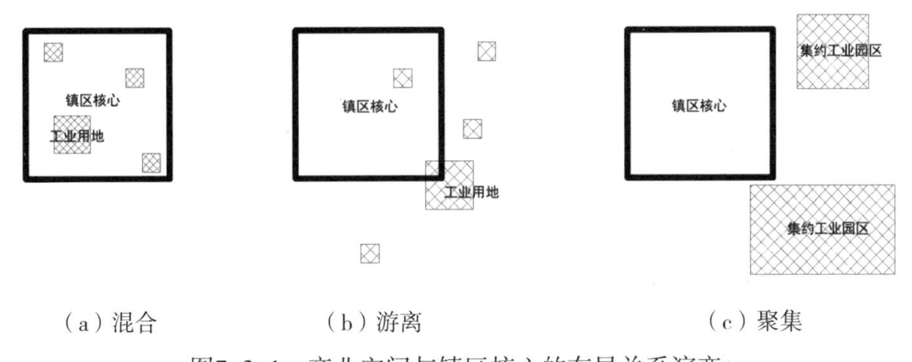

（a）混合　（b）游离　（c）聚集

图7-3-1　产业空间与镇区核心的布局关系演变

甚至是前厂后居的形式。

进入20世纪80年代，乡镇企业的发展有了前所未有的进步。家电、家具、五金、塑料等多种生产门类不断涌现。原有的手工业作坊明显无法在空间和环境上满足生产的需要。许多企业开始纷纷迁离老镇区，或在镇区边缘的空地上，或直接迁到土地使用成本更低的农村中。由于是一个自下而上自由发展的时期，工业用地布局仅由各个分散生产者个体主导与决策，导致产业空间仍处于分散状态，并游离于镇区和乡村之间。不过产业发展的一般规律是随着分工的明细而在空间上不断趋向聚集，连结成更具规模的产业链，同时也可以大大减少交通运输和空间的使用成本。因此，自20世纪90年代中起，工业用地开始自觉地朝各个级别的工业区集中，较明显地与城镇生活空间分离。到2000年，这种工业区的规模一再扩大，加上土地集约化政策的实施，顺德全区内总共整合出17个大型的集约工业园区。既促进了产业空间的聚集，也极大地解决了环境污染治理问题。工业镇北滘的工业用地发展历程，就是对这一布局变化的最佳实证（图7-3-2）。

（a）20世纪70年代之前北滘镇区

（b）1985年北滘镇区，工业用地散乱、混杂

（c）1999年北滘镇区，南部出现工业区，沿105国道布置

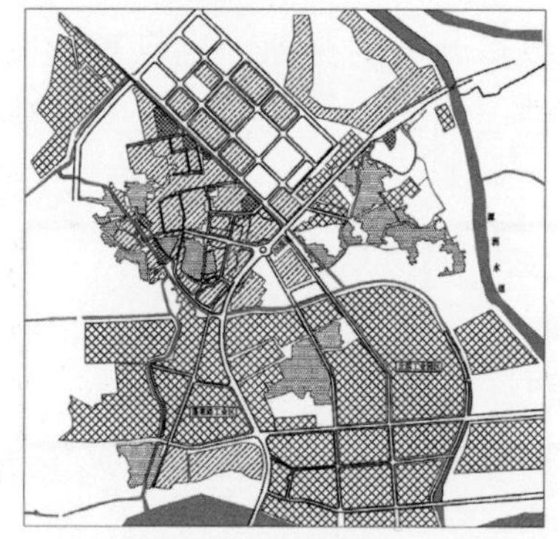

（d）2010年北滘镇区，出现大型集约式工业园区，镇区跨越林西河。

图例：镇区工业用地　镇区非工业用地　村建设用地

图7-3-2　北滘镇工业用地布局演变历程

除了北滘和容桂是工业区最集中的2个镇（街）外，其余每个镇都配有1～2个集约工业区。各镇（街）根据自身的产业优势与特色，在工业区内发展同一产业链条上的大小企业，形成产业集群（cluster）。但由于以镇（街）为单位的各利益团体之间存在一定的竞争，加上城乡二元土地制度的影响，顺德的产业空间布局等级仍然无法摆脱村小组、村集体、镇级和区级4个等级的工业点共存现象。

不过随着产业的进一步升级转型，新的空间需求将不断产生。例如一些规模较大的集团企业，正在将其生产性服务业空间从一般的产业空间中分离出来。生产性服务业包括了生产原料采购、市场研究与开发、产品销售以及售后维修等工作。根据这些工作的特点，它们必须选择布置在能吸引人力资源、接近客户、交通和通信发达的地方。一般认为城市的中央商务区较工业园区更适合布置这类产业。这也促进了产业空间的下一步分化，即把生产部门设在集约工业区内，而把企业的总部、研发中心、展示中心和售后服务设在城市中并带动小城镇下一轮的城镇化发展。这也是顺德近几年大力发展总部经济的主要原因。

二、沿河布置到水、陆兼顾

出于对水运的依赖，顺德早期的工厂选址均以临河为主。事实上，早在清末民初就已鼎盛一时的缫丝厂，就全部设在河岸边。既是为了满足生产时大量用水的需要，也是为了便于原材料与成品的运输。1985年之前，因顺德的跨江桥梁修筑困难，2条国道尚未完全通车。工业类型又以原料和产品运量极大的农机、建材和农副产品为主，工厂也只能选择沿河布置，而且往往设于外江便于大船装卸运输。

自交通方式由水运逐渐转为以陆上机动车为主导后，“马路经济”模式开始在顺德盛行。1985年后2条国道相继贯通，地方道路建设日趋完善。同时，企业生产转向劳动密集型轻加工业，要求与国内外市场之间建立快速便捷的联系，工业用地开始依靠高等级过境公路布局。一些城镇还形成沿路的前店后厂经营模式，实现沿路用地的高效利用。不过此时大量沿河建设的旧厂区并未因此衰退，甚至还有新的沿河工业区不断兴建。前者主要是因为工程前期的投资大而不会轻易放弃，而且一些工业生产仍然离不开大量用水。后者则更多与城镇形态有着密切关系。如前文所述，顺德的城镇已逐渐形成一个类似细胞的结构。因为最初的集镇生成依赖内河涌设置，而现代城镇又以传统集镇空间为基础逐步向外扩张而成，注定了镇区的核心区域位于距外江较远的内部，形成“细胞核”；核外围分布工业和村庄——细胞质。由于建设用地日趋紧张，镇区边缘的可建设用地早已枯竭。只在紧靠外江岸线的村庄中还能腾出一部分村建设用地，兴建新的村级工业园区。另外，几个镇级工业集约园区用地也不断向外江岸线扩充。因此，形成工业继续沿外江分布的现象。虽然以水运为主的时代已经过去，但顺德外江水道的航运功能仍在，水运在全区货运总量中仍然占据一席之地。现在顺德除了北滘港、勒流港和了哥山港3个工业运输大港外，沿顺德水道还设有西海港、伦教港、乐从港，沿顺德支流设有新涌港，沿陈村水道还有陈村港。从未来的产业空间规划上看，工业沿水、陆干道布局的形式仍会继续。

第四节　生活空间的形态变化与机制分析

一、剖面上从低到高的转变

如果从剖面上对顺德城镇的建筑高度进行分析，可以看到在不同时间段内城镇空间从低到高的明显变化。古代集镇，甚至是解放后的30年中，小城镇的建筑普遍以1～3层为主。这与中国传统的建筑风格和营造技术相关，也与人们的经济及生活水平有关。而且中国的小城镇不像西方城镇那样，以高耸的教堂建筑为全镇的核心和控制点，反而是以几乎均等化的高度无差异地展开。随着经济的发展、城镇人口的增加和建造技术的提高，镇区的边缘位置开始出现多层商业和居住类建筑，中间还夹杂着一些体量较大的工业厂房。城镇的整体轮廓线则表现为中部低周边高的凹形。当经济水平进一步提升后，高层办公楼、酒店和居住小区开始如雨后春笋般在镇区的各个角落中拔地而起。最开始也是出现在镇区边缘，甚至在脱离镇区一定距离的郊区上。随着“三旧改造”的推进，老镇区内也陆续出现高层建筑的身影，尤其是在寸土寸金的镇区商业核心内。因此，城镇的整体轮廓基本为中间高，周边一圈稍矮，然后外围又再升高的“W”型（图7-4-1）。

这一建筑高度上的变化，既是社会发展的需求，如土地资源的节约利用、极差地租的影响等，也反映出小城镇居民在思想观念和生活习惯上，逐渐从农民过渡到市民的过程。人们开始意识到，过去那种单家独院、“有天有地”的居住空间在现代高密度、聚集式发展的城市中，是极为奢侈浪费和不合时宜的。毕竟你若要生活在一个比传统农村社区更广阔的社会环境中，同时又要享受城市提供的一切便利和现代化的生活，就必须有所放弃。

二、商住合一到商住分离

生活空间上的改变还不仅仅停留在建筑的高度上。居住与商业功能的分、合变化也是小城镇形态演变中的一大特色。自古以来，小城镇用地的功能布局就存在高度混合的特性。这与用地规模和人口规模都较小有关，也是受当时落后的出行方式所限。功能混合的好处是能让城镇居民在限定的空间和时间内，到达自己的目的地，进行相应的活动和交流。对于经营者来说，既是方便管理，又可以利用自己的物业经营，降低铺租成本。这种混合模式甚至根植到人们的观念中，被一直顽固地延续下来。除商住混合以外，还出现了工业化初期的工业与居住混合、工业与商业销售混合等模式。

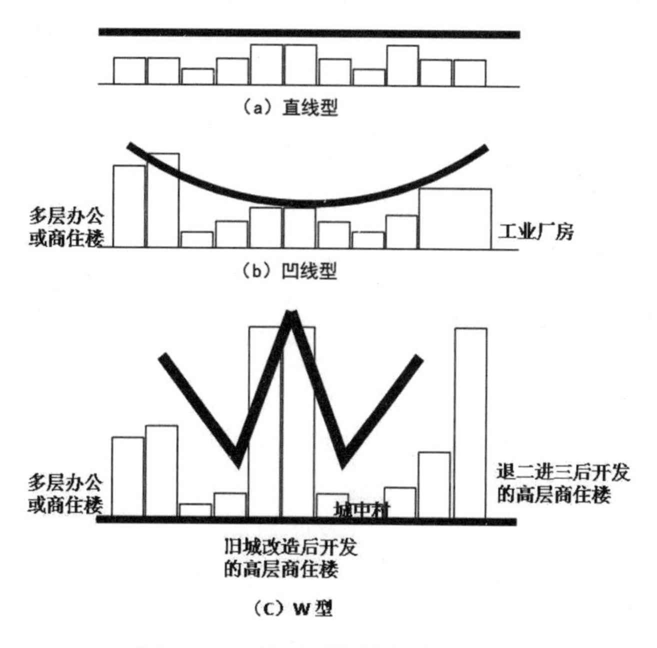

图7–4–1　镇区天际线变化过程

20世纪90年代起，规划对小城镇的管控逐步加强，绝大部分小城镇都按城市规划的一般原理进行了新规划。来自西方现代城市规划思想中，关于对城市土地进行严格功能分区的理念，在此过程中对中国小城镇的规划产生了一定的影响。规划师和城镇管理者开始有意识地把城镇中各项功能进行分区布置。但出于商业铺面所能带来的巨大利益，这时期兴建的许多多层住宅，仍然采取了“底商上住”的模式。当小城镇规模不断扩大时，如果仍然保持每家每户设置商业点，必然会因商业空间的过于分散，反而降低了人们日常购物消费的效率。而且随着人们消费需求和水平的不断提升，必须产生新的商业空间与之相匹配，如大面积的商场、娱乐休闲购物融为一体的商业综合体等等。这些大空间与住宅在建筑结构上的结合本身就存在一定的障碍，在使用过程中也会对住户产生各种干扰。种种原因导致商住功能逐步分离。如今小城镇中新建住宅区已完全与大城市中常见的多、高层居住小区没有差别，且居住与商业之间较之过去有了更大的距离。当然，这种功能单一的封闭式居住小区，也使得往日繁华热闹的城镇街道变得冷清、单调。

结　语

结论一：自下而上的内生型村镇工业化是推进顺德城镇形态演变的核心动力，自上而下的制度改革则为其提供了必要的条件与支撑。

顺德从传统农业转向现代工业后出现的空间分异，再从工业化初期的粗放式扩张，到工业集约化时期的内涵提升和结构优化，都充分体现了工业发展在城镇空间资源配置中所起到的重要作用。与“自上而下”的发展模式相比，顺德“自下而上”的工业发展模式不依靠政府的行政力量，且具有浓厚的地方色彩和基层社区的主观能动性，城镇发展的经济因素优先于政治因素，使得城镇生长与扩张的动力同样主要源自内部。

改革开放初期的自下而上工业化，不但打破了过去“城市发展工业，农村发展农业”的单一化格局，充分发挥底层社区的积极性和创造力，把农村从低效益的农业生产中解放出来，同时还吸收了大量农村剩余劳动力，实现人口就业的转换。村镇的城镇化水平与质量随经济的发展得到了大幅度的提高，工业用地及与之相配套的设施用地不断增加，也促进了村镇的空间分异与结构重组。作为中心地服务于周边农村的小城镇，从原来的商业、服务业职能转变为以工业发展为主的现代小城镇。然而，随着自下而上工业化进程的推进，城镇形态的种种问题开始显现。

1．高度均衡分散的布局导致产业规模过小，无法适应现代工业生产的需求。虽然顺德工业最初就以镇办为主导，但仍然难以克服乡镇企业和工业用地分散的问题。这也是国内其他小城镇工业发展之初共同面临的。

2．分散式的发展使得城镇空间的聚集效应无法产生。“自上而下”的发展模式会出现典型的中心，“自下而上”则倾向均衡，结构上中心缺失。包括大良的中心地位不断减弱，新中心区多年来难以成形，城镇之间各自为政，土地使用低效。“一镇一品”的发展模式使各镇街空间更趋专业化、板块化。板块内部的联系因同一产业的发展而日渐增强，但完全不同专业的2个板块之间，联系则越来越弱，更强化了相互割据的“诸侯经济”。从城镇化的角度上看，空间形态更加混乱，道路、基础设施、公共设施等无法衔接。

3．乡镇企业虽然吸纳了大量农村剩余劳动力，提升了农民的素质。但自下而上的工业模式以农村人口的就地转业为主，因此阻碍了农村人口向城镇的转移，从而导致城镇化的不彻底，城镇建设远远落后于经济发展，以及农村非农建设用地大量增加，耕地锐减等问题。

4．地方政府行政管治力量薄弱，使得村镇建设缺乏规划的有效管控，用地布局混乱、无序，重复建设严重。

自下而上发展模式实质上是中国城乡二元制结构与城乡间巨大的差别所导致的，也是中国城镇化的必然过程。它符合中国改革开放前20多年的社会实际情况，也极大地促进的村镇的城镇化进程。但当其到达一定阶段时，经济活力和效率均会下降。随着以第三产业发展为主导的产业结构调整，第二产业的升级和经济增长方式的转变，以及城乡差距的减少，自下而上的城镇化也在不断进行自我调整，政府的介入与引导正在加强。小城镇的空间聚集效应逐步凸显，建设标准也在不断提升，并逐步走向以大都市为核心的区域城镇群发展模式。

与自下而上工业发展模式相对应的是国家自上而下实施的各类制度与政策。自改革开放以来，中国政府推出了一系列社会经济改革措施，以渐进的方式调整之前实施了30多年的计划经济体制和政策，并取得了巨大的社会进步。虽然许多制度制定的初衷并非针对提高城镇化，更与小城镇的扩张没有直接的关联性，然而其实施的结果却是为小城镇空间形态演变创造了必要的条件。

农村的家庭联产承包制解放出大量农业剩余劳动力，促使人口和就业的转移。户籍制度的调整和放松，为农民的进城提供了越来越多的自由度，尤其是那些生活环境较大城市更贴近乡村，物价、房价和社会保障都明显优于大城市的小城镇。一些经济实力强的小城镇如顺德、南海、中山等下辖的镇，生活条件好，又处于快速扩张阶段，人口的吸纳能力则更高。外来人口的大量增长必然推动城镇空间的快速扩张，新的功能以及市政配套设施不断增加，城镇建设水平也同步提高。打破统购统销的计划经济体制，让小城镇有了自主发展的可能性和积极性；对外开放政策的实施使外资大量流入小城镇，加快了乡镇企业的发展；政府职能的转变，企业产权制度的改革，让企业经营回归市场，更富活力；还有不断向小城镇倾斜的城镇化政策，无一不提升了小城镇的经济实力，为小城镇的扩张提供了经济的基础和支撑。

结论二：水系和陆路交通干道分别为不同时期顺德的社会经济与形态发展创造了物质基础。

无论是原始的聚落还是现代的城镇，空间布局都不可能脱离其所处的自然环境而自由发展。从顺德的城镇形态发展进程中可以证明，水系格局自始至终都是控制形态框架的关键性因素。古代的40个“水堡”和当代10个小城镇的“细胞”形态，都以河道为联系，又以河道轮廓线勾勒出边界。如果缺少了河道的分隔，顺德的10个镇（街）形态也许不会如现在般独立和清晰，各镇的用地与功能布局也许会更加杂乱和模糊。这一特征使得顺德与相邻的南海、中山和东莞等小城镇，在形态上产生了明显的区别。

得益于技术的进步和交通基础设施建设投资的增多，顺德的水运交通逐渐被公路运输所取代。“马路经济”模式所蕴含的巨大经济利益更加速了城镇空间沿路低成本地蔓延扩张。不仅工业用地布局沿路展开，还形成了具有一定行业知名度和影响力的“十里长街”家具专业市场。县域城镇空间结构以国道的形态为框架，形状2条明显的城镇发展轴。各镇区也以不同等级的交通干线为依托，形成各自向外扩张的新轴。即使在新的快速路网和轨道交通不断涌现的今天，城镇形态的主体框架依然未发生改变。

结论三：顺德居住模式的变化，土地利用的多元混合，以及城镇风貌特色，都与当地人的思想观念与生活习惯息息相关。

顺德人以讲求实用、实惠为待人处事之道，具有敢闯敢干的拼搏精神，同时又有其保守顽固的一面。“闷声发大财”的务实作风让顺德的经济发展以惊人的速度成长。除去区位优势和相对较坚实的经济基础，在全国几乎均等的制度体制下，顺德能取得今天的成就，这些地方精神和价值观起到了极为积极的作用。务实的价值观反应在城镇空间上则体现为对土地利用的多元化。例如沿国道两侧形成的产供销一体化模式；镇区内商住空间高度混合的布局；以及村建设用地功能的灵活变通等等。自明、清以来人地矛盾就一直突出的顺德，深知城市土地混合利用所带来的好处，就是能在有限的空间内尽可能创造更多的经济效益。这也使得即使在强调功能分区的现代城市规划理念影响下，商住混合模式依然难以割舍。

但顺德人又保持了传统农村社会中守旧、封闭的一面。例如乡镇企业刚刚兴起时，农民因对土地的依恋而产生的“离土不离乡，进厂不进城”的情结；最初对外来务工者的排外情绪；产业发展中科技创新的滞后；甚至在2003年行政区划调整时被并入大佛山市后，仍然不断有所谓“顺独”言论和情绪的产生，都可以体现顺德人保守的价值观。这些观念在空间上的折射，一方面是农民不愿离开祖祖辈辈生活的乡村，选择就地转业，导致人口的城镇化远远落后于土地的非农化。农村工业化的兴盛使得工业布局分散化问题一直难以解决，同时又导致传统的岭南水乡风貌逐渐消失。另一方面，即使已被纳入城镇建设区内的村庄，村民们仍然保持传统的生活习惯。居住建筑低层高密度，居住用地集约度不高。城乡空间混杂，配套设施不足，城镇总体建设质量不高。城镇面貌呈现“城不像城，乡不像乡，镇不像镇，村不像村”的四不像特征。

不过人们的观念正在随着社会的进步而改变，大量高素质外来人口的融入也逐渐使顺德人的眼界更加开阔，对新事物新观念的包容度和吸收能力越来越高。居住与生活空间更趋集约、现代和多元化，城镇的规划建设也正在向更高水准、更国际化的方向发展。

结论四：“干道+细胞体”组合型结构是顺德城镇最突出的形态特征。

从区域整体空间形体的演变上看，顺德城镇空间经历了由点式的游离状态到沿国道轴向蔓延，再到现今的面域式扩张等一系列变化过程。当中以工业用地，尤其是村一级的工业用地扩张，为城镇整体空间扩张的主力。这些工业用地的布局发展同样也经历了从“混合——游离——聚集”的变化过程。

总体而言，受各种自然和人为因素的影响，顺德城镇空间的扩张因路而拓，又因河而止，形成现阶段的以国道串联、外江分隔，彼此独立完整的10个城镇“细胞”体。细胞核是镇的中心区，主要以居住和商业类用地为主；核外围的村落和工业区构成了形态各异的细胞器，散布在由基塘、农田所构成的细胞质基质中；河道与堤岸则成为了保护细胞的细胞壁；在紧贴细胞壁的内侧上，通常还会散布了以工业用地为主的一层细胞膜。这种细胞体结构的最大优势是，可以很好地控制城镇肆意向外蔓延的趋势。因为河道的限制性因素始终存在，并且难以逾越。城镇的大小规模可控，内部的布局结构也相对稳定，镇区的聚集效应明显，向心性强。若加上适当的规划介入与管理，各镇的规模和形态结构很可能成为较理想的模式。当然，各镇发展过于均衡，也会导致县域整体结构的不集中，市政、公共服务设施共享性差，投入大等问题。不过随着交通设施的日趋完善，尤其是联通这些细胞的干道不断增加，加上城镇分工的细化与合作的增加，相邻细胞体之间也会逐渐走向有机的融合，共通有无。

附　录

附录1

1992—2002年面积与行政区统计表

年　份	土地面积（平方公里）	镇/街道办事处（个）	村民委员会（个）	居民委员会（个）
1992年	806.59	11	219	26
1993年	806.59	12	219	26
1994年	806.50	12	212	25
1995年	806.08	12	217	28
1996年	806.08	12	208	28
1997年	806.08	12	206	28
1998年	806.08	12	191	31
1999年	806.08	12	191	30
2000年	806.08	11	191	31
2001年	806.08	10	109	88
2002年	806.08	10	109	88

附录2

1992—2009年全区（市）人口数据

年　份	户数（户）			人口（人）		
		农业户	非农业户		农业人口	非农业人口
1992年	250488	168388	82100	952638	670287	282351
1993年	252238	166958	85280	974568	681674	292894
1994年	257845	173972	83873	991121	691255	299866
1995年	266853	173425	93428	1008983	696272	312711
1996年	278332	170636	107696	1024608	702844	321764
1997年	285681	179760	105921	1040301	709187	331114
1998年	290441	181170	109271	1053249	713857	339392
1999年	291184	178920	112264	1068426	719078	349348
2000年	298768	182876	115892	1081733	721833	359900

续表

年 份	户数（户）			人口（人）		
		农业户	非农业户		农业人口	非农业人口
2001 年	304892	184669	120223	1094751	724877	369874
2002 年	308395	—	—	1109563	461262	648301
2003年	310008			1121873		
2004年	310271			1148658		
2007年				1184600		
2008年				1197100		
2009年	331706			1202692		

注：1. 2000 年以后容奇和桂洲合并，改名为容桂；
2. 2001 年以后德胜并入大良。
3. 根据区公安局人口统计口径，从2003年起取消农业人口数。

附录3

1992—1997年分镇人口

镇别	1992 年	1993 年	1994 年	1995 年	1996 年	1997 年
全 市	952638	974568	991121	1008983	1024608	1040301
大 良	133477	139832	115984	120112	124121	127602
德 胜	—	—	28322	28894	29487	30305
伦 教	63674	64923	65687	66517	67232	67995
陈 村	66091	67408	68467	69416	70239	71020
北 滘	83607	85577	87123	89025	90383	91934
乐 从	82055	83357	84400	84968	86021	87184
勒 流	101970	103777	105100	107688	108869	109923
龙 江	84054	85304	86307	86859	87839	88626
杏 坛	117834	119134	120298	121064	121919	122827
均 安	77640	78783	79744	80347	81286	82228
桂 洲	89339	92123	94131	98675	100320	102229
容 奇	52897	54350	55558	55418	56892	58428
容 桂	—	—	—	—	—	—

附录4

1998—2004年分镇人口

镇别	1998 年	1999 年	2000 年	2001 年	2002 年	2003年	2004年
全市	1053249	1068426	1081733	1094751	1109563	1121873	1148658
大良	131092	135418	139835	175891	180274	184723	192071
德胜	30707	31114	31415	—	—		
伦教	68653	69307	69355	70407	71848	73274	75996
陈村	71742	72342	72609	72858	73430	74161	75432
北滘	93358	94919	96628	98212	99828	101408	104773
乐从	88120	89305	90252	90924	91834	92910	94858
勒流	110596	111406	111976	112656	113310	111995	113385
龙江	89411	91102	91736	92189	92623	93196	94262
杏坛	123178	123374	123154	123333	123443	123636	124174
均安	82919	83540	83435	83681	84098	84702	85541
桂洲	103646	105169	—	—	—		
容奇	59827	61430	—	—	—		
容桂	—	—	171338	174600	178875	181868	188166

注：1．2000 年以后容奇和桂洲合并，改名为容桂；

2．2001 年以后德胜并入大良。

注：根据区公安局人口统计口径，从2003年起取消农业人口数。

附录5

1992—1997年分镇国内生产总值

镇别	1992 年	1993 年	1994 年	1995 年	1996 年	1997 年
全市	738123	996484	1280941	1650868	2001175	2242461
大良	—	—	176770	233117	322823	359604
德胜	—	—	121166	150001	162423	185093
伦教	—	—	72107	99924	124396	148299
陈村	—	—	78906	74471	85299	109214
北滘	—	—	139919	186663	212903	240573
乐从	—	—	97800	122457	143980	165780
勒流	—	—	83504	130642	169519	127018
龙江	—	—	74775	100780	151081	152348
杏坛	—	—	76113	96331	99736	160168
均安	—	—	52976	68707	77823	78021
桂洲	—	—	138156	176141	198135	231497
容奇	—	—	168749	211634	253057	284846
容桂	—	—	—	—	—	—

附录6

1998—2003年分镇国内生产总值

镇别	1998 年	1999 年	2000 年	2001 年	2002 年	2003年
全 市	2592822	2873795	3332253	3922103	4373054	5094636
大 良	458324	209786	240205	773668	890290	
德 胜	198167	56876	64175	—	—	
伦 教	168428	185819	213810	263223	300919	
陈 村	112742	127250	159168	205112	229816	
北 滘	283935	338214	383600	434072	487543	
乐 从	186500	206500	237000	263100	292000	
勒 流	141625	172592	200210	231464	265513	
龙 江	174991	207273	238057	285012	327750	
杏 坛	165004	189374	213549	242160	269666	
均 安	84595	103065	123663	142550	162230	
桂 洲	262300	307693	—	—	—	
容 奇	356211	467870	—	—	—	
容 桂	—	—	907256	1049339	1127154	

注：1. 国内生产总值分镇数由各镇、街道的综合统计提供，其汇总数与全市数有出入；
2. 大良有些年度的国内生产总值不含市直属单位数；
3. 2000 年以后容奇和桂洲合并，改名为容桂；
4. 2001 年以后德胜并入大良。

附录7

1990—2009年全市国内生产总值构成情况

年 份	三次产业比重	第一产业	第二产业	第三产业
1990年	100	16.83	62.15	21.02
1991年	100	14.62	62.45	22.92
1992 年	100	11.30	64.30	24.40
1993 年	100	9.00	54.70	36.30
1994 年	100	7.50	57.40	35.10
1995 年	100	7.60	57.40	35.00
1996 年	100	9.30	55.40	35.30
1997 年	100	7.70	56.30	36.00
1998 年	100	6.80	56.80	36.40
1999 年	100	6.30	55.50	38.20
2000 年	100	6.00	55.00	39.00

续表

年 份	三次产业比重	第一产业	第二产业	第三产业
2001 年	100	5.40	55.40	39.20
2002 年	100	5.20	55.30	39.50
2003年	100	4.5	56.8	38.8
2004年	100	3.9	57.4	38.7
2005年	100			
2006年	100	2.4	62.3	35.3
2007年	100	2.2	63.7	34.1
2008年	100	2.0	64.8	33.2
2009年	100			
2010年	100	1.8	61.7	36.5

图　录

表　录

参考文献

一、学术期刊文献

[1] 陈德华，黎昡．改革开放以来中国经济体制改革的回顾与思考．新西部，2009（12）：35-36.

[2] 陈东强．论中国农村的土地集中机制．中国农村经济，1996（3）：23-25.

[3] 陈前虎．浙江小城镇工业用地形态结构演化研究．城市规划汇刊，2000（6）：48-49.

[4] 陈剩勇，杨馥源．建国60年中国城市体制的变迁与改革战略．社会科学，2009（8）：19-28.

[5] 陈秀芳．论城市化与信息化．经济管理者，2009（8）：185.

[6] 邓志奇．现代居住社区的文化环境营造——广东碧桂园现象．中外建筑，2005(2)：64-65.

[7] 发改委城市与小城镇改革发展中心课题组．我国城镇化的现状、障碍与推进策略（上）．中国党政干部论坛，2010（1）：32-34.

[8] 费孝通．论中国小城镇的发展．中国农村经济，1996（3）：3-5.

[9] 宫汝凯．分税制改革、土地财政和房价水平．世界经济文汇，2012（4）：90-104.

[10] 龚松青，厉华笑．经济发达地区小城镇群发展初探．城市规划，2002（4）：32-37.

[11] 侯丽．对计划经济体制下中国城镇化的历史新解读．城市规划学刊，2010（2）：70-77.

[12] 黄慧明．城乡土地产权关系视角下的空间形态研究——以佛山顺德为例．规划师 2010（7）：107-112.

[13] 黄冬娅，陈川愍．地方大部制改革运行成效跟踪调查———来自广东省佛山市顺德区的经验．公共行政评论，2012（6）：24-47.

[14] 胡振红．金融危机后的经济体制改革与经济结构调整．华中师范大学学报，2010（3）：42-48.

[15] 金鑫，陈文广．组合型城镇——珠三角小城镇的发展新思路浅析//转型与重构——2011中国城市规划年会论文集，2011：1667-1680.

[16] 李炳坤．论加快我国小城镇发展的基本思路．管理世界，2000（3）：180-187.

[17] 李郇，黎云．农村集体所有制与分散式农村城市化空间——以珠江

三角洲为例．城市规划，2005（7）：39-41.
［18］李志刚，吴缚龙，卢汉龙．当代我国大都市的社会空间分异——对上海三个社区的实证研究．城市规划，2004（6）：60-66.
［19］廖鲁言．三年来土地改革运动的伟大胜利．中共党史参考资料（第7卷）．北京：人民出版社，1980：79-81.
［20］刘莉．明清时期保甲制度与家族治理的地方控制．理论导刊，2007（7）：107-109.
［21］刘圣陶．粮食统购统销政策形成的原因、特征及启示．求索，2006（4）：227-229.
［22］刘世庆．解读中国4万亿投资计划．西南金融，2008（12）：14-15.
［23］刘艺书．关于我国城市发展模式的争论．城市问题，1999（4）：12-14.
［24］刘伟志．系谱的重构及其意义：珠江三角洲一个宗族的个案分析．中国社会经济史研究，1992（4）：18-30.

［25］吕璐璐．佛山顺德大部制改革的启示与思考．商业文化，2012（2）：14.
［26］潘莹，施瑛．湘赣民系、广府民系传统聚落形态比较研究．南方建筑，2008（5）：28-31.
［27］彭震伟．大都市地区小城镇发展的职能演变及其展望——上海地区小城镇发展的思考．城市规划汇刊，1995（2）：32-36.
［28］彭震伟．经济发达地区小城镇发展的区域协调——以浙江省杜桥镇为例．城市发展研究，2003（4）：17-22.
［29］彭震伟，陈秉钊，李京生．中国小城镇发展与规划回顾．时代建筑，2002（4）：24-27.
［30］任世英，邵爱之．试谈中国小城镇规划发展中的特色．城市规划，1999（2）：23.
［31］田莉，罗长海．土地股份制与农村工业化进程中的土地利用．城市规划，2012（4）：25-31.
［32］陶联侦．小城镇发展规划中景观规划初探．小城镇建设，2003（12）：20-21.
［33］唐子来，赵渺希．长三角区域的经济全球化进程的时空演化格局．城市规划学刊，2009（1）：38-45.
［34］王红扬．我国户籍制度改革和城市化进程．城市规划，2000（11）：20-24.
［35］王世豪．从“顺德发展模式”析县域可持续发展规划的实践路径．生产力研究，2008（2）：75-77.
［36］王小映．土地股份合作制的经济学分析．中国农村观察，2003

（6）：31-39.
[37] 夏鼎文．房地产对城市化进程功不可没 顺德市副市长左涛强先生访谈．房地产导刊，2002（19）：72-73.
[38] 许学强，胡华颖，叶嘉安．广州市社会空间结构的因子生态分析．地理学报，1989（4）：385-396.
[39] 徐珍源，孔祥智．改革开放30 年来农村宅基地制度变迁、评价及展望．价格月刊，2009（8）：3-5.
[40] 杨贵庆．小城镇空间表象背后的动力因素．时代建筑，2002（4）：34-37.
[41] 杨贵庆，熊健，惠宇．市场经济体制下江南地区大城市周边小城镇的发展特点、问题和建议．城市规划汇刊，1994（4）：24-34.
[42] 姚秀兰．论中国户籍制度的演变与改革．法学，2004（5）：46.
[43] 易晖．我国城市空间形态发展现状及趋势分析．城市问题，2000（6）：2-17.
[44] 杨俊峰．我国城市土地国有制的演进与由来．甘肃行政学院学报，2011（1）：100-107.
[45] 杨宏山．中国户籍制度改革的政策分析．云南行政学院学报，2003（5）：19.
[46] 杨金凤，韩荣发．对顺德集约工业园区发展问题的几点思考．广东科技，2007（3）：312-314.
[47] 张国锋，吕战岭．金融危机下我国启动拉动内需政策的分析．知识经济，2010（2）：62.
[48] 张英红，雷晨晖．户籍制度的历史回溯与改革前瞻．湖南公安高等学校学报，2002（1）：44.
[49] 张京祥，沈建法，黄钧尧，等．都市密集地区区域管制中行政区划的影响．城市规划，2002(9)：40-44.
[50] 张鹏举．小城镇形态演变的规律及其控制．内蒙古工业大学学报，1999（3）：229-233.
[51] 张庭伟．1990年代中国城市空间结构的变化及其动力机制．城市规划，2001（7）：7-14.
[52] 章立凡．三次“国进民退”的历史教训．文史参考，2010（3）：35-39.
[53] 赵民，唐子来，侯丽．城市发展与经济增长方式转变——理论分析与对策建议．城市规划汇刊，2000（1）：23-29.
[54] 赵燕菁．理论与实践：城乡一体化规划若干问题．城市规划，2001（1）：23-29.
[55] 郑莘，林琳．1990年以来国内城市形态研究述评．城市规划，2002

（7）：59-63.
[56] 张宇星．城市形态生长的要素与过程．新建筑，1995（1）：27-29.
[57] 周飞舟．分税制十年：制度及其影响．中国社会科学，2006（6）：100-115.
[58] 周加来．城市化、城镇化、农村城市化、城乡一体化．中国农村经济，2001(5)：41-42.
[59] 周璞，王昊．顺德推进新型城镇化的土地流转政策机制研究．南方农村，2012（11）：4-8.
[60] 中国社会科学院工业经济研究所课题组．“十二五”时期工业结构调整和优化升级研究．中国工业经济，2010（1）：5-23.
[61] 朱晋伟，詹正华．论农村的集约型发展战略——苏南农村实施工业、农业、农村居民三集中战略的机理分析．改革与战略，2008（9）：86-88.
[62] 朱锡金．城市结构的活性．城市规划汇刊，1987（5）：7-13.

[63] B HOFMEISTER. THE STUDY OF URBAN FORM IN GERMANY . URBAN MORPHOLOGY，2004，8(1)：3-4.
[64] B GAUTHIEZ. THE HISTORY OF URBAN MORPHOLOGY. URBAN MORPHOLOGY，2004，8(2)：72.
[65] J.W.R.WHITEHAND，N J MORTON. FRINGE BELTS AND THE RECYCLING OF URBAN LAND: AN ACADEMIC CONCEPT AND PLANNING PRACTICE . ENVIRONMENT AND PLANNING B，2003(30)：819-839.
[66] M DARIN. THE STUDY OF URBAN FORM IN FRANCE . URBAN MORPHOLOGY，1998，2(2)：63-67.
[67] M L STURANI. URBAN MORPHOLOGY IN THE ITALIAN TRADITION OF GEOGRAPHICAL STUDIES. URBAN MORPHOLOGY，2003，7(1)：40-42.

二、学术著作

[1] 阿尔温•托夫勒．第三次浪潮．北京：中信出版社，2006.
[2] 薄一波．若干重大决策与事件的回顾(上卷)．北京：中共中央党校出版社，1993.
[3] 陈烈，倪兆球，司徒尚纪，等．顺德县县域规划研究．广州：中山大学学报编辑部，1990.
[4] 段进．城市空间发展论．南京：江苏科学技术出版社，1999.
[5] 段进，邱国潮．国外城市形态学概论．南京：东南大学出版社，2009.

[6] 丹尼尔•贝尔．后工业社会的来临——对社会预测的一项探索．北京：新华出版社，1997.
[7] 费孝通．小城镇四记．北京：新华出版社，1985.
[8] 高佩文．中外城市比较研究．天津：南开大学出版社，1991.
[9] 关锐捷．中国农村改革二十年．郑州：河北科学技术出版社，1998.
[10] 国家自然科学基金会材料工程部．小城镇的建筑空间与环境．天津：天津科学技术出版社，1990.
[11] 郭盛晖．顺德桑基鱼塘．广州：广东人民出版社，2007.
[12] 国务院研究室编写组．政府工作报告辅导读本．北京：人民出版社，2005.
[13] 国务院研究室编写组．政府工作报告辅导读本．北京：人民出版社，2007.
[14] 辜胜阻．当代中国人口流动与城镇化．武汉：武汉大学出版社，1994.
[15] 后汉书．北京：中华书局，1965.
[16] 胡俊．中国城市：模式与演进．北京：中国建筑工业出版社，1995.
[17] 晋书．北京：中华书局，1974.
[18] 金挥，陆南泉，张康琴，等．苏联经济概论．北京：中国财政经济出版社，1985.
[19] 蒋祖缘，方志钦．简明广东史．广州：广东人民出版社，1993.
[20] 具圣姬．两汉魏晋南北朝的坞壁．北京：民族出版社，2004.
[21] 凯文 · 林奇．城市形态．林庆怡，陈朝晖，邓华．北京：华夏出版社，2001.
[22] 康泽恩．城镇平面格局分析：诺森伯兰郡安尼克案例研究．宋峰，许立言，等译．北京：中国建筑工业出版社，2011.
[23] 李健民．千年水乡话杏坛．长春：时代文艺出版社，2004.
[24] 梁景裕．名镇勒流．广州：广东人民出版社，2009.
[25] 梁绮惠，王基国．名镇北滘．广州：广东人民出版社，2009.
[26] 刘志彪．产权、市场与发展：乡镇企业制度的经济分析．南京：江苏人民出版社，1996.
[27] 陆学艺．社会结构的变迁．北京：中国社会科学出版社，1997.
[28] 倪鹏飞等 ．中国城市竞争力报告NO.2 ．北京：社会科学文献出版社，2004.
[29] 屈大均．广东新语．北京：中华书局，1985.
[30] 全国乡镇企业年鉴编辑委员会．中国乡镇企业年鉴2000．北京：中国农业出版社，2001.
[31] 水利部珠江水利委员会，《珠江志》编纂委员会．珠江志•第一卷．

广州：广东科技出版社，1991.
[32] 司徒尚纪．广东文化地理．广州：广东人民出版社，1993.
[33] 田银生．走向开放的城市：宋代东京街市研究．北京：生活•读书•新知三联书店，2011.
[34] 田银生，谷凯，陶伟．城市形态学、建筑类型学与转型中的城市．北京：科学出版社，2014.
[35] 武进．中国城市形态：结构、特征及其演变．南京：江苏科学技术出版社，1990.
[36] 文剑刚．小城镇形象与环境艺术设计．南京:东南大学出版社，2001.
[37] 王琢，许浜．中国农村土地产权制度论．北京：经济管理出版社，1996.
[38] 吴承明，董志凯．中华人民共和国经济史(第1卷)．北京：中国财政经济出版社，2001.

[39] 吴庆洲．中国古城防洪研究．北京：中国建筑工业出版社，2009.
[40] 吴庆洲．中国军事建筑艺术．武汉：湖北教育出版社，2006.
[41] 吴志高．千年水乡．北京：人民出版社，2006.
[42] 薛暮桥．中国社会主义经济问题研究．北京：人民出版社，1979.
[43] 熊国平．当代中国城市形态演变．北京：中国建筑工业出版社，2006.
[44] 袁中金，王勇．小城镇发展规划．南京，东南大学出版社，2001.
[45] 姚士谋．中国城市群．合肥：中国科学技术大学出版社，1992.
[46] 朱宝树．从离土到离乡——上海农村劳动力转移研究．上海：华东师范大学出版社，1996.
[47] 邹兵．小城镇的制度变迁与政策分析．北京：中国建筑工业出版社，2003.
[48] 中共中央文献研究室．建国以来重要文献选编（第一册）．北京：中央文献出版社，1992.
[49] 中共中央文献研究室．建国以来重要文献选编(第9册)．北京：中央文献出版社，1994.
[50] 中国市长协会《中国城市发展报告》编委会．中国城市发展报告(2003—2004)．北京：电子工业出版社，2005.
[51] 张京祥．城镇群体空间组合．南京:东南大学出版社，2000.
[52] 郑弘毅．农村城市化研究．南京: 南京大学出版社，1998.
[53] 郑勇军，等．解读“市场大省”——浙江专业市场现象研究．杭州：浙江大学出版社，2002.
[54] PH PANERAI, J CASTEX, J-C DEPAULE，ET AL. URBAN FORM:

THE DEATH AND LIFE OF THE URBAN BLOCK. OXFORD: ARCHITECTURAL PRESS，2004.
[55] R.REGISTER，ECO-CITY BERKELEY: BUILDING CITIES FOR A HEALTHIER FUTURE. CA: NORTH ATLANTIC BOOKS，1987.
[56] S BIANCA. URBAN FORM IN THE ARAB WORLD . LONDON: THAMES & HUDSON，2000

三、论文集

[1] J.W.R.WHITEHAND. BACKGROUND TO THE URBAN MORPHOLOGENETIC TRADITION. J.W.R.WHITEHAND. THE URBAN LANDSCAPE: HISTORICAL DEVELOPMENT AND MANAGEMENT: PAPERS BY M.R.G.CONZEN. LONDON: ACADEMIC PRESS，1981：1-24.
[2] M.R.G.CONZEN. HISTORICAL TOWNSCAPES IN BRITAIN: A PROBLEM IN APPLIED GEOGRAPHY. J.W.R.WHITEHAND. THE URBAN LANDSCAPE：HISTORICAL DEVELOPMENT AND MANAGEMENT：PAPERS BY M.R.G.CONZEN. LONDON: ACADEMIC PRESS，1981：70-72.
[3] T R SLATER. ENGLISH MEDIEVAL TOWNS WITH COMPOSITE PLANS：EVIDENCE FROM THE MIDLANDS . T R SLATER. THE BUILT FORM OF WESTERN CITIES. LEICESTER: LEICESTER UNIVERSITY PRESS，1990：60-82

四、学位论文

[1] 董金柱．长江三角洲地区县域城乡空间组织及其重构研究．上海：同济大学，2008.
[2] 郭鹏飞．顺德区杏坛镇的空间形态研究．广州：华南理工大学，2005.
[3] 蒋永清．中国小城镇发展研究．武汉：华中师范大学，2001.
[4] 孟秀红．经济发达地区小城镇的演变、动力机制研究——以江苏省太仓市为例．南京：南京师范大学，2004.
[5] 莫浙娟．解读明清顺德大良城．广州：华南理工大学，2005.
[6] 熊健．江南小城镇空间结构、用地形态研究．上海：同济大学，1996.
[7] 华益．苏州工业园区规划模式研究．苏州：苏州科技学院建筑与城规学院，2009.
[8] 邱蓉．顺德城区不同类型社区商业规划设计研究．广州：华南理工

大学，2009.
[9] 王文录．人口城镇化背景下的户籍制度变迁研究．长春：吉林大学，2010.
[10] 汪晖．城市化进程中的土地制度研究——以浙江省为例．杭州：浙江大学，2002.
[11] 吴振兴．珠江三角洲机器缫丝业的兴衰及其对社会经济的影响（1872—1936年）．北京：中国社会科学研究院，1988.
[12] 肖志平．珠江三角洲城市化问题研究．广州：暨南大学，2000.
[13] 张俊．城市化进程中小城镇集聚发展研究．上海：同济大学，2003.
[14] 张尚武．长江三角洲城镇密集地区城镇空间形态整体发展研究．上海：同济大学，1998.
[15] 周毅刚．明清时期珠江三角洲的城镇发展及其形态研究．广州：华南理工大学，2004.
[16] 朱怿．从“居住小区”到“居住街区”——城市内部住区规划设计模式探析．天津：天津大学，2006.
[17] 朱同丹．科学发展观视野下发达地区农村工业化转型研究——无锡市胡埭镇为例．无锡：江南大学，2012

五、古籍、方志

[1] 《顺德县志》明万历，藏于广州市孙中山文献馆.
[2] 姚肃规总编．《顺德县志》清康熙，藏于广州市孙中山文献馆.
[3] 《顺德县志》清乾隆，藏于广州市孙中山文献馆.
[4] 郭汝诚总撰．《顺德县志》清咸丰，藏于广州市孙中山文献馆.
[5] 周之贞．《顺德县续志》民国18年，藏于佛山市图书馆文献馆.
[6] 《顺德县志》1985年顺德县志办公室油印本（叙事至1911），藏于广州市孙中山文献馆.
[7] 《顺德县志》1972年地方文献馆油印本（叙事至1960），藏于广州市孙中山文献馆.
[8] 《1991年顺德县志》，藏于顺德区档案馆.
[9] 《龙山乡志》，藏于顺德区档案馆

六、电子文献

[1] 乐从镇人民政府．家具．HTTP://WWW.LECONG.GOV.CN/PAGE.PHP? SINGLEID=3&CLASSID=5& THIRDID=3.
[2] 百度文库．全面建设小康社会，开创中国特色社会主义事业新局面．HTTP:// WENKU.BAIDU.COM/LINK?URL=1INUUQSQEFHKZ5YWA-

KL1O0QS-HX8J_G07XI9PHQHOFMSRLMQ-NQW8BJLW0QK5HAIR69HSGII2XQO6LC03MSLSISO4LFNYH0OPYLEJUWR4I.

[3] 佛山是顺德区发展规划和统计局. 2010年佛山顺德区国民经济和社会发展统计公报. HTTP://SG.SHUNDE.GOV.CN/DATA/MAIN.PHP?ID=1756-7200125.

[4] 广东省区域与城市发展公共数据研究平台 . HTTP://116.57.69.88/SILVER MAPWEB/DEFAULT.ASPX.

[5] 苏州工业园区. 科学规划. HTTP://WWW.SIPAC.GOV.CN/ZJYQ/KXGH/201107/ T20110708_103663.HTM.

[6] 顺德档案与史志. 顺德大事记. HTTP://DA.SHUNDE. GOV.CN/THESHUNDE CHRONICLE.PHP.

[7] 新华网. 江泽民同志在党的十六大上所作报告全文. HTTP://NEWS.XINHUA NET.COM/ZILIAO/2002-11/17/CONTENT_693542.HTM.

[8] 中华人民共和国国家统计局. 中华人民共和国2010年国民经济和社会发展统计公报. HTTP://WWW.STATS.GOV.CN/TJGB/NDTJGB/QGNDTJGB/ T20110228_4 02705692.HTM.

[9] 中国新闻网. 中央经济工作会议：放宽中小城市和城镇户籍限制. HTTP:// WWW.EHLNANEWSEOM，EN/CJ/CJ-GNCJ/NEWS/2009/12-07/ZO04724.SHTML

七、资料汇编

[1] 佛山市顺德区档案局（馆）等. 敢为人先30年——顺德改革开放30年档案文献图片选，2008.

[2] 顺德市规划国土局. 顺德城市化纵横谈，2001.

[3] 顺德档案馆. 顺德改革开放二十年大事记（1978—1998），1999.

后　记

本书是在笔者博士论文的基础上修改而成。回首这几年的论文写作与研究过程，多少疑惑、迷茫、纠结和挫折。虽然最终的成果仍有很多不尽人意，但它已然成为我学术与坚韧性格成长的见证。

此间深感各位师长、亲友、同窗和同行们的殷切期待与无私帮助。感激之情难以一一言表，唯有尽我所能，努力学习与工作，以资回报大家的关爱。首先要衷心地感谢我的导师田银生教授，对我这个“半路出家”的学生一直以来悉心指导和鼓励。从我论文的选题、大纲的反复推敲和拟定，到最后的文稿审阅，都凝聚了他大量的心血。同时，他从容淡泊的处世态度、严谨执着的治学作风，甚至是积极健康的生活方式，都令我受益匪浅。

感谢在我论文调研和写作遇到困难时，曾给予过我无私指点的学界前辈和良师益友们。他们是：华南理工大学的吴庆洲教授、肖大威教授、王世福教授、汤黎明教授，以及肖旻、冯江、黄铎、魏立华和张智敏等老师；刘东洋博士；华南农业大学的李敏教授；我的硕士导师吴卫光教授；我在同济大学访学期间给予我莫大帮助的侯丽教授和田莉教授；以及3位论文匿名评阅人的宝贵意见。他们渊博的知识和敏锐的见解，都使我得到极大的启发。

感谢那些曾经在我调研过程和资料收集上给予帮助的机构和朋友：佛山市国土资源和城乡规划局、佛山市顺德区档案馆、佛山市顺德区发展规划和统计局、佛山市图书馆、华南理工大学建筑历史文化研究中心、东方建筑文化研究所、亚热带建筑科学国家重点实验室、华南理工大学建筑设计研究院、同济大学、上海同济城市规划设计研究院、周新年先生、陈伟航先生等。

感谢我的家人，既在生活上对我关怀备至，还在精神上不断给予我鼓励。尤其是我的父亲，不仅给我提供了许多宝贵的参考文献，还时常以身作则地提醒我做人与做事都需要保持全力以赴、勤奋坚韧的精神。感谢我的先生刘晖，他是我生活与精神上的支柱，同时也是我论文研究与写作过程中重要的导师之一。他一直陪伴我到实地进行调研，查找大量的一手资料，反复讨论文章的结构与论点，在我遇到困难时不断给予鼓励。

中国幅员辽阔，地区差异度大，单单研究一个小范围内的几个小城镇，事实上很难从宏观的角度抽离出中国小城镇的形态演变规律，也很难使之发展规律成为其他城镇可借鉴的经验。但顺德虽小，其形态变迁之惊人，不仅代表了某一类小城镇，还是我国自改革开放以来快速城镇化的一个缩影。而且，如今这些小城镇仍处在一个活跃的演变过程，许多新的形态和新的影响因素不断呈现，值得我们进一步深入的跟踪与研究。本书中所尝试的研究方法，对此后不同类型的小城镇研究也可能具有一定的借鉴意义。以上种种将成为我今后研究的重点和方向，恳请各位老师和读者不吝赐教与批评。